鹰潭海绵城市示范建设实践

YINGTAN
HAIMIAN CHENGSHI
SHIFAN JIANSHE SHIJIAN

李宝　王磊　主编　　张玉政　孟恬园　副主编

化学工业出版社
·北京·

内容简介

《鹰潭海绵城市示范建设实践》全景式地展现了鹰潭市在海绵城市建设中的探索与成就。全书分为使命与担当、全域系统推进、价值取向与做法、鹰潭经验总结四篇。首篇阐述了鹰潭市推进海绵城市建设的时代机遇与责任担当；第二篇深入剖析了城市面临的涉水问题及采取的技术措施与显著成效；第三篇详细介绍了政府为此制定的管控措施与长效机制文件，确保建设的持续性与稳定性；第四篇从项目、片区、整个城区不同尺度上，全面总结了海绵城市建设的宝贵经验。本书提供的分析方法、技术措施、管控手段等，不仅为海绵城市建设领域的从业者提供了实操指南，也为行业主管部门领导提供了决策参考，具有较高的实用价值。

图书在版编目（CIP）数据

鹰潭海绵城市示范建设实践 / 李宝，王磊主编；张玉政，孟恬园副主编. -- 北京：化学工业出版社，2025. 10. --ISBN 978-7-122-48785-8

I. TU985.256.3

中国国家版本馆 CIP 数据核字第 2025BC7192 号

责任编辑：汪　靓　　　文字编辑：罗　锦

责任校对：王鹏飞　　　装帧设计：韩　飞

出版发行：化学工业出版社

（北京市东城区青年湖南街 13 号　邮政编码 100011）

印　　装：涿州市般润文化传播有限公司

787mm×1092mm　1/16　印张 18¾　字数 280 千字

2025 年 11 月北京第 1 版第 1 次印刷

购书咨询：010-64518888　　　售后服务：010-64518899

网　　址：http：//www.cip.com.cn

凡购买本书，如有缺损质量问题，本社销售中心负责调换。

定　　价：158.00 元

《鹰潭海绵城市示范建设实践》
编委会

主　　任：李小平
副 主 任：王富生　祝笑飞　彭勇辉
委　　员：李小平　王富生　祝笑飞　彭勇辉
　　　　　何泽民　郑　炜　吴远稼

《鹰潭海绵城市示范建设实践》
编写组

主　　编：李　宝　王　磊
副 主 编：张玉政　孟恬园
参编人员：王梦迪　程　洁　冷麟翥　国小伟
　　　　　王　英　唐清霞　杨赛国　董佳欣
　　　　　高佳伟

前言

海绵城市建设是贯彻落实习近平生态文明思想的重要举措，是推进城市高质量发展的有力抓手。2021 年 4 月财政部、住房和城乡建设部、水利部发布《关于开展系统化全域推进海绵城市建设示范工作的通知》（财办建〔2021〕35 号），经过竞争性选拔，最终鹰潭市等 20 个城市获得系统化全域推进海绵城市建设示范城市的资格。通过三年示范城市建设，鹰潭市系统化全域推进海绵城市建设成效卓著，市政基础设施更加完善，城市更加韧性、宜居，市民幸福感和满意度大幅提升。

鹰潭市是南方临江多水小城市，其“全域系统、蓄排并举、污涝同治、智慧管控”的建设思路及模式，在实践中取得了良好的效果，可供同类型城市建设海绵城市参考借鉴。本书内容包括使命与担当、全域系统推进、价值取向与做法、鹰潭经验总结四篇，以更全面、更系统、更清晰、更翔实、更精准的笔触介绍鹰潭市海绵城市建设的困境与目标、片区建设模式、建设成效评估、主要管理手段、工程案例做法及经验感悟等，其中涵盖了多种项目类型建设案例。本书集中体现鹰潭市海绵城市建设的智慧与创新，融入了建设者、编写者的心血，可作为政府住建部门、城市管理部门及相关市政工程设计、建设、咨询管理单位的参考用书。

在此书出版之际，我们谨向住房和城乡建设部、财政部、水利部的关心和支持表示感谢！向江西省住建厅、财政厅、水利厅的指导和帮助表示感谢！向一直以来大力支持和帮助鹰潭市海绵城市建设工作的国家海绵城市建设专家指导委员会的专家、学者表示感谢！向参与鹰潭市海绵城市建设的工程技术人员、施工人员、管理人员等建设者表示敬意！本书编制材料中使用了鹰潭市海绵城市部分建设单位相关资料，在此一并表示感谢！

鹰潭市海绵城市建设工作持续开展，在探索中不断前行，也在实践中不断总结。由于水平有限，在编撰过程中难免存在疏漏和不足，敬请读者提出宝贵意见。

编 者

2024 年 8 月

目录

第一篇

使命与担当

第1章

海绵城市建设背景

在快速推进的城镇化进程中，我国面临着前所未有的水资源管理挑战。城市内涝频发、水资源短缺、水质污染等问题日益凸显，传统的“快排、直排”城市建设模式已难以满足可持续发展的需求。在此背景下，海绵城市建设应运而生，成为我国城市转型升级、实现绿色生态发展的重要战略选择。海绵城市，强调通过城市规划、建设和管理，恢复和提升城市自然蓄水、渗水和净水能力，使城市在雨水丰沛时能够吸水、蓄水、渗水、净水，并在需要时将蓄存的水释放并加以利用，从而有效缓解城市水灾害、改善水质、补充地下水并提高城市生态环境质量。经过多年的努力，我国海绵城市建设取得了显著成效。城市内涝问题得到有效缓解，城市防洪排涝能力显著提升；水资源利用效率得到提高，城市水资源短缺问题得到缓解；城市生态环境得到改善，城市绿化覆盖率和水体质量显著提升。同时，海绵城市建设还带动了相关产业的发展和就业的增加，为城市经济发展注入了新的活力。随着技术的不断进步和经验的积累，海绵城市建设的理念和方法将不断完善和创新。同时，随着国家对生态文明建设的高度重视和人民群众对美好生活环境的向往日益增强，海绵城市建设将成为未来城市发展的重要方向。

1.1 海绵城市理念提出的背景

我国处于城镇化快速发展时期，城市建设取得了显著成就。据国家统计局数据，2023 年全国城镇人口为 93267 万人，常住人口城镇化率为 66.16%，较 1978 年的 17.92% 有了大幅提升。伴随着城市的快速发展，城市建设用地不断扩张，城市经济持续发展，城市各项活动从自然界不断索取物资和能量，对社会经济、自然资源和生态环境产生了巨大的影响和干扰，引发一系列矛盾和问题，其中资源过快消耗、整体环境品质加剧下降尤为突出。与此同时，随着生活水平不断提升，人民群众对环境质量、城市舒适的需求越来越重视，迫使政府重新审视传统城市建设模式，提出更科学、更长效、更生态、更经济的建设理念，以保障群众生产生活和城市有序运行。我国社会的主要矛盾也转化为人民日益增长的美好生活需要和不平衡不充分的发展之间的矛盾。

我国城市开发突出特点是大面积使用硬质化地面铺装，这对城市未来生态发展造成深远的影响。大量硬化的城市屋面、道路、地面等设施直接改变了城市原有自然生态本底和水文特征，原本城市中有较好渗透性的土壤被硬化地面取代，大大小小的湖泊、沼泽被填平用于城市开发建设，较大程度减少了雨水的调蓄空间。大量的拦水造坝、截弯取直、盲目开挖、“三面光”工程切断了地表土壤与水面的连接通道，切割了上下游生态通道，使得原本清澈灵动的流水变死水、自然弯曲的河道被拉直。城市下垫面的改变破坏了原有的降雨产汇流特征，具体表现在降雨产流和汇流两个阶段：①降雨产流过程中由于下垫面的渗透、截留能力大大减弱，同等降雨条件下的产流量大大增加，径流系数显著提高；②在汇流过程中，硬化地面和雨水管道中的汇流时间比非硬化地面汇流快，导致管道和河道径流峰值增加并提前，对城市排水管网和受纳水体造成了更大的压力。打破了产汇流规则，导致一旦城市遭遇强暴雨袭击，突然倍增的雨水无法得到渗透、滞蓄等过程的分解，雨水无法快速下渗，城市下垫面特征的改变造成了径流量增加，峰值提前。与此同时，很多城市基础设施薄弱，注重“面子”工程，忽视地下排水管网等“里子”工程，排水设施能力不足，大量径流无法及时排走，造成“城市看海”，建设在低洼地带的道路、居民区、工厂等被淹没，给经济发展和环境安全带来了巨大的隐患。

根据 2020 年底住房和城乡建设部、生态环境部对全国地级及以上城市的黑臭水体排查结果，全国地级及以上城市中，存在 2914 条黑臭水体。黑臭水体地域分布呈现南多北少的特点，60% 的黑臭水体分布在东南沿海、经济相对发达地区。我国直辖市、省会城市、计划单列市建成区中，有 31 个城市存在 638 条黑臭水体，即全国 74.5% 的地级以上城市中河道水体存在黑臭水体。

根据生态环境部排查结果，截至 2022 年 7 月，91 个县级城市排查出黑臭水体 220 条。虽然我国城市市政基础设施投入力度持续加大，但其建设水平仍然达不到水生态环境质量要求，水环境污染作为我国较为普遍的“城市病”，其成因包含污水直排等点源污染，也包含不渗透的路面使得降雨未被自然净化，进而携污染物排放水体的面源污染等因素。

频次高发的涉水问题同城市人口增长、资源短缺、经济发展快速和资源环境约束等各个矛盾交织叠加，为我们带来前所未有的挑战。研究分析城市各类水问题，发现核心成因均归根于城镇化进程中，传统的建设模式破坏了自然生态本底与水文循环，进而影响城市降水、地表径流与水体环境等，各类变化的互相耦合进而导致城市水安全缺乏保障、水资源紧缺、水生态恶化等一系列问题。若要综合解决以上问题，应摒弃传统高度硬化的建设模式，转变城市的发展理念，采用系统的规划管理建设方式，逐步恢复自然本底及水文循环，从源头、过程、系统综合考虑，提升人民的居住舒适度。

基于以上因素，国家提出建设自然积存、自然渗透、自然净化的“海绵城市”。所谓海绵城市是指通过加强城市规划建设管理，充分发挥建筑、道路和绿地、水系等生态系统对雨水的吸纳、蓄渗和缓释作用，有效控制雨水径流，实现自然积存、自然渗透、自然净化的城市发展方式。通过海绵城市建设，降雨时能够就地或者就近“吸收、存蓄、渗透、净化”径流雨水，补充地下水、调节水循环，在干旱缺水时有条件将蓄存的水“释放”出来并加以利用，从而让水在城市中的迁移活动更加“自然”。通过城市规划、建设的管控，综合采用“渗、滞、蓄、净、用、排”等工程技术措施，控制城市雨水径流，最大限度减少由于城市开发建设行为对原有自然水文特征和水生态环境造成的破坏，使城市更能适应环境变化和应对自然灾害。通过人工和自然的结合、生态措施和工程措施的结合、地上和地下的结合，解决城市内涝、水体黑臭等问题，实现“修复城市水生态、涵养城市水资源、改善城市水环境、提高城市水安全、复兴城市水文化”等多重目标。

1.2　国外相关理念的发展

在发达国家城镇化发展的过程中，也曾出现过由城市开发建设带来的水环境污染、水资源紧缺、水安全威胁、水生态破坏等一系列问题。各个国家根据自身特点，逐步调整城市规划、建设和管理理念等，提出了合适的建设管理方法以有效地应对此类“涉水”问题。也在总结和实践的基础上，不断调整和完善了城市规划、建设和管理的理念，如美国的低影响开发技术（LID）、澳大利亚的水敏性城市设计（WSUD）、英国的可持续排水系统（SUDS）、德国的分散式雨水管理系统（DRSM）、新加坡的 ABC 水计划等。

美国的低影响开发技术（LID）。美国针对雨水污染提出实施雨污分流、建立合流制储存设施及低影响开发技术（low impact development，LID）。LID 最早在马里兰州的乔治王子郡实践，主要采用临街住宅的前庭院建设雨水花园，解决社区街道雨水排水问题。LID 核心理念为强调通过分散的小规模源头控制设施模拟自然水文过程，减少雨水径流和污染，同时提升城市生态环境质量，使开发地区尽量接近开发前自然的水文循环，有效提升地表水和地下水的质量，保持水生生物资源和生态系统的完整性。主要措施包括生态滞留池、透水铺装、绿色屋顶、植被浅沟等，这些措施能够有效促进雨水就地入渗、净化和利用。LID 理念的优势为注重源头控制，能够有效减少城市内涝风险，同时提升城市绿地覆盖率和生物多样性，改善城市微气候。

澳大利亚的水敏性城市设计（WSUD）。澳大利亚为解决全境降水量少及因日益提高的城市化率导致的城市自然水循环平衡持续被打破等问题，提出了水敏性城市设计（water sensitive urban design，WSUD）。WSUD 的核心理念是通过不同空间尺度上的城市规划和设计，将“水”置于城市设计的开端并将其贯穿每一环节，使水资源的使用、储存和再利用在一个“可持续”的框架中运行，以将自然界的水循环、建成环境和传统地下水系统有机联系起来，创造一个更为安全高效的水循环系统，提高城市对洪涝灾害的免疫能力。主要措施包括雨水收集、储存、净化及再利用，以及结合城市绿地、湿地等自然元素构建综合水管理体系。WSUD 还强调通过高质量的规划设计提升城市防洪能力和水环境品质。WSUD 理念有助于实现城市水资源的可持续利用，同时提升城市防洪减灾能力和生态环境质量，为城市居民创造更加宜居的城市环境。

英国的可持续排水系统（SUDS）。英国为解决传统排水体制产生的多发洪涝、严重的污染和对环境的破坏等问题，将长期的环境和社会因素纳入排水体制及系统中，建立了 SUDS（sustainable urban drainage systems）。SUDS 由传统的以排放为核心的排水系统上升到维持良性水循环高度的可持续排水系统，注重雨水的自然排放与利用，通过模仿自然排水过程来管理城市雨水径流，在设计时综合考虑径流的水质、水量、景观潜力和生态价值等。由原来只对城市排水设施的优化上升到对整个区域水系统的优化，不但考虑雨水，还考虑城市污水与再生水，采取综合措施来改善城市整体水循环。主要措施包括透水铺装、绿色屋顶、植被缓冲带、雨水花园等绿色基础设施，以及结合自然水体构建的雨水滞留和净化系统。SUDS 的理念能够有效减少城市内涝风险，同时改善城市水环境质量，提升城市生态价值。此外，SUDS 还有助于增强社区对雨水管理的参与意识，促进社区的可持续发展。

德国的分散式雨水管理系统（DRSM）。德国作为世界上雨水收集、处理、利用技术最先进的国家之一，为提高城市排涝能力推广“洼地-渗渠系统”。“洼地-渗渠系统”包括各个就地设置的洼地、渗渠等组成的设施，这些设施与带有孔洞的排水管道连接，形成一个分散的雨水处理系统。通过雨水在低洼草地中短期储存和渗渠中的长期储存，保证尽可能多的雨水得以下渗。该系统代表了“径流零增长”的排水系统设计新理念，其目标是使城市范围内的水量平衡尽量接近城市化之前的降雨径流状况。DRSM 的核心理念是依托完善的法律法规和技术指引，通过经济激励等手段促进雨水资源的广泛利用。主要措施包括雨水收集池、雨水渗透设施、生态滞留地等分散式雨水处理设施，以及结合城市绿地和景观构建的雨水管理系统。德国还制定了严格的雨水排放标准和水质监测制度，确保雨水利用的安全性和可持续性。DRSM 的理念有助于实现雨水资源的高效利用和污染控制，同时减轻城市排水系统的负担。

新加坡的 ABC 水计划。新加坡为推动城市水资源的多元供给和水环境美化，提出了中央地区水环境总体规划和“活力（Active）、美观（Beautiful）、洁净（Clean Water）”的城市导则——ABC 水域设计导则。ABC 水计划旨将下水道、沟渠、水库改造成为富有活力的、美丽的、洁净的小溪河流与湖泊，目标是综合环境、水体和社区以创造一个充满活力、能够增强社会凝聚力的可持续城市发展空间。从源头、过程和系统三方面寻求解决方案，以便有效地管理雨水径流，降低城市洪灾风险。主要措施包括深层隧道排污系统、滨海堤坝、滨海湾花园等标志性水利工程，以及结合城市绿地和公共空间构建的雨水收集、储存和净化系统。ABC 水计划还注重通过科技创新提升水资源管理的智能化水平。ABC 水计划有效解决了新加坡水资源短缺和水环境恶化的问题，同时提升了城市防洪减灾能力和生态环境质量。该计划还促进了新加坡城市景观的美化和居民生活质量的提升，为城市可持续发展奠定了坚实基础。

尽管各国在提法上不同，但在做法上殊途同归，初衷都是通过控制雨水径流来解决城市内涝、水环境等问题。海绵城市建设理念在全球范围内展现了多样化的创新与实践，这些理念共同指向了更为可持续、生态友好的城市水资源管理目标，共同体现了对自然水循环的尊重、对雨水资源的有效利用以及对城市生态环境的关注。这些理念的成功实践为我国的海绵城市建设提供了宝贵的经验和启示。

1.3　国内海绵城市发展历程及建设情况

1.3.1　国内海绵城市发展历程

针对海绵城市建设，党中央、国务院多次在有关文件和会议中提出了具体要求，各部委认真贯彻落实相关部署，积极开展国家海绵城市试点及示范城市建设，及时发布相关政策、技术标准规范等。

2013 年 12 月，中央城镇化工作会议上，习近平总书记首次提出海绵城市相关理念，要求“在提升城市排水系统时要优先考虑把有限的雨水留下来，优先考虑更多利用自然力量排水，建设自然积存、自然渗透、自然净化的‘海绵城市’”。

2014 年 2 月，住房城乡建设部城市建设司 2014 年工作要点中明确，大力推行低影响开发建设模式，加快研究建设海绵型城市的政策措施。

2014 年 3 月，习近平总书记在中央财经领导小组第 5 次会议上要求建设“海绵家园”“海绵城市”。

2014 年 10 月，住房城乡建设部印发《海绵城市建设技术指南——低影响开发雨水系统构建（试行）》（建城函〔2014〕275 号），从规划、设计、建设、施工及运行维护等方面明确了海绵城市建设的要求，指导各地开展海绵城市建设工作。

2014 年 12 月，财政部、住房城乡建设部、水利部联合印发《关于开展中央财政支持海绵城市建设试点工作的通知》（财建〔2014〕838 号），明确中央财政对海绵城市建设试点给予专项资金补助及相关考核要求。

2015 年 1 月，财政部、住房城乡建设部、水利部发布《关于组织申报 2015 年海绵城市建设试点城市的通知》（财办建〔2015〕4 号），明确 2015 年海绵城市建设试点城市申报指南。同年 4 月确定了 16 个城市获得海绵城市试点的资格。

2015 年 7 月，住房城乡建设部办公厅印发《海绵城市建设绩效评价与考核办法（试行）》（建办城函〔2015〕635 号），明确了海绵城市建设绩效评价与考核指标分为水生态、水环境、水资源、水安全、制度建设及执行情况、显示度六个方面 18 项具体考核指标。

2015 年 8 月 10 日，水利部发布《关于推进海绵城市建设水利工作的指导意见》（水规计〔2015〕321 号），提出了海绵城市建设水利工作的总体思路和主要任务。

2015 年 9 月，住房城乡建设部发布《关于成立海绵城市建设技术指导专家委员会的通知》（建科〔2015〕133 号），成立了“住房城乡建设部海绵城市建设技术指导专家委员会”。

2015 年 9 月，国务院总理李克强主持召开国务院常务会议。会议指出，要按照生态文明建设要求，建设雨水自然积存、渗透、净化的海绵城市，以修复城市水生态、涵养水资源，增强城市防涝能力，扩大公共产品有效投资，提高新型城镇化质量。

2015 年 10 月，国务院办公厅印发了《国务院办公厅关于推进海绵城市建设的指导意见》（国办发〔2015〕75 号），明确海绵城市是自然积存、自然渗透、自然净化的城市发展方式；并提出“最大限度地减少城市开发建设对生态环境的影响，将 70% 的降雨就地消纳和利用”的工作目标，到 2020 年，城市建成区 20% 以上的面积达到目标要求，到 2030 年，城市建成区 80% 以上的面积达到目标要求。

2015 年 12 月，中央城市工作会议提出要提升建设水平，加强城市地下和地上基础设施建设，建设海绵城市。

2015 年 12 月，住房城乡建设部、国家开发银行联合发布《关于推进开发性金融支持海绵城市建设的通知》（建城〔2015〕208 号），要求国家开发银行作为开发性金融机构，要把海绵城市建设作为信贷支持的重点领域，更好地服务国家经济社会发展战略。

2015 年 12 月，住房城乡建设部、中国农业发展银行联合发布《关于推进政策性金融支持海绵城市建设的通知》（建城〔2015〕240 号），要求各级住房城乡建设部门要高度重视推进政策性金融支持海绵城市建设工作，把中国农业发展银行作为重点合作银行，加强合作，最大限度发挥政策性金融的支持作用，切实提高信贷资金对海绵城市建设的支撑保障能力。

2016 年 2 月，国务院发布《国务院关于深入推进新型城镇化建设的若干意见》（国发〔2016〕8 号），明确表示要推进海绵城市建设，营造城市宜居环境。

2016 年 2 月，中共中央、国务院发布《中共中央 国务院关于进一步加强城市规划建设管理工作的若干意见》（中发〔2016〕6 号），强调推进海绵城市建设是全面提升城市功能的重要渠道，并提出要推动新型城市建设，对大型公共建筑和政府投资的各类建筑全面执行绿色建筑标准和认证。

2016 年 2 月，财政部、住房城乡建设部、水利部联合印发了《关于开展 2016 年中央财政支持海绵城市建设试点工作的通知》（财办建〔2016〕25 号），明确了第二批海绵城市试点的相关要求及申报审批流程。

2016 年 3 月，住房城乡建设部印发了《海绵城市专项规划编制暂行规定》（建规〔2016〕50 号），要求设市城市均要编制海绵城市专项规划，与城市道路、排水防涝、绿地、水系统等相关规划做好衔接，并将批准后的海绵城市专项规划内容，在城市总体规划、控制性详细规划中予以落实。

2016 年 3 月，财政部、住房城乡建设部联合印发《城市管网专项资金绩效评价暂行办法》（财建〔2016〕52 号），明确了海绵城市建设试点绩效评价指标体系。

2017 年 3 月，李克强总理在政府工作报告中提出要统筹城市地上地下建设，推进海绵城市建设，使城市既有“面子”，更有“里子”。第一次将海绵城市写入政府工作报告。

2018 年 12 月，住房城乡建设部组织制定了国家标准《海绵城市建设评价标准》（GB/T 51345—2018），规范海绵城市建设效果评价，提升海绵城市建设的系统性。

2019 年 3 月，国家发展改革委《关于印发〈2019 年新型城镇化建设重点任务〉的通知》中，明确指出指导各地区因地制宜建设地下综合管廊，扎实推进城市排水防涝设施补短板，持续推进节水型城市建设，推进实施海绵城市建设。

2020 年 10 月，《中共中央关于制定国民经济和社会发展第十四个五年规划和二〇三五年远景目标的建议》第八部分第 31 条提出，统筹城市规划、建设、管理……加强城镇老旧小区改造和社区建设，增加城市防洪排涝能力，建设海绵城市、韧性城市。全域系统化推进海绵城市建设是“十四五”期间的重要任务。

2021 年 4 月，财政部、住房城乡建设部、水利部联合印发了《关于开展系统化全域推进海绵城市建设示范工作的通知》（财办建〔2021〕35 号），提出“十四五”期间将通过竞争性选拔，确定部分基础条件好、积极性高、特色突出的城市开展典型示范，并给予定额补助。2021—2023 年分三批共确定了 60 个示范城市。

2022 年 4 月，住房城乡建设部办公厅印发《关于进一步明确海绵城市建设工作有关要求的通知》（建办城〔2022〕17 号），从深刻理解海绵城市建设理念、明确实施路径、科学编制海绵城市建设规划、因地制宜开展项目设计、严格项目建设和运行维护管理、建立健全长效机制六个方面，对海绵城市建设提出了总体要求和需要注意的事项，对进一步提升海绵城市建设的系统性、科学性，具有重要意义。

2024 年 2 月 23 日，国务院第 26 次常务会议通过《节约用水条例》，并于 2024 年 5 月 1 日起施行。条例第三十六条规定，县级以上地方人民政府应当推进海绵城市建设，提高雨水资源化利用水平。开展城市新区建设、旧城区改造和市政基础设施建设等，应当按照海绵城市建设要求，因地制宜规划、建设雨水滞渗、净化、利用和调蓄设施。

以上政策法规文件不仅强调了海绵城市建设的必要性和重要性，还从规划、建设、管理等多个方面提出了具体要求和指导，旨在通过建设海绵城市，有效缓解城市内涝、改善城市生态环境、提升城市安全韧性，实现人与自然和谐共生的美好愿景。

1.3.2　海绵城市试点、示范城市建设情况

2015 年 1 月，财政部、住房城乡建设部、水利部发布《关于组织申报 2015 年海绵城市建设试点城市的通知》（财办建〔2015〕4 号），确定了迁安、白城、镇江等 16 个城市获得海绵城市试点的资格。2016 年 2 月，财政部、住房城乡建设部、水利部发布《关于开展 2016 年中央财政支持海绵城市建设试点工作的通知》（财办建〔2016〕25 号），确定了北京、天津、大连等 14 个城市获得海绵城市试点的资格。两年时间内共确定了 30 个海绵城市建设试点城市，具体参见表 1-1。

表 1-1　海绵城市建设试点城市名单

试点城市批次	试点城市名单
第一批试点城市（16 个）	迁安、白城、镇江、嘉兴、池州、厦门、萍乡、济南、鹤壁、武汉、常德、南宁、重庆、遂宁、贵安新区和西咸新区
第二批试点城市（14 个）	北京、天津、大连、上海、宁波、福州、青岛、珠海、深圳、三亚、玉溪、庆阳、西宁和固原

财政部、住房城乡建设部、水利部 2021 年 4 月发布《关于开展系统化全域

推进海绵城市建设示范工作的通知》(财办建〔2021〕35 号)，确定了鹰潭、唐山、长治、四平等 20 个城市获得海绵城市建设示范的资格。2022 年 4 月，发布《关于开展“十四五”第二批系统化全域推进海绵城市建设示范工作的通知》，确定了秦皇岛、晋城、呼和浩特等 25 个示范城市。2023 年 4 月，发布《关于开展“十四五”第三批系统化全域推进海绵城市建设示范工作的通知》，确定了衡水、葫芦岛、扬州等 15 个示范城市。2021 年至 2023 年三年间，财政部、住房城乡建设部、水利部通过竞争性选拔共确定了 60 个海绵城市建设示范城市，具体参见表 1-2。

表 1-2 海绵城市建设示范城市名单

示范城市批次	示范城市名单
第一批示范城市(20 个)	唐山、长治、四平、无锡、宿迁、杭州、马鞍山、龙岩、南平、鹰潭、潍坊、信阳、孝感、岳阳、广州、汕头、泸州、铜川、天水、乌鲁木齐
第二批示范城市(25 个)	秦皇岛、晋城、呼和浩特、沈阳、松原、大庆、昆山、金华、芜湖、漳州、南昌、烟台、开封、宜昌、株洲、中山、桂林、广元、广安、安顺、昆明、渭南、平凉、格尔木、银川
第三批示范城市(15 个)	衡水、葫芦岛、扬州、衢州、六安、三明、九江、临沂、安阳、襄阳、佛山、绵阳、拉萨、延安、吴忠

住房和城乡建设部与财政部、水利部确定的 30 个试点城市、60 个示范城市涵盖了东中西部地区、大中小城市、南北方区域，已探索出了不同类型的可复制可推广的海绵城市建设经验，在群众关切的治理黑臭水体、缓解城市内涝、提升人居环境等方面取得初步成效。如南宁那考河、常德穿紫河等群众长期诟病的黑臭水体得到系统整治，变成了令人向往的滨水公园；北京市对中心城区环路的近 70 座下凹式立交桥区进行海绵化改造，2016 年 7 月 20 日暴雨期间，完成改造的立交桥区无内涝积水现象；陕西省西咸新区在试点区域实施海绵城市建设，缓解内涝压力，在同样降雨条件下，非试点区域出现较大面积内涝，形成鲜明对比；萍乡市金螺峰公园、南宁市石门森林公园、南湖公园等经过海绵化改造后，提升了景观环境，成了群众休憩的好去处。

2023 年 5 月，财政部发布了《中央财政海绵城市建设示范补助资金 2022 年绩效评价结果》，福建龙岩、江苏无锡、山西长治、福建南平、江西鹰潭、四川泸州、福建漳州、浙江金华、江苏昆山、广东中山、四川广安、云南昆明、山西晋城 13 个城市在年度考核中绩效评价等级为 A 档。

2021 年，鹰潭成为全国首批 20 个系统化全域推进海绵城市建设示范城市之一，市委、市政府高度重视海绵城市建设，在国家和省两级住建、财政、水利部门的大力支持和指导下，鹰潭市坚持全域推进、制度先行、项目同步、常态管控，以“作示范、勇争先”的责任感和使命感，凝心聚力、苦干实干，全力推动海绵城市建设工作，取得了较好成效。

第2章 鹰潭市海绵城市建设背景和目标

党的十八大以来，习近平总书记关于社会主义生态文明建设的一系列重要论述，立意高远，内涵丰富，思想深刻，对于我们深刻认识生态文明建设的重大意义、坚持和贯彻新发展理念、正确处理好经济发展同生态环境保护的关系具有重要的指导意义。在2013年底召开的中央城镇化工作会议上，习近平总书记提出，在提升城市排水系统时要优先考虑把有限的雨水留下来，优先考虑更多利用自然力量排水，建设自然积存、自然渗透、自然净化的“海绵城市”，为我们城市建设提出了新的理念指引。当前既是鹰潭发展的重要战略机遇期，也是充满挑战的发展承压期，鹰潭市将立足新发展阶段、贯彻新发展理念、构建新发展格局，锐意进取、奋进争先，奋力开启现代化建设新征程。

在新时期城市发展的关键时期，鹰潭市坚决贯彻落实习近平生态文明思想，坚定不移地将海绵城市建设理念融入城市发展全过程，经过“十三五”期间的努力，初步形成了一套相对完整的海绵城市建设全流程、全行业、全类型推进的组织领导体系、法规制度体系、规划设计体系、规范标准体系和工作推进机制，建成了一批景色优美、功能性强的高质量海绵城市亮点项目，海绵城市建设在鹰潭取得了阶段性的成效。

2.1　鹰潭市海绵城市示范建设背景

海绵城市建设是城市建设管理的一场革命。加快海绵城市建设，有利于促进人与自然和谐发展，美化城市水系。近年来，鹰潭市重视组织领导，建立完善政策制度体系，开展了大量的海绵城市建设工作。

2.1.1　长效推进的组织领导体系

在组织领导方面，2016 年，鹰潭市印发了《鹰潭市人民政府办公室关于加快推进海绵城市建设工作的实施意见》（鹰府办发〔2016〕41 号），文件中明确应加强组织领导，成立由市政府主要领导任组长的海绵城市建设工作领导小组，负责组织协调解决海绵城市建设工作中遇到的重大问题。2017 年，鹰潭市成立了鹰潭市海绵城市建设工作领导小组。2021 年 5 月，根据人事变动及机构改革情况，鹰潭市调整了海绵城市建设工作领导小组成员名单，进一步明确了鹰潭市海绵城市建设工作领导小组由市长任组长，副市长任副组长，市发展和改革委员会（发改委）、市财政局、市自然资源局、市住房和城乡建设局（住建局）、市城市管理局（城管局）、市水利局、市行政审批局、市生态环境局、市气象局等多个部门的主要领导以及市国控集团、各区（市）人民政府（管委会）等有关单位人员为成员。

鹰潭市海绵城市建设工作领导小组负责全面落实国家、江西省有关海绵城市建设工作的方针政策，统领、部署和督导鹰潭市的海绵城市建设工作，并协调解决工作中的重大问题；领导小组下设领导小组办公室，具体负责领导小组日常事务的处理，并牵头组织编制规划、制定政策文件，协调督导、检查推动全市海绵城市建设工作。领导小组办公室设在鹰潭市住建局，由局长兼任领导小组办公室主任，详见图 2-1。

同时，为了进一步强化落实海绵城市建设的责任分工，2019 年，中共鹰潭市委机构编制委员会办公室在《关于市住房和城乡建设局增加海绵城市建设工作职责的通知》（鹰编办发〔2019〕63 号）文件中，明确了由市住建局具体承担海绵城市建设的有关职能，主要包括制定和完善建设项目管理政策，组织编写海绵城市相关规划和技术标准，定期对建设项目进行督查，推动全市海绵城市建设工作以及承担市海绵城市建设工作领导小组办公室日常事务，确保了海绵城市建设能够与市住建局的日常工作有机结合，实现了常态化推进。

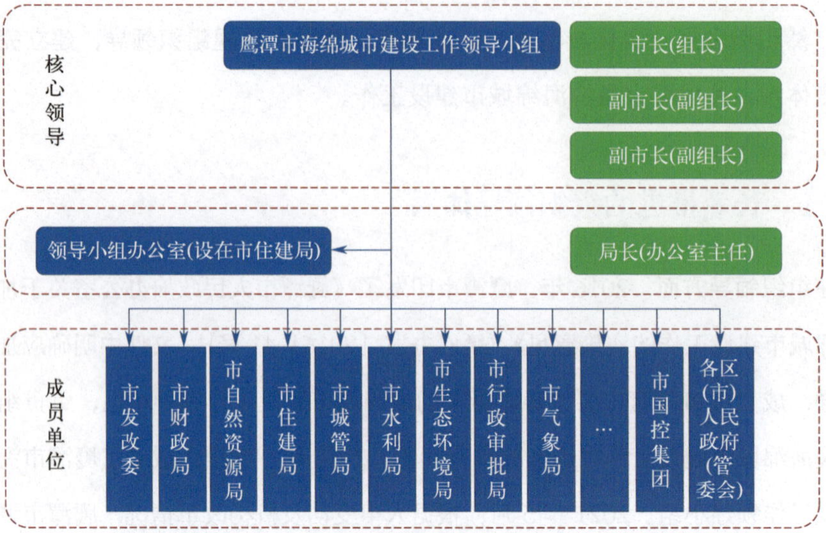

图 2-1 “十三五”期间鹰潭市海绵城市建设工作领导小组架构图

2.1.2 系统完善的全域管控制度

经过“十三五”的工作探索，鹰潭市初步建立了一套全行业、全流程的政策制度体系，为系统化全域推进海绵城市建设打下了坚实的基础。鹰潭市住建局、市发改委、市自然资源局、市城市管理局等有关部门结合自身工作职责，还出台了一系列政策制度文件，如在规划建设、设计施工、工程质量控制、验收管理、运行维护、投融资方面的“全流程”管控，在建筑小区、市政道路、城市绿地、河道水系等方面的“全行业”的闭环管控，全方位指导和保障海绵城市建设工作“全市域”顺利推进，详见图 2-2。

在规划设计管理方面，鹰潭市印发了《鹰潭市区市政工程管理规定》《鹰潭市地下管线管理办法》等文件，在城市规划建设用地范围内各项新、扩、改建的建设工程及城市规划、设计和管理时，积极落实海绵城市建设理念，加强河湖管理范围划定。

在施工图审查方面，鹰潭市印发了《鹰潭市中心城区海绵城市建设技术导则（试行）》等政策文件和技术标准，要求相关项目遵照技术导则要求，在设计和施工阶段明确海绵城市建设内容，各施工图审查单位要严格把关。

在竣工验收管理方面，鹰潭市提出相关工作要求，积极组织开展海绵城市建设工程质量专项验收。

在运营维护管理方面，鹰潭市出台《鹰潭市市政公用设施移交管理办法》《鹰潭市海绵设施维护管理办法（试行）》等文件，确保建成后的海绵设施安全、稳定、长效运行。

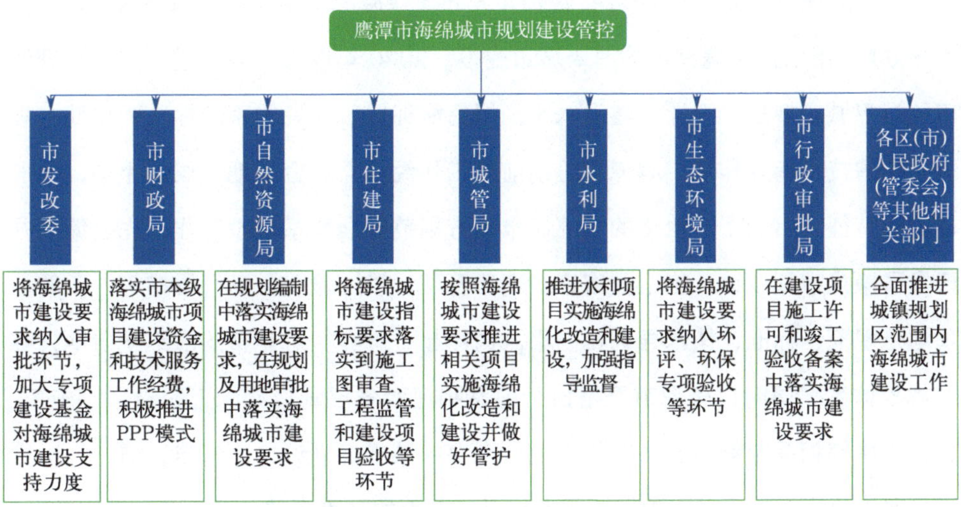

图 2-2　鹰潭市海绵城市规划建设全流程管控图

在总结前期工作经验的基础上，鹰潭市积极推进海绵城市地方专项立法，《鹰潭市海绵城市规划建设管理条例》已于 2024 年 1 月 1 日正式施行，为海绵城市规划、建设、管理提供了坚实的法治保障。

2.1.3　强化指导的规划标准体系

海绵城市建设是一种新的城市发展建设思想，系统性高、专业性强。鹰潭市在推进海绵城市建设的过程中，坚持规划引领，做好技术指导，初步构建了以海绵城市专项规划为核心、多项技术标准为支撑的规划标准体系，有力地指导了海绵城市项目建设。

在顶层规划方面，鹰潭市切实强化规划引领方针，组织编制了《鹰潭市中心城区海绵城市专项规划（2016—2030）》《鹰潭市排水（雨水）防涝综合规划》《鹰潭市中心城区污水专项规划》《鹰潭市中心城区海绵城市建设示范区实施方案》等一系列海绵城市建设专项规划和相关专项规划，明确了鹰潭市海绵城市建设的总体工作目标、思路和要求，海绵城市的规划体系满足科学性、系统性、可行性的要求，为海绵城市工程项目建设和各项工作推进打下了良好的基础。

在标准规范方面，2018 年，鹰潭市发布了《鹰潭市中心城区海绵城市建设技术导则》，用以指导鹰潭市的海绵城市建设。2020 年以来，为了进一步提升鹰潭市的海绵城市规划、设计、建设水平，提高海绵城市建设的系统性，强化地方规范标准的技术指导作用，鹰潭市总结前期工作经验，结合本地气候、土壤、地形地貌等特征，启动了本地化的海绵城市地方规范标准体系建设工作，先后编制并印发了覆盖规划设计、施工图审查、项目管理、竣工验收、运行维护等方面的多项地方规范、标准、技术导则和图集，构建起了一套相对完整的海绵城市地方标准规范体系。同时，鹰潭市严格执行国家和江西省规划设计、工程材料、施工、养护维修等相关定额标准，严格规范本地海绵城市规划设计、材料、施工、运维指导费用价格，为全市海绵城市建设提供了有力的技术支撑。

2.2 鹰潭市海绵城市建设目标

鹰潭市“十三五”以来开展了一系列海绵城市建设工作，坚持问题导向，从解决城市积水内涝、水体黑臭、人居环境差、居住社区设施短板等人民群众最关心最直接最现实的突出问题着手，解决了一批群众关心、反映突出的问题，提升了居民幸福感。与此同时，鹰潭市政府也清楚地认识到，由于城市水系统的复杂性，目前鹰潭市在海绵城市建设及防洪排涝、老旧小区等方面仍存在欠缺和不足，有待进一步努力提升改善；满足人民群众对美好生活的向往也是鹰潭市进一步深入推进海绵城市建设的使命和愿景。

“十三五”以来的工作实践使鹰潭深刻认识到，海绵城市建设理念既是对古人“天人合一、道法自然”理念的传承，也是对党中央适应国家新型城镇化建设要求的实践，更是鹰潭实现城市高品质发展的需要。通过海绵城市建设，能够有效地推动城市经济稳定增长，增加公共产品供给，营造城市宜居环境，加快城市建设发展方式转型。

2021 年，鹰潭市入选了第一批国家海绵城市建设示范城市名单，市委、市政府异常珍视此次示范机遇，积极推进各项工作，将海绵城市建设作为践行生态文明与绿色发展的主要载体，推进新型城镇化发展的有效途径，建设和谐宜居家园的重要支撑，努力建设“水生态良好、水安全保障、水环境改善、水景观优美、水文化丰富”的美丽鹰潭。

2.2.1　借助海绵城市建设转变城市发展模式

首先，借助海绵城市建设，推动生态文明建设，实现绿色发展。我国在党的十九大报告中明确提出了坚持人与自然和谐共生，将生态文明建设作为中华民族永续发展的千年大计。鹰潭过去的无序扩张与高强度开发带来的种种涉水城市病已经逐渐显现，海绵城市建设是破解目前存在的城市涉水病的有效途径。借助海绵城市建设，鹰潭转变传统发展思路，按照系统化思维统筹山、水、林、田、河、湖、草生态格局，构建多层次、网络化的生态体系，将海绵城市建设理念融入城市开发建设过程，实现生态保护、生态兴市，重新构建人水和谐的宜居鹰潭。

其次，通过海绵城市建设，提升城市人居环境，扩大生态供给。党中央提出坚持以人民为中心的发展思想，抓住人民最关心、最直接、最现实的利益问题。鹰潭的老城区公园绿地、公共休闲空间缺乏，存在部分水体黑臭的现象，城市面貌和环境品质已经不能满足鹰潭市民对更加美好生活的期望。在海绵城市建设过程中，鹰潭市抓住海绵城市建设示范契机，对老旧城区进行整体建设、修复、改造、升级，增加公园绿地面积和公共休憩空间，统筹解决道路破损、车位紧缺等百姓最关心的问题，整体提升城市品质，全面凸显民生优先的理念，让老百姓有获得感和幸福感。

同时，利用海绵城市建设，实现供给侧结构性改革，促进产业发展。近年来，深化供给侧结构性改革成为城市发展转型的战略任务，鹰潭市结合自身实际，创新体制机制，将海绵城市建设作为推动供给侧结构性改革的抓手，依靠海绵城市建设需求推动新兴产业的发展，推动本地设计、施工、设备等传统行业“海绵化”，逐步形成海绵产业链，推动新时期城市发展方式的顺利转型。

2.2.2 建设“碧水相连、水城相融、人水相依”的海绵鹰潭

鹰潭市将在流域层面重点开展生态空间格局构建、生态空间保护修复、调蓄空间保护建设等重点工作。修复自然生态系统，建设连续完整的城市生态基础设施体系，构建理想的山水城空间格局，加强城市开发建设选址和防洪排涝的统筹，提升自然蓄水排水能力。修复河湖水系和湿地等水体，恢复自然岸线，提高水资源涵养、蓄积、净化能力。保护流域区域现有雨洪调蓄空间，扩展城市建成区外自然调蓄空间。

一是构建蓝色生态水网，保护中心城区现有 14 条主要河道以及 17 处调蓄湖泊，修复问题水系，解决信江新区在 20 年一遇标准下的城市内涝问题。利用现有或规划绿地布置 7 条二级水系，总长约 16.93km，布置 7 条三级水系，总长约 6.17km。二级水系为排涝主通道，同时可作为信江新区水系补水通道及城市生态廊道；三级水系为排涝次通道，同时可作为城市绿化廊道。

二是构建绿色海绵网络，在此基础上形成蓝绿空间调蓄网络；规划建设 12 个市级公园、19 个片区级综合公园、8 个专类公园、3 个滨水带状公园以及 3 个郊野公园。依据周边地区雨水调蓄的需求以及公园绿地自身存在的调蓄能力，合理地进行海绵城市的建设。公园绿地径流总量控制率达到 80% ～ 90%，下沉式绿地率控制在 40% ～ 50%，下沉深度为 0.1 ～ 0.2m，则调蓄总规模可达到 10.54 万 m^3，剩余调蓄容积为 8.62 万 m^3。调蓄的核心主要为龙潭湖、虎岭湖、

信江生态湖、石鼓渡湖、潭头湖等。

三是重新优化鹰潭雨水排放系统和污水系统，统筹“厂网河湖园”建设，形成蓝绿灰融合系统。加快实施污水系统提质增效，修复受损管网，提升现有两座污水处理厂进水浓度。结合海绵分区优化雨水排放系统，协调雨水管网排放能力与河道防涝能力，通过源头减排、过程优化、末端控制来构建健康水系统。

远期到 2035 年，在鹰潭市全域范围系统推进海绵城市建设，实现城市建成区 80% 以上面积达到海绵城市建设要求。各区（市）全面落实海绵城市建设要求，尤其是政府投资建设的公共建筑、市政道路、公园绿地、河道水系等项目中率先落实海绵城市理念，建成一片达标一片。老城区结合城市更新、老旧小区改造等建设计划，以解决城市内涝、黑臭水体治理、非常规水资源利用为突破口，有序推进海绵城市建设，全面打造蓝绿交融、人水和谐的海绵鹰潭。

第二篇

全域系统推进

第 3 章

城市建设条件

3.1　城市特色

鹰潭市发展定位是“智慧美城”“世界铜都”“中华道都”“城乡融合”，即“智铜道合”。

3.1.1　智慧美城：全域网络数字化转型标杆典范

鹰潭市，2017 年被列为国家“03 专项”试点示范基地，2019 年成功举办了江西国际移动物联网博览会，是我国唯一获得“全球智慧城市数字化转型奖”“全球智慧城市中国区产业数字化转型奖”两项殊荣的城市，也是全国首批 5G 重点建设城市和智慧城市试点单位。鹰潭市物联网产业集群成功纳入国家第一批 66 个战略性新兴产业集群发展工程。经过几年来的奋力拼搏，全力打造了物联网产业发展高地，实现了城市数字化华丽转型。

3.1.2　世界铜都：铜产业的璀璨明珠

鹰潭市诞生了世界 500 强企业——江西铜业集团，是江西万亿有色产业集群的核心基地，铜材产量占全国总量的七分之一，是名副其实的世界铜都。“鹰潭铜价”成为国内铜现货交易价格的重要风向标。鹰潭稳定铜、延伸铜、智造铜，奋力打造以铜产业为重点的万亿级有色金属产业，再振“世界铜都”新优势。

3.1.3 中华道都：两千年道教文化的发源圣地

“中华道都”名扬海内外。这里有着“中国道教第一山”的龙虎山（图 3-1），也是道教发源地。东汉中叶，第一代天师张道陵在此修道炼丹，“丹成而龙虎见，山因以名”。2000 多年来，这里演绎了千年天师府（图 3-2）、仙境龙虎山、水浒开篇地的传奇。龙虎山是世界自然遗产地、世界地质公园、国家 5A 级旅游景区，以丹霞绝美、道宗绝圣、古越绝唱、阴阳绝妙享誉海内外，习近平总书记曾赞誉“龙虎天下绝”。

图 3-1 龙虎山自然风光

3.1.4 城乡融合：首批国家城乡融合发展试验区

2019 年之前，鹰潭承担了国家新型城镇化综合试点、全国农村土地制度改革试点等 20 余项国家、省级单项试点；2019 年 12 月，鹰潭全域列入首批 11 个国家城乡融合发展试验区之一，由“单点单项分散试验”转型升级为“全域全面集成推进试验”，实现鹰潭“整体上市”。

图 3-2　嗣汉天师府

3.2　城市基础特征

3.2.1　地理区位：扼鄱水之咽喉，阻信江之门户

鹰潭市位于江西省东北部（详见图 3-3），地处北纬 27°35′～28°41′，东经 116°41′～117°30′。鹰潭东接弋阳县、铅山县，西连东乡县，南临金溪县、资溪县，北靠万年县、余干县，东南一隅与福建省光泽县毗邻。距省会南昌市 143km（铁路里程）。境域南北长约 81km，东西宽约 38km，全市总面积 3560km^2，占江西省总面积的 2.15%。鹰潭素有“东连江浙，南控瓯闽，扼鄱水之咽喉，阻信江之门户”之称，是江西省沿浙赣铁路、京九铁路发展主轴带上赣东北地区的区域中心城市。

3.2.2　地形地貌：两山夹一江，地形变化丰富

鹰潭市地处武夷山脉向鄱阳湖平原过渡的交接地带，地势东南高西北低。地形可分为东南部中山地带，北部中高丘陵地带，西部中低丘陵地带，中部盆地地

带，其边缘地势大致由北、南两面渐次向中间降低，并向西倾斜，区内地势东南部高，西北部低，详见图 3-4、图 3-5。

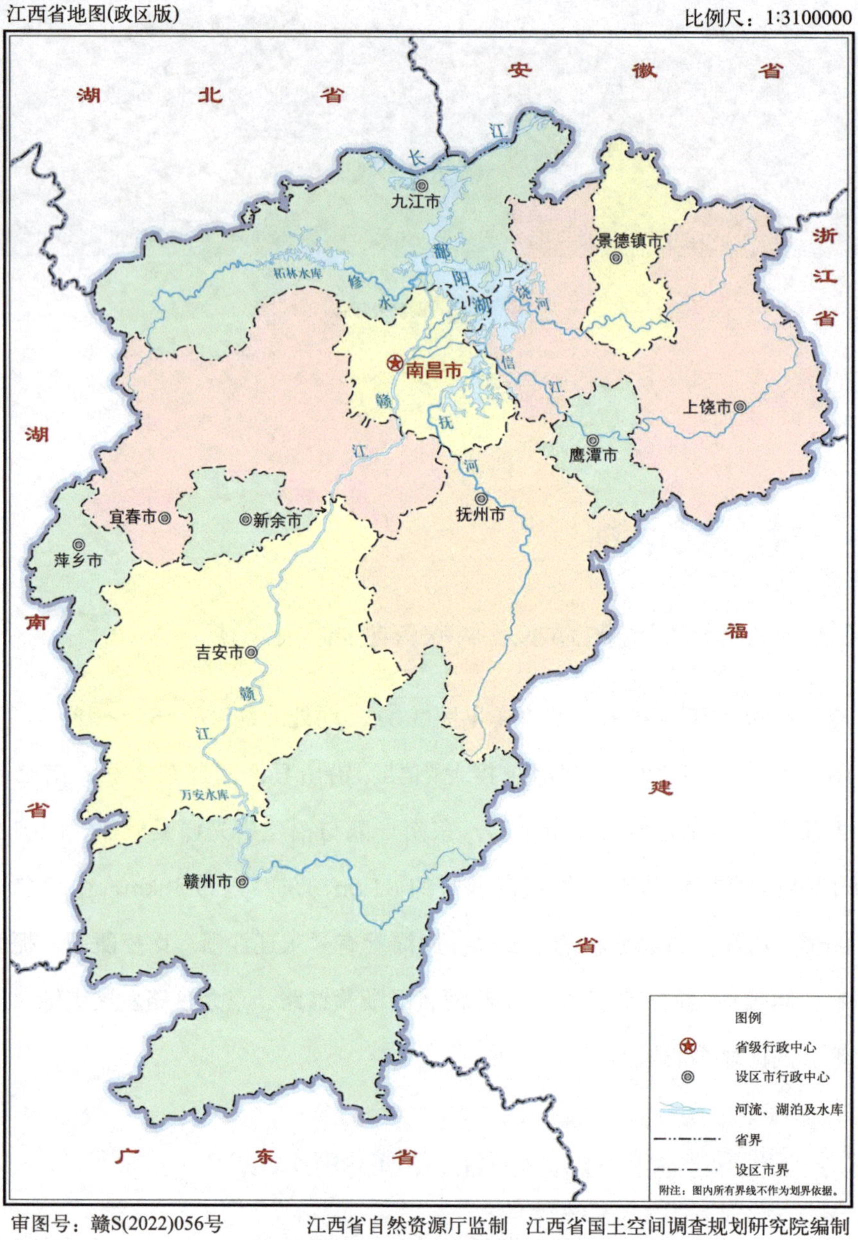

图 3-3 鹰潭市在江西省区位示意图

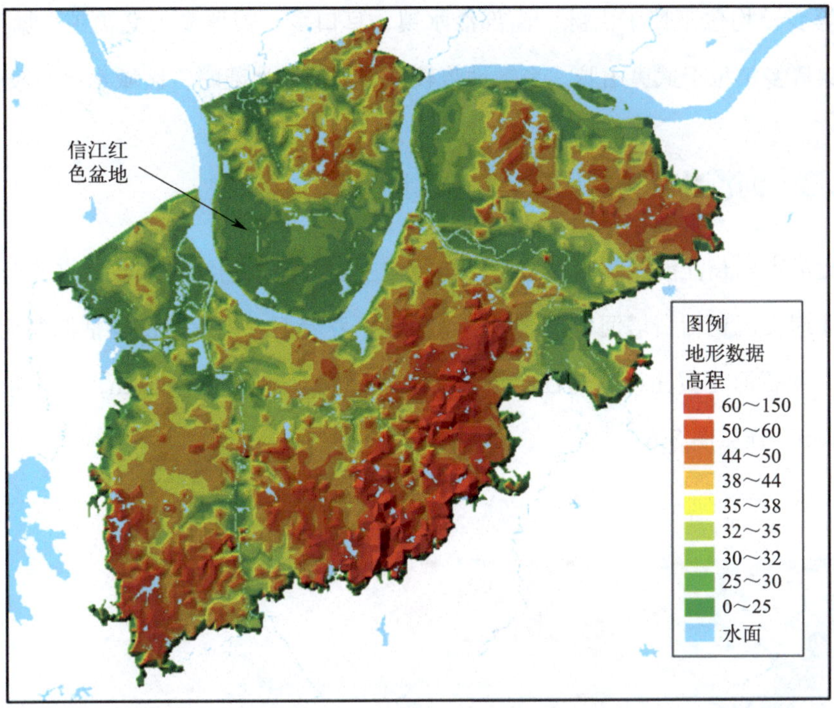

图 3-4　鹰潭市中心城区高程分析示意图

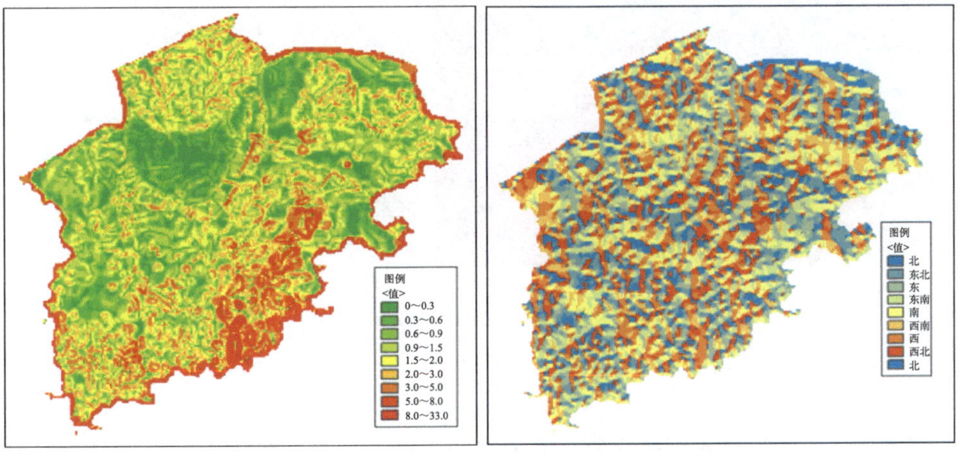

图 3-5　鹰潭市中心城区坡度分析示意图（左）、坡向分析示意图（右）

中部中心城区地处信江冲积平原，地势较为平坦。北部的画桥镇、周坊、白田乡等乡镇均位于怀玉山脉，南部冷水镇、耳口乡、樟坪乡、文坊镇、塘湾镇、金屯镇等乡镇位于武夷山脉，乡镇地势较高，坡度较为陡峭，区域水动力较强。

3.2.3 河流水系：一主八支，水网发达

鹰潭市属长江流域鄱阳湖水系，市境内主要河流为信江干流及其 8 条一级支流，北岸支流包括白塔河、白露河、童家河、罗塘河，南岸支流包括泗沥河、塔桥河、硬石河与黄庄河。信江全流域 16890km，干流全长 329km，鹰潭市境内长 62km，详见图 3-6。

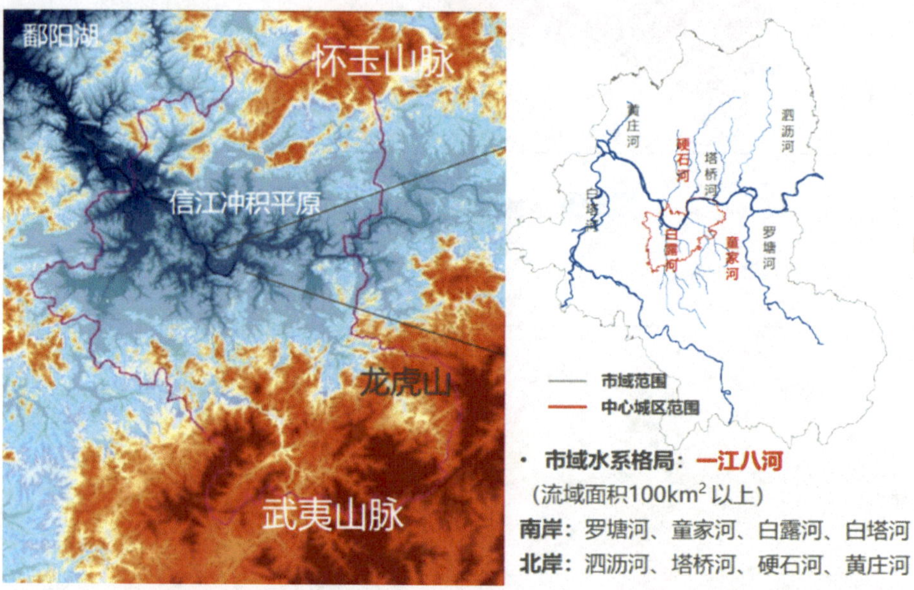

图 3-6 信江流域及其支流分布示意图

鹰潭市中心城区水网较丰富，水面率约 10%，以信江为中心，呈现“一江六区多湖库”的空间分布，其中信江为区域性河流，主要水系包括信江、白露河、东川河、童家河、骨头港、硬石河等 10 条河道，鹰潭市中心城区主要河流分布和基本情况详见图 3-7、表 3-1。

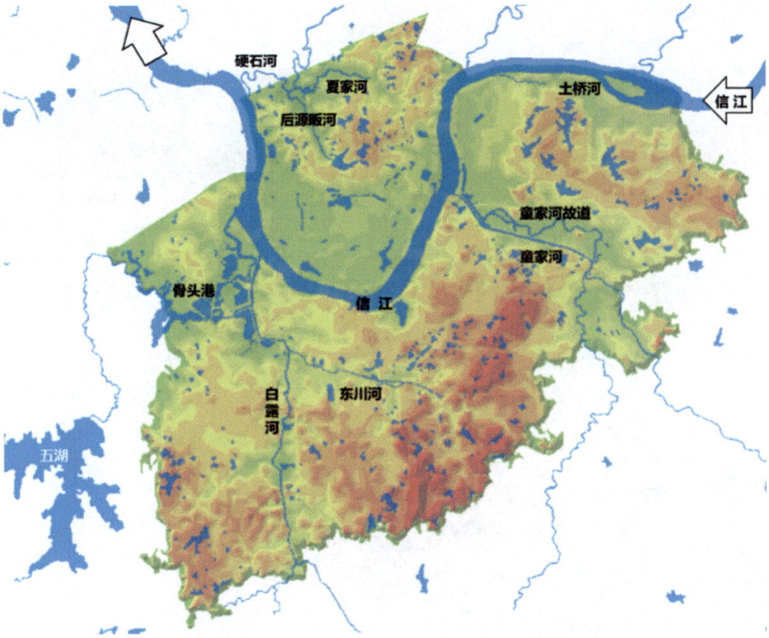

图 3-7　鹰潭市中心城区主要河流分布示意图

表 3-1　鹰潭市中心城区主要河流情况一览表

序号	河流水系名称	河道长度 /km	宽度 /m
1	信江（中心城区段）	14.5	200 ～ 500
2	童家河故道（角山河）	5.8	20 ～ 30
3	童家河	7.8	20 ～ 60
4	白露河	9.9	20 ～ 50
5	东川河	7.5	10 ～ 20
6	骨头港	5.42	20 ～ 60
7	硬石河	7.1	30 ～ 70
8	后源畈河	2.6	5 ～ 10
9	夏家河	4.7	45 ～ 50
10	土桥河	6.65	10 ～ 30
合计		71.97	

中心城区范围内湖库较多，包括潭头湖、鹰西湿地等 30 处较大湖库，另有较多小微水面。鹰潭市中心城区主要湖库坑塘分布及主要信息详见图 3-8、表 3-2。

图 3-8 鹰潭市中心城区主要湖库坑塘分布示意图

表 3-2 鹰潭市中心城区主要湖库坑塘一览表

序号	湖库名称	面积 /hm²	序号	湖库名称	面积 /hm²
1	潭头调蓄湖	11.0	16	肖山水库	17.1
2	虎岭调蓄湖	25.2	17	东源水库	52.7
3	刘家调蓄湖	25.0	18	许家垄水库	34.9
4	石鼓渡调蓄湖	6.5	19	延石水库	10.2
5	信江生态湖	25.6	20	李家水库	6.8
6	东湖	13.1	21	高背岭水库	16.9
7	南湖	15.8	22	梨树源水库	19
8	鹰西湿地	71.6	23	万寿堂水库	22.7
9	梅园湿地	74.3	24	脚麻岭水库	3.7
10	娄家塘水库	26.1	25	彭家垄水库	22
11	黄泥山水库	18.9	26	汪源水库	8.1
12	凌江水库	40.0	27	龙井水库	18.6
13	雄山寺水库	80.3	28	红旗水库	45.2
14	吴仕源水库	32.4	29	高公岭水库	29
15	大山水库	36.8	30	姜家塘水库	27

3.2.4 气候水文：雨量充沛，气候湿润

鹰潭市属中亚热带湿润季风气候区，光、热、水资源丰富，具有四季分明、气候温和、雨量充沛、日照充足和无霜期长的气候特点。鹰潭市冬春季节寒冷，夏秋季节酷热，冬夏季温差较大，多年平均气温 18.2℃，最冷的 1 月平均气温为 5.9℃，最热的 7 月多年月平均气温 30℃，极端最高气温 41.0℃，极端最低气温 -9.0℃。

鹰潭市雨量充沛，气候湿润，具有丰富的水资源，多年平均降水量 1883mm，但降水量年际变化大，年内分配极不均匀。多年降水年际变化率为 2.40 倍，最高年降水量 2713.5mm（1998 年），最低年降水量 1147.7mm（1978 年），暴雨风险较高。月降雨时间分布不均，4 月至 6 月为主要雨季，降水量占全年降水量的 46%。汛期降雨具有雨量大、强度高、历时短的特点。每年 4 月至 6 月南北冷暖气团多在境内交绥，容易形成大范围长历时的暴雨天气，常造成严重洪涝灾害。鹰潭洪水发生期主要在 5 月、6 月，以 6 月最为频繁；7 月、8 月受台风影响，也有强降水出现。

鹰潭市设计暴雨强度公式、暴雨雨型、年径流总量控制率如下所示。

① 设计暴雨强度公式

鹰潭市中心城区内（余江区、月湖区）新编暴雨强度公式如下。

新编制的月湖区暴雨强度公式：

$$q=\frac{1719.301\times(1+0.763\lg P)}{(t+9.560)^{0.674}}$$

新编制的余江区暴雨强度公式：

$$q=\frac{912.036\times(1+0.607\lg P)}{(t+3.259)^{0.508}}$$

式中　q——设计暴雨强度，L/（s · hm^2）；

P——设计重现期，a；

t——降雨历时，min。

② 短历时设计暴雨雨型

根据鹰潭市最新暴雨强度公式和鹰潭市降雨雨峰系数，采用芝加哥雨型生成不同对应重现期下，各历时的芝加哥雨型过程线。采用芝加哥法推算短历时降雨雨型，120min 对应 R 值（雨峰位置系数）取 0.3712。逐分钟降雨强度详见图 3-9。

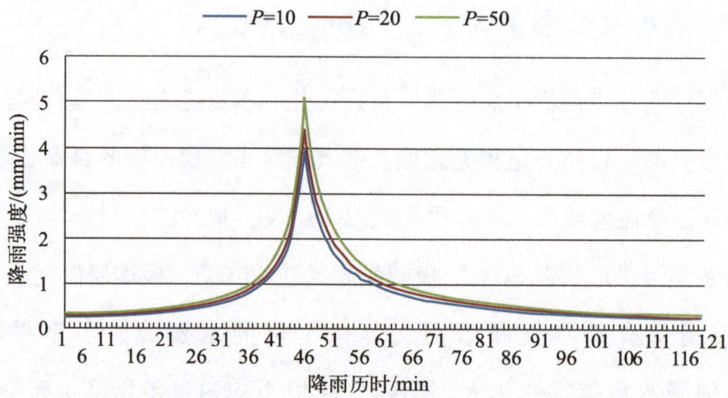

图 3-9 不同重现期短历时暴雨雨型设计过程线

③ 长历时设计暴雨雨型

内涝风险评估的设计降雨采用长历时降雨，调研相关资料，鹰潭市 20 年一遇 24h 降雨量 247mm，长历时设计降雨分配详见表 3-3、图 3-10。

表 3-3 不同重现期各时段最大累计雨量

重现期 P/a	最大 t 时段累计雨量 /mm							
	5	15	30	60	120	360	720	1440
P=10	4.220	12.217	22.906	37.859	62.804	134.339	169.560	217.035
P=20	4.814	13.934	26.126	43.180	71.632	153.223	193.394	247.543
P=50	5.581	16.157	30.294	50.068	83.059	177.666	224.245	287.032

④ 年径流总量控制率

根据《鹰潭市中心城区海绵城市专项规划（2016—2030）》，鹰潭市年径流总量控制率达到 70% 时，对应的设计降雨量达到 25.1mm。鹰潭市年径流总量控制率与降雨量对应关系详见表 3-4、图 3-11。

表 3-4 年径流总量控制率与降雨量对应表

径流总量控制率 /%	降水量 /mm	径流总量控制率 /%	降水量 /mm
50	13.4	75	29.6
55	15.7	80	35.3
60	18.3	85	43.0
65	21.5	90	54.6
70	25.1		

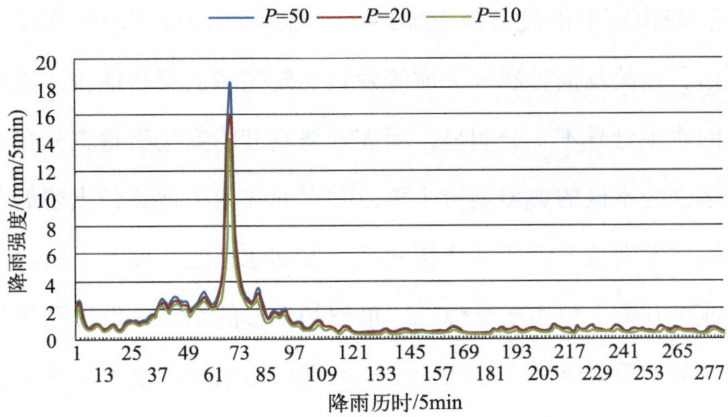

图 3-10　不同重现期 24 小时长历时设计暴雨型

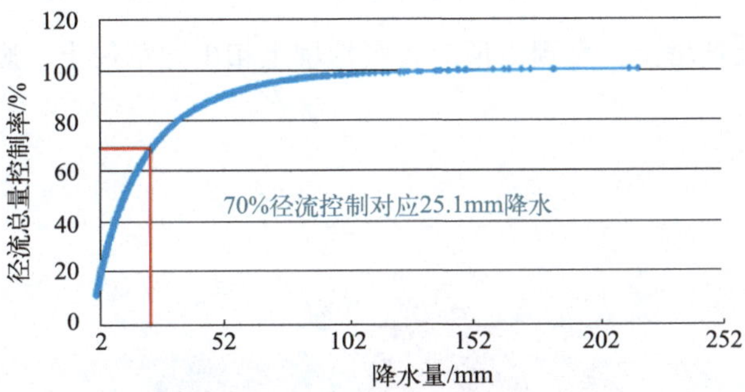

图 3-11　年径流总量控制率与降雨量对应曲线

3.2.5　土壤地质：丹霞地貌，红壤为主

鹰潭市所处地区为丹霞地貌，受地貌地质影响，规划区部分区域为丹霞岩层，人工覆土为主，覆土层厚度较浅，覆土层下方均为岩石，雨水下渗较为困难。据统计，鹰潭市 78.7% 左右的土壤为水稻土与红壤土，21.3% 左右的土壤为酸性石质土和粗骨土，土壤特性整体不利于雨水下渗。在产流机制方面，以蓄满产流为主，大部分时间内包气带含水量几乎饱和，同样导致土壤的整体下渗性欠佳。

鹰潭市中心城区地下水埋藏深度大约为 5 ～ 8m，含水层接近地表，同样导致土壤整体下渗性较差。鹰潭市地形以信江河谷地为基准，四向延伸逐级高起，形成东南部和东北部隆起，中间递降的东南 - 西北向盆形地貌。信江河床低处海拔不到 30m，东南部中山最高峰 1540.9m，高差 1510m 左右，构成了现代相对稳定的中低山、丘陵及河谷狭长平原等发育比较完整的层状地貌。因此鹰潭市土壤在维度上的水平分异不十分明显，而随地势高度的变化显垂直分布特征，其中大面积的红壤土为本区的典型地带土壤，并以此作为山地基带土壤而存在。山丘之间的狭窄沟谷发育成多沿水系作树枝状伸展的水稻土。坡度平缓的低山丘陵或岗地地形，浅平开阔，但由于受侵蚀、堆积和地形的切割、母质风化特性及植被覆盖度、人为活动等影响，往往在一个小范围经常出现红壤土和其他土壤镶嵌状的交错分布。丘间沟谷为潴育型水稻土，丘陵缓斜状排田上常出现淹育状水稻土的分布。总之，鹰潭市土壤与地形分布一致，出现明显的层状并呈对称性分布，即平原区为潮土——水稻土，丘陵区为红壤土、红壤性土及相应沟谷水稻土，山区为黄红壤土及黄壤土，直到山顶的暗黄棕壤土和山地草甸土。鹰潭市土壤类型分布详见图 3-12。

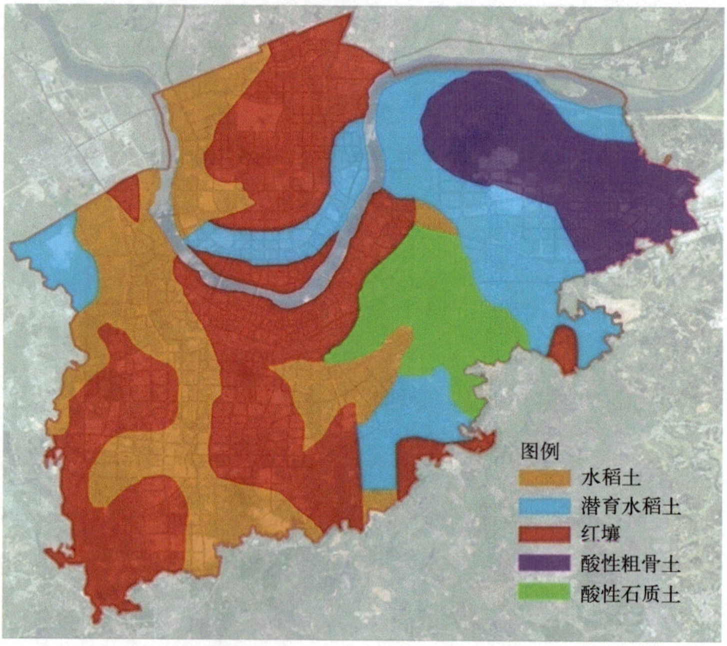

图 3-12 鹰潭市土壤类型分布示意图

第 4 章

机遇与挑战

鹰潭市在推进海绵城市建设示范城市的过程中，面临的机遇与挑战并存。机遇方面，鹰潭市得到了国家和省级政府的高度重视和政策支持，为海绵城市的建设提供了坚实的政策保障。同时，鹰潭市拥有得天独厚的生态环境和自然水系优势，这为海绵城市的建设提供了良好的自然基础。此外，建设海绵城市有助于解决城市内涝问题，改善城市水环境，提高城市品质，为鹰潭市的可持续发展带来新的机遇。

挑战同样不容忽视。鹰潭市在海绵城市建设过程中，面临着水安全、水环境、水资源和水生态方面的突出问题。城市水资源的保护和合理利用、水污染的防治、水生态系统的修复与保护等方面都需要付出巨大的努力。这些挑战要求鹰潭市在推进海绵城市建设时，必须充分考虑城市的实际情况，科学规划，精准施策，确保海绵城市建设的顺利推进和取得实效。

因此，鹰潭市在推进海绵城市建设示范城市的过程中，既要抓住机遇，充分利用政策支持和自然条件优势，加快海绵城市的建设进程；又要积极应对挑战，确保海绵城市建设的顺利推进并取得实效。

4.1 水安全问题分析

4.1.1 防洪问题

从已建防洪工程的分布和防洪能力的分析可知，目前鹰潭市中心城区防洪体系建设相对完善，信江新区、老城区、鹰西片区等已构建了以堤防、闸站、山体为基础的完整闭合防洪圈，防洪标准为 50 年一遇，满足规划要求。近几年新建的月湖新城片区虽已形成相对完善的闭合防洪圈，但童家联圩部分区段不能完全满足 20 年一遇防洪标准。且中心城区现有防洪工程局部存在堤身单薄、临水侧抗冲刷能力相对较差等问题，存在防洪隐患。

4.1.1.1 防洪圩堤分散、防洪保护圈未闭合

2010 年至今，鹰潭市中心城区发展迅猛，原规划中月湖新城片区预留的开发用地现已正在开发或将要开发，童家联圩约 5km 堤防不满足 20 年一遇防洪标准，白露河源头支流、东川河上游、童家联圩信江上游段等区域防洪圈未闭合。

童家联圩达到 10 ～ 20 年一遇防洪标准，其中 K0 ～ K5+083 段堤顶高程不满足 20 年一遇防洪标准，长度约 5km，部分堤段存在堤身、堤基渗透破坏，部分临水侧堤脚存在塌岸现象。鹰潭市中心城区现状堤防达标情况详见图 4-1。

图 4-1 鹰潭市中心城区现状堤防达标情况分布示意图

信江新区港口闸位于硬石河入信江口，汇水范围 126.5km^2，工程结构风化破损，闸门止水失效，闸后冲刷严重，存在较大安全隐患。

4.1.1.2　部分区段抗冲刷能力较差

根据近几年鹰潭市中心城区水利维修及规划现场调查情况，夏埠堤、港口堤、童家联圩、双凤堤、西外湖堤、白露堤等堤防，局部均出现过临水侧被水流淘刷、局部塌岸等险情。白露河上游、东川河上游等区段堤身单薄，其他各防洪堤多数为泥结石路面，不便于防汛管理等。信江干堤鹰潭城区段堤防崩岸分布情况详见图 4-2、图 4-3。

图 4-2　信江干堤鹰潭城区段堤防崩岸

4.1.2　排涝问题

鹰潭市排涝体系已经构建完成，但部分排涝设施仍存在能力不足的问题。行泄通道不畅导致天然调蓄空间未能得到充分利用。此外，排涝泵站的能力也显得捉襟见肘，特别是在城区低洼地带，排水困难现象频发。同时，部分管网排水能力不足以应对极端天气，给城市的防汛排涝工作带来了极大的压力。

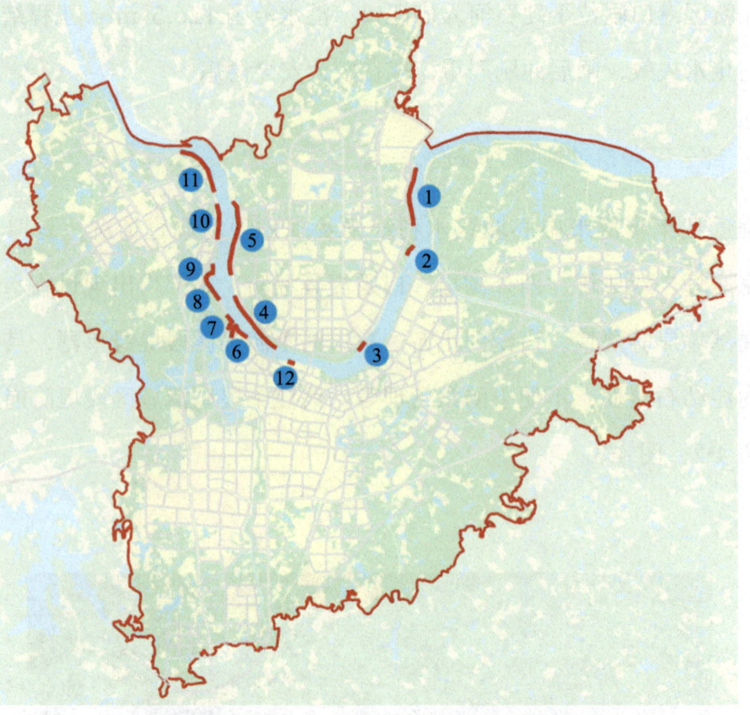

图 4-3 信江干堤鹰潭城区段堤防崩岸分布示意图

4.1.2.1 行泄通道不畅

基于鹰潭地形图资料，采用高程分析工具对自然排水路径进行系统分析，各行泄通道存在不同程度的淤积、废弃物或建筑物侵占问题，导致河道排水能力受制约，调蓄空间缩小，影响区域内涝防治能力。

河道行泄通道建设的不足，间接增加了城市排水系统的负荷，导致部分管渠排水能力不足，增加了城区积水现象的发生频率。其中，信江新区石鼓渡河存在淤堵段，区域雨水无法顺利通过河道排入信江。

4.1.2.2 调蓄实施利用不足

鹰潭是典型的丘陵水系，旱季无雨时，中小规模的雨水汇流路径处于无水状态，在城市的快速建设过程中易遭侵占或填埋，部分支流水系在城市建设过程中逐渐消失，导致蓄水面积与河网密度减少，阻碍了涝水的调蓄和排泄。毛细水系填埋前后排水方式对比详见图 4-4。

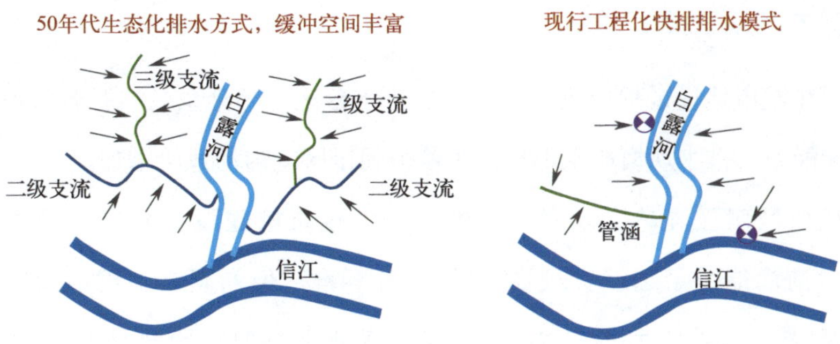

图 4-4　毛细水系填埋前后排水方式比较

此外，鹰潭市水系总体统筹不足，近年来虽然开挖了大量的调蓄湖库，但对河道行泄通道的重视程度不足，湖库之间缺乏连通和统一调度，不能充分发挥其对城区雨水的调蓄作用。主要表现在：白露河滨水空间狭窄，功能单一；鹰西湿地片区场地与水系竖向难以协调；信江新区以挖治涝，目前仅靠四个调蓄湖强行排涝，缺乏连通水道。

城南片区湖泊坑塘数量丰富，但部分湖泊未作为调蓄水体加以利用，如南湖与西门涵洞排水管网衔接不密切、与下游东川河衔接不畅通，导致南湖本身的调蓄功能难以有效发力，降雨时雨水难以第一时间汇入，致使西门涵洞区域产生严重积水问题。同时，部分调蓄湖泊存在一定程度的淤积和水生植物过度生长问题，导致湖泊原有调蓄空间受到侵占，调蓄容量降低。鹰潭市湖泊调蓄空间被侵占详见图 4-5。

图 4-5　鹰潭市湖泊调蓄空间被侵占

4.1.2.3 排涝泵站能力不够

鹰潭在城市建设过程中改变了原有的排水分区，部分泵站的服务面积超过了规划设计能力，排水规模严重不足，也使得强排区的内涝风险增加。

信江新区南区虎岭、刘家片区硬化程度较泵站建设之初已明显增加，虎岭泵站目前尚能满足20年一遇的排涝设计标准，但刘家泵站已不满足周边排水防涝需求，排涝能力不足20年一遇。鹰潭市主要城市排涝泵站情况详见表4-1。

表4-1 主要城市排涝泵站情况一览表

<table>
<tr><th>区域</th><th>泵站</th><th>汇水面积/km²</th><th>规模/(m³/s)</th><th>常水位/m</th><th>设计外水位/m</th><th>扬程/m</th><th>设计重现期/a</th></tr>
<tr><td rowspan="4">信江新区</td><td>刘家泵站</td><td>2.07</td><td>1.57</td><td>26.50</td><td>31.77</td><td>4.71</td><td>10</td></tr>
<tr><td>石鼓渡泵站</td><td>3.45</td><td>9.32</td><td>27.5</td><td>32.1</td><td>5.15</td><td>20</td></tr>
<tr><td>虎岭泵站</td><td>2.39</td><td>2.66</td><td>26.40</td><td>31.20</td><td>4.65</td><td>20</td></tr>
<tr><td>潭头泵站</td><td>2.73</td><td>5.42</td><td>27.0</td><td>30.89</td><td>3.0</td><td>20</td></tr>
<tr><td rowspan="4">老城区</td><td>西湖泵站</td><td rowspan="3">2.38</td><td>5.80</td><td>27.50</td><td>31.85</td><td>3.00</td><td rowspan="3">30</td></tr>
<tr><td>老白露泵站</td><td>0.44</td><td>—</td><td>—</td><td>18.00</td></tr>
<tr><td>新白露泵站</td><td>2.50</td><td>—</td><td>—</td><td>16.00</td></tr>
<tr><td>东湖泵站</td><td>2.03</td><td>3.22</td><td>29.00</td><td>31.21</td><td>3.00</td><td>20</td></tr>
</table>

4.1.2.4 城区低洼排水困难

中心城区整体地势南北高、中间低，坡向信江；场地利用以削峰填谷为主，场地复杂多变，竖向设计限制因素多，排水条件复杂；城区内有浙赣铁路、鹰厦铁路、皖赣普通铁路，铁路标高多高于周边场地，道路下穿铁路涵洞为地势低洼点，内涝风险大，详见图4-6。

但由于排水防涝工程在早期城市开发中属于附属配套设施，城市排水防涝的要求在开发建设过程中往往被忽略，对于低洼易涝地区的用地性质和场地标高缺乏严格控制，导致理应作为调蓄空间的低洼地成了建设用地，部分甚至作为学校等重要的公共服务用地，在发生强降雨时这些低洼场地的积水不能及时有效排除，成了内涝积水的重灾区。

图 4-6 中心城区易涝区域竖向分析图

4.1.2.5 部分管网排水能力不足

鹰潭市的城市发展速度迅速，但地下管网基础设施建设却相对滞后，尤其是老城区的主要排水系统仍然是 20 年前建成的，而管网设计标准仍采用 1961 年的暴雨强度公式，排水管网的建设标准偏低，且随着城市开发，部分管渠的汇水面积远超过设计要求，管网排水能力严重不足。

通过对管网物探资料梳理，鹰潭市排水管网存在很多错接、漏接、混接、排水去向不明、排放口散排、断管、逆坡、大管接小管等问题，详见图 4-7、图 4-8。上述问题将会影响雨水径流的正常排放，导致局部地区排水不畅，引起积水现象。

图 4-7 管网缺陷问题图

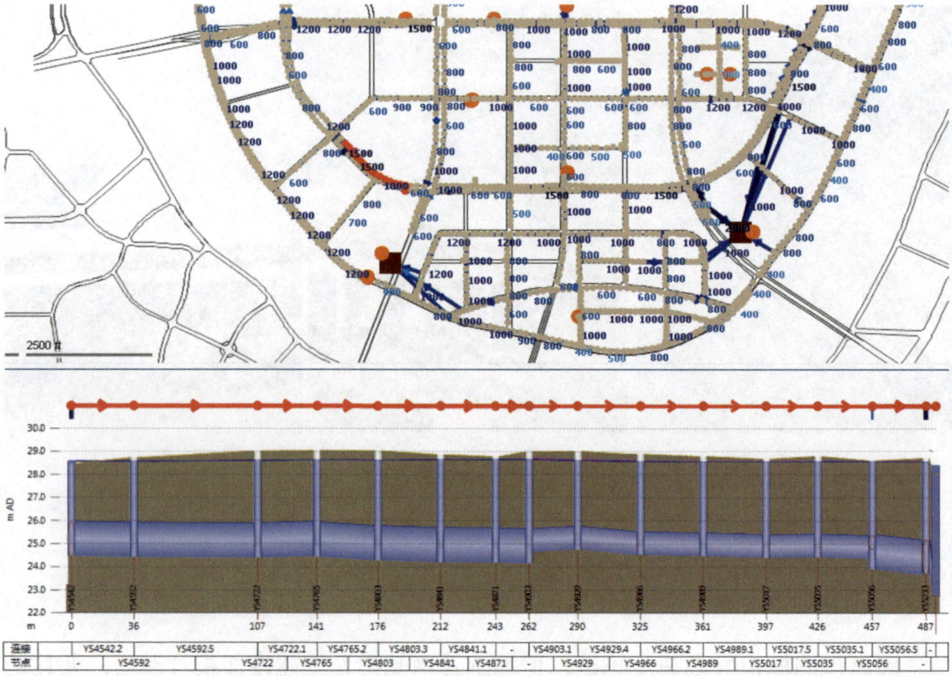

图 4-8　大管接小管情况图

4.2　水环境问题分析

鹰潭市水系较发达，水环境质量总体较好，部分水体雨后水质不稳定。在污水收集处理方面，信江新区污水处理厂的进水浓度相对更低，提质增效的需求更为迫切。

4.2.1　部分水体水质差

4.2.1.1　南湖

南湖的汇水区域可分为两类，一类是上游的合流制区域，汇水面积约为 $7hm^2$；另一类是周边的生活污水直排区域，汇水面积约为 $23hm^2$，对上述两个区域展开污染源分析，南湖的汇水区域范围详见图 4-9。

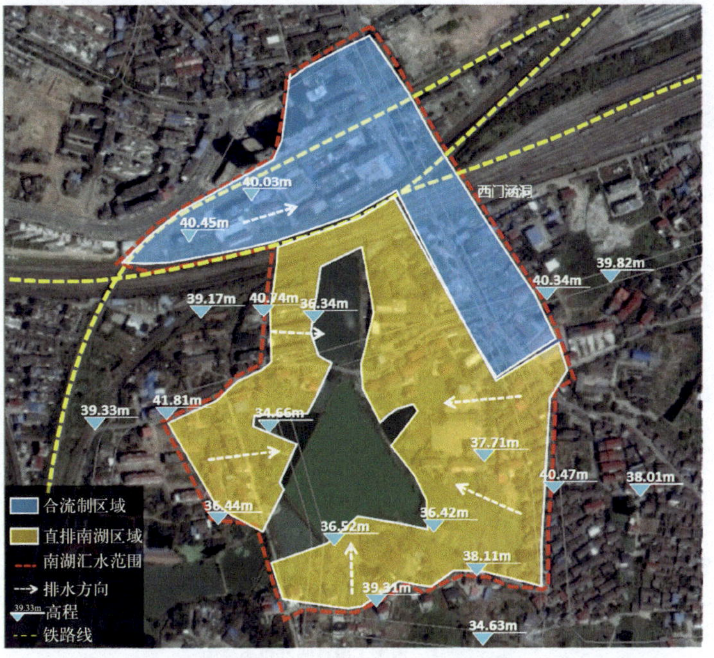

图 4-9　南湖周边及上游汇水区域范围示意图

（1）南湖相关管网及点源污染分析

① 管道入渗情况

南湖的上游合流制汇流区域有一根管径为DN1200的合流管道自北向南铺设，从南湖的中心区域穿过，最终排入南湖下游的水体，南湖上游管网分布情况详见图 4-10。而通过对管道北部进口处以及南部出口处的水质进行采样分析可知，出口处的污水浓度低于进口处的污水浓度，则可初步判断该合流管存在破损的情况，部分湖水入渗进入管道。

根据多次水质水量的检测数据分析可知，合流管网渗入南湖的平均水量约为 518t/d，化学需氧量（COD）、氨氮、总磷（TP）的平均浓度分别为 45mg/L、7.52mg/L、0.72mg/L。

② 污水排口污染物总量分析

南湖周边区域主要为村民自建房，分布较为散乱，也未进行统一的截污纳管改造，居民的生活污水通过管沟等排入南湖，造成污染，南湖周边生活污水排口分布详见图 4-11。根据现场踏勘的情况，南湖周边区域共有 15 个污水排口，排污量约为 142.5t/d。

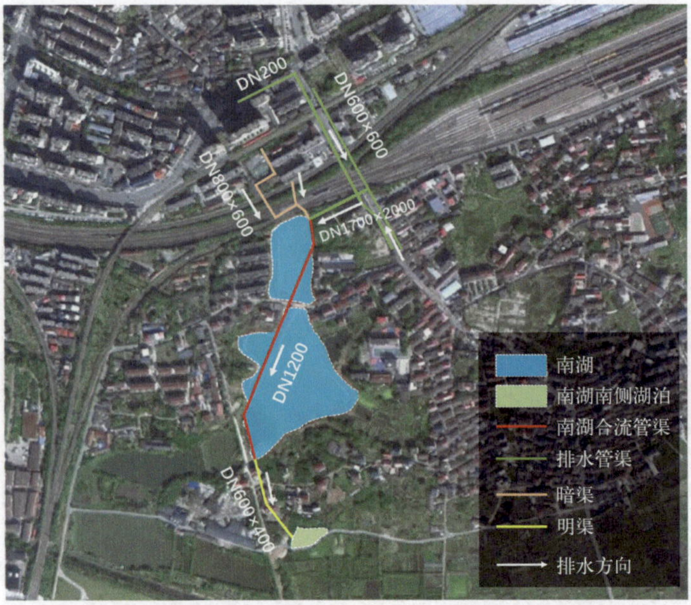

图 4-10 南湖上游管网分布示意图

图 4-11 南湖周边生活污水排口分布示意图

（2）南湖周边面源污染情况

根据统计，南湖汇水区域范围内的屋面面积约为 5.26hm^2；道路面积约为 2.52hm^2；绿地（不含农田）面积约为 0.15hm^2；农田面积约为 15.22hm^2，约合 228.32 亩。

（3）内源污染情况

南湖的内源污染主要为底泥淤积。南湖的底泥淤积厚度按 0.8m 计。

综上，排入南湖的污染物总量详见表 4-2。

表 4-2 南湖水环境容量与污染物排放量对比分析

序号	污染源类型	COD/（t/a）	氨氮 /（t/a）	总磷 /（t/a）
1	管道入渗	8.52	1.43	0.14
2	散排点源	9.26	1.07	0.1
3	城市面源	17.5	0.97	0.04
4	农业面源	1.88	0.6	0.18
5	内源	0.22	0.11	0.07
合计		37.38	4.18	0.53

4.2.1.2 东湖

东湖位于鹰潭市的老城片区，水域面积约为 13.2hm^2，经过多轮整治，东湖已实现黑臭水体销号，但东湖局部水域仍为劣Ⅴ类水质。根据对东湖的周边区域开展调研及管网梳理可知，东湖的汇水区域主要包括三个部分：

一是东湖西侧城区（湖西路至五洲路），该区域缺乏雨污分流改造的条件，仍主要为合流制区域，汇水区域面积约为 66hm^2；

二是东侧城区（湖东路以东），该区域已建设成为分流制区域，其中汇入东湖的区域面积约为 88hm^2；

三是铁路南侧的区域，该区域的雨污混合水通过沟渠排至东湖泵站，在强降雨时会发生溢流事件，因此，也将该区域纳入东湖的汇水区域，该区域的面积约为 32hm^2，详见图 4-12。

（1）东湖合流制管网溢流污染情况分析

为控制合流制溢流污染（CSO），现在东湖西侧已建设了一座调蓄容积为 5200m^3 的 CSO 调蓄池，合流制溢流污染得到了部分削减，调蓄池与西侧管网分布情况详见图 4-13。

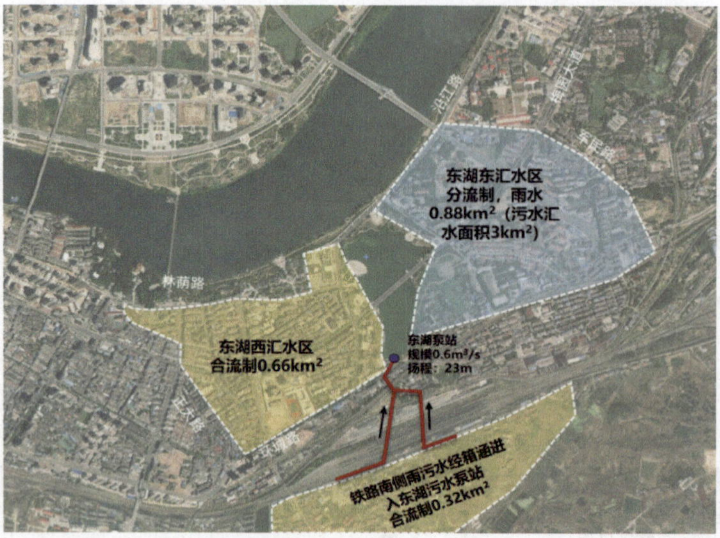

图 4-12　东湖汇水区分布示意图

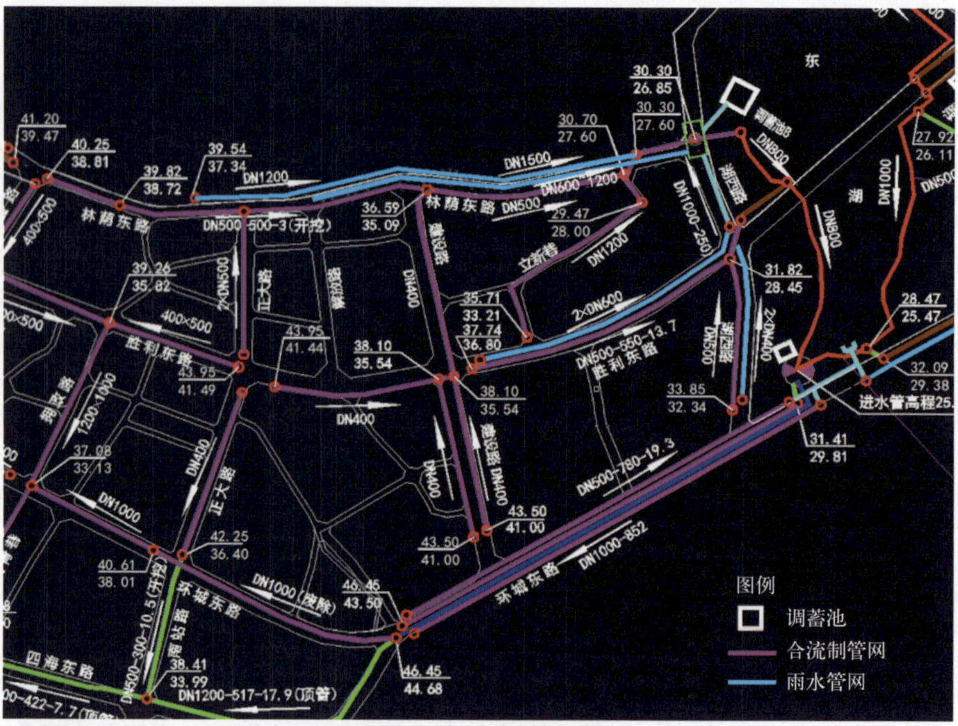

图 4-13　东湖西侧合流制调蓄池与管网分布示意图

当发生强降雨事件，CSO 调蓄池满负荷运行时，西侧城区超标的合流污水通过溢流口溢流排入东湖，造成污染。而且，东湖西侧的截污管道为混凝土管，长期浸泡在湖体当中，管道破损情况下，污水渗漏入湖及湖水入流入渗明显，极易造成管道淤堵和高水位运行，导致溢流频次增加。

（2）东湖南侧的点源污染分析

根据现场走访及调研情况，通站三路与岱宝山路及其支路合围区域的居民生活污水排入 1# 排水口、2# 排水口后继续向北排放，最终经东湖的提升泵站，降雨时溢流排入东湖，造成污染。根据人口普查数据显示，该区域常住人口约为 1850 人。该区域的排水示意详见图 4-14。

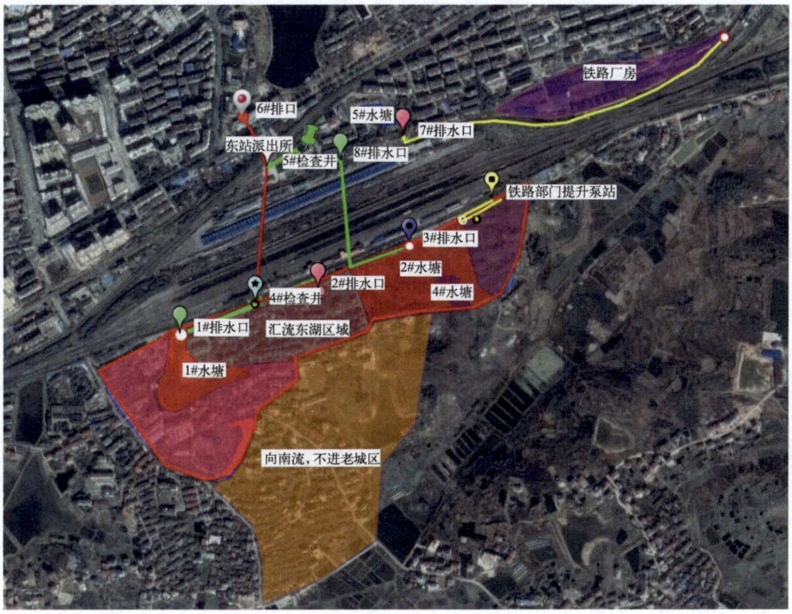

图 4-14 东湖南侧汇水区域排水示意图

（3）东湖周边的面源污染和内源污染分析

与南湖的情况相仿，东湖的面源污染也包括城市面源污染与农业面源污染两部分。在城市面源污染方面，根据统计，东湖南部汇水区范围内屋面面积约为 9.4hm^2，道路面积约为 4.7hm^2，绿地（不含农田）面积约为 2.82hm^2。东湖铁路以南区域的农田面积约为 4.2hm^2，约合 63 亩。东湖的内源污染主要来自底泥，底泥厚度约 1m。

综上，东湖的各类污染物排放量如详见表 4-3。

表 4-3 东湖污染物排放量统计表

序号	污染源类型	COD/(t/a)	氨氮/(t/a)	总磷/(t/a)
1	南侧点源	43.22	5	0.48
2	城市面源	32.59	1.81	0.08
3	农业面源	0.52	0.17	0.05
4	合流制溢流	153.37	8.52	1.02
5	内源	0.73	0.38	0.24
合计		230.43	15.88	1.87

4.2.1.3 虎岭湖

虎岭湖位于信江以北，麒麟大道以南，湖泊面积约 7.6hm^2。虎岭湖以象山路为界分为东西两个湖区，其中西区面积约 6hm^2，周边为非建成区，水体清澈水质较好；东区面积约 1.6hm^2，周边为滨江一号、幸福时光等小区，水体蓝藻较多，水质恶化明显。因此，本次在核算污染物排放量时，仅计算湖体东区的污染情况。

虎岭湖的各类污染物排放量详见表 4-4。

表 4-4 虎岭湖污染物排放量统计表

序号	污染源类型	COD/(t/a)	氨氮/(t/a)	总磷/(t/a)
1	点源污染	19.47	2.25	0.22
2	城市面源	16.75	0.92	0.05
3	内源污染	0.09	0.05	0.03
合计		36.31	3.22	0.3

4.2.1.4 龙潭湖

经现场摸排，龙潭湖在第十一小学、金海岸小区 2 个雨水排口处存在油污污染，油污来源为滩上路、铜兴路沿线餐饮店，龙潭湖周边餐饮店厨房油烟均通过管道接入道路雨水管，油烟长期排放导致雨水管内形成大量油垢，降雨时油垢随雨水进入湖泊，在水体表面形成大量浮油。同时，龙潭湖在第一中学东南侧存在 1 处污水排口，排水量约 550t/d，污水来源为玉清路以东信江大道以西片区学校、社区生活污水。

龙潭湖的各类污染物排放量详见表 4-5。

表 4-5 龙潭湖污染物排放量统计表

序号	污染源类型	COD/(t/a)	氨氮/(t/a)	总磷/(t/a)
1	点源污染	64.89	7.5	0.73
2	城市面源	32.34	1.79	0.08
3	内源污染	0.6	0.32	0.2
合计		97.83	9.61	1.01

4.2.2 信江新区污水系统运行效能不足

4.2.2.1 信江新区污水处理厂污水收集率较低

根据信江新区 2020 年日均用水量与人口数，计算得到人均用水定额约为 360L/(人·d)。根据《室外排水设计标准》(GB 50014—2021)，BOD（生化需氧量）的取值范围为 25 ～ 50g/(人·d)，本次按 45g/(人·d) 计，可估算得到纯生活污水的 BOD 浓度值约为 125mg/L。从全年平均水平来看，信江新区污水处理厂的进厂 BOD 平均浓度约为 17mg/L，平均进水量约为 1.21 万 t/d，外水 BOD 浓度取 4mg/L，计算得外水水量约为 1.08 万 t/d，污水水量约为 0.13 万 t/d。而全年信江新区污水处理厂服务范围内的理论产污量约为 0.92 万 t/d，即全年的平均污水收集率仅为 14.1%。

4.2.2.2 信江新区污水处理厂进水量高于实际产污量

根据 2020 年信江新区的供水情况，全年信江新区污水处理厂服务范围内的日均供水量约为 1.08 万 t，产污系数按 0.85 计，理论污水产生量约为 0.92 万 t/d，而信江新区污水处理厂 2020 年的日均处理量约为 1.21 万 t，因此，整体来说污水处理厂的处理水量高于产污量。2020 年信江新区产污量与进厂水量对比情况详见图 4-15。

4.2.2.3 旱天、雨天的进厂水质水量差别较小

根据对 2020 年全年逐日降雨和信江新区污水处理厂进厂水量、水质的分析结果可知，晴天时，信江新区污水处理厂的进厂水量平均约为 1.19 万 t/d，进厂

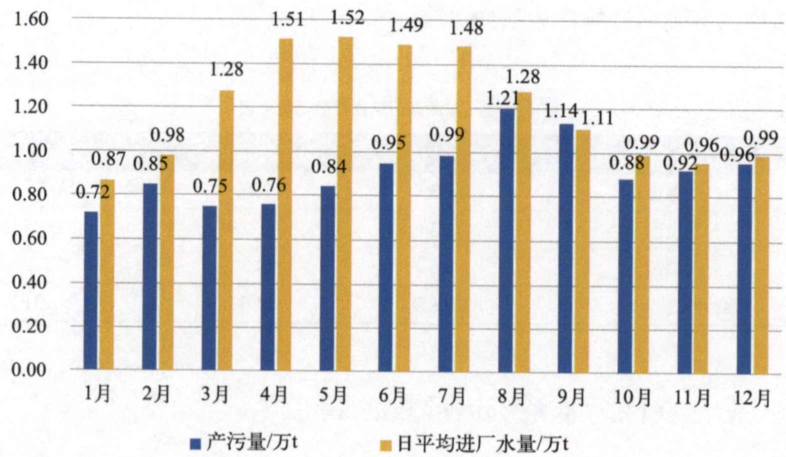

图 4-15　2020 年信江新区产污量与进厂水量对比图

BOD 平均浓度约为 17mg/L；雨天时，信江新区污水处理厂的进厂水量平均约为 1.24 万 t/d，进厂 BOD 平均浓度约为 16mg/L。因此，信江新区污水在晴天的进厂水量小于雨天的进厂水量，雨天的进厂水质低于晴天的进厂水质，但整体来看，晴天、雨天的水质、水量差别较小，因此，降雨对进厂水量、水质的影响较小，初步判断排水系统存在一定的混错接现象，但不是导致进厂水质低浓度的主要原因。

4.2.2.4　信江新区污水处理厂进水可生化性较差

《室外排水设计标准》规定微生物理想营养比为 BOD：N：P=100：5：1，经过初沉池或水解酸化后 BOD 会有所下降，可变为 BOD：N：P=100：20：2.5。信江新区污水处理厂的进厂水质数据表明，污水厂的可生化性较差，碳源不足。信江新区污水处理厂的 BOD/COD（B/C）在 0.25 ～ 0.27 之间，低于 0.3 的参考值；而 BOD/TN[B/TN（总氮）] 在 0.58 ～ 1.01 之间，低于 5 的参考值；同时，B/TP 在 8.52 ～ 12.23 之间，不满足≥ 17 的要求。

4.2.2.5　主要原因分析

造成信江新区污水处理厂进水浓度低的主要原因包括以下几个方面。一是污水管网存在雨污水管网混错接的情况，降雨期间有雨水排入污水管网；二是部分污水管网存在较为严重的缺陷，包括脱节、破损、错口等问题，且检查井的施工不规范，导致污水外渗，地下水、河湖水系的水渗入污水管网；三是管网不健康运行，多处管网存在淤积、堵塞、高水位运行的情况，导致污水流速减慢，在管网内停留时间较长，污染物部分降解，进一步降低了污水厂的进水浓度。

4.3 水资源问题分析

4.3.1 水资源时空分布不均

鹰潭全市水资源丰富，但水资源空间分布不均。鹰潭市中心城区水资源总量为 1.53 亿 m^3，仅占全市水资源量的 3.6%；人均水资源量为 532m^3，详见表 4-6。

同时，鹰潭市降水时空不均，周年内既有春末夏初涝溃多水之患，又有伏秋干旱之忧，同时由于地处低丘红壤土区，红壤土坡地对降水的接纳和再分配受降雨强度、坡度、覆被的性质等诸多因素的影响，进一步加重了鹰潭市下半年的干旱情况，导致鹰潭市实际可利用的水资源量并不可观。

表 4-6 鹰潭市水资源情况一览表

区域	2020 年地表水资源量 / 亿 m^3	2020 年地下水资源量 / 亿 m^3	重复计算量 / 亿 m^3	水资源总量 / 亿 m^3	多年平均水资源量 / 亿 m^3	人均水资源量 /m^3
中心城区	1.53	0.37	0.37	1.53	1.722	532
余江区	11.03	2.73	2.61	11.15	11.752	3419
贵溪市	29.9	7.06	7.06	29.9	30.95	5532
全市	42.46	10.16	10.04	42.58	44.424	3690

4.3.2 非常规水资源利用不足

雨水资源化利用率低。鹰潭市虽然一直践行海绵城市理念，中心城区已实施完成一些调蓄湖体和调蓄设施，但是对雨水资源化利用依旧缺乏具体应用方式，整体雨水利用也未成规模化。鹰潭市目前中心城区内建筑小区及道路雨水多采用快排模式，雨水未进行有效收集和资源化利用；道路浇洒、绿化浇灌等全部采用自来水，对水资源需求量较大。

缺乏再生水回用设施。鹰潭市中心城区有 2 座生活污水处理厂，其中城南污水处理厂尾水排入白露河，信江污水处理厂尾水排入潭头湖，污水处理厂尾水均排入河道湖泊补充河道生态基流，未进行有效的再生水利用。

4.4 水生态问题分析

4.4.1 综合径流系数逐年增加

随着城市的发展，城市周边农林用地逐渐改造为建设用地，城市硬化率不断增加。自然条件下，降雨渗入土壤、水体，就地补充地下水或地表水，而在地面硬化的城区中，快速累积的大量地表径流，经由管网系统集中排放至水体，导致综合径流系数逐年增加，地表径流量增大，水体交换被阻隔，生态失衡和生物多样性减少。

其中，信江新区和月湖新城为近期主要新开发建设的范围，根据下垫面影像图解析，新建区域开发前大多为自然绿地，年径流总量控制率为 70% ～ 75%，规划为城市建设用地，月湖新城下垫面和规划用地对比情况详见图 4-16。若采用传统开发模式，建设后年径流总量控制率为 40% ～ 50%，面临着地表径流量大幅增加的风险。

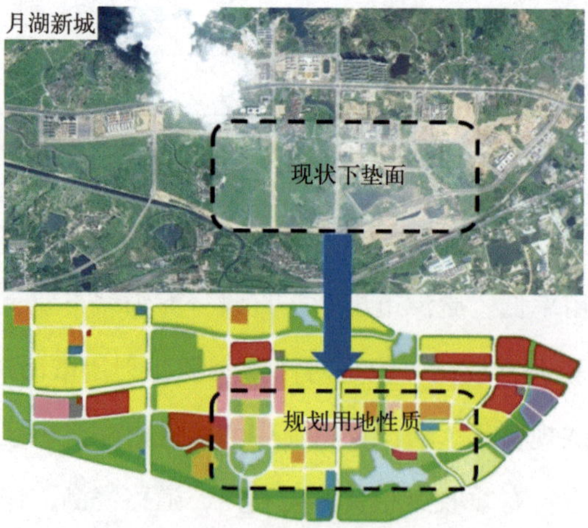

图 4-16 月湖新城下垫面和规划用地情况对比图

4.4.2 公园绿地分布不均

鹰潭市现有公园绿地在分布上存在着新区和外围绿地相对较多、中心城区绿地少的问题，特别是老城区绿地奇缺，不仅缺少公共公园绿地，小区内部绿化空间也严重不足。且已建成的公园绿地功能与绿化形式相对比较单一，缺乏地方特色，休闲设施配套不足。

4.4.3 毛细水面管控不足

鹰潭市中心城区水面率约 10%，其中毛细水面（中小型湖塘、沟渠）占比大。在城市开发建设过程中，大水面受蓝绿线和规划严格管控，基本得以保留，但对于毛细水面的管控力度不足，随着城市规划、开发建设，毛细水面存在被取消、被填埋的风险。

4.4.4 河湖岸线景观品质不高

鹰潭市在早期河道治理过程中只注重防洪功能，且受制于城区用地紧张等因素影响，白露河、东川河等河道的老城区段驳岸多为直立硬质化驳岸，没有考虑驳岸的景观、文化、生态等其他功能，亲水性不高，详见图 4-17。

图 4-17 东川河老城区段直立硬质化驳岸

新开发建设区域的部分河道区段没有跟随城市开发进行同步生态化治理和建

设，大多仍是未经整治的原始驳岸，且缺少岸线管理和养护，存在周边居民随意堆放垃圾等现象，严重影响城市景观品质，详见图 4-18。

图 4-18 童家河故道（左）、白露河（右）原始岸线

4.4.5 老旧小区排水系统、人居环境影响

鹰潭市部分老旧小区的公共环境较差，垃圾随意堆放，绿化不足，会对周边水体造成污染。此外，老旧小区的建筑和设施老化破损，容易发生漏水、漏污等情况，增加了污水处理厂的负荷，也可能对地下水造成污染。

第 5 章 示范建设绩效目标及技术路线

鹰潭市将以“智铜道合，强富美优”战略为支撑，立足“三廊四片多点”的山水格局，坚持问题导向和目标导向，以海绵城市建设为统领，把生态、安全、宜居放在更加突出的位置，从流域、区域、城市、社区系统化全域推进海绵城市建设，增强城市发展的整体性与系统性，提高城市的承载力、宜居性、包容度，利用三年时间，建设高质量的典型海绵示范城市，使人民群众幸福感显著提升。

5.1 总体目标

鹰潭市作为长江中下游重要节点城市之一，是长江中游城市群连接沿海发达地区的枢纽桥梁，其发展体现了“因路而生、因铜而旺、因道而名、因水而灵”的清晰特征。立足新时代，鹰潭市以海绵城市建设作为落实生态文明建设的重要抓手，探索资源转型城市可持续发展之路，坚持“以人为本、以水为伴、人水和谐”，针对城市积水内涝、水环境及人居环境差、居住社区有短板等人民群众最关心最直接最现实的问题，统筹实施城市防洪排涝设施建设、地下空间建设、老旧小区改造等，将海绵城市与治水、治城融合推进，力争实现生态环境显著改善、防洪排涝能力明显提升、海绵城市理念全面落实、智慧管理设施全面建成，提高人民群众的获得感、幸福感、安全感。

鹰潭市海绵城市建设总体目标为：优化城市生态格局，提升城市韧性，补齐治理短板，以生态、安全、活力、智慧的海绵城市建设塑造鹰潭城市新形象，实现“城水空间融合、洪涝韧性应对、城市水质提升、水资源综合利用”，助力打造“智铜道合、强富美优”新鹰潭，建设“有品质、有品位、有模式”的“长江中下游丘陵多雨地区水城相融海绵城市建设样板”。至示范期结束，重点实现以下目标。

（1）生态良好

城市河湖水生态健康水平显著提升，信江稳定达到或优于地表水Ⅲ～Ⅳ类标准，疏通信江新区、鹰东、鹰西城市内河水系，提升“两湖”“两河”水环境质量，构建蓝色生态水网，区域生态安全格局体系基本建立，绿地、水系等生态海绵基底充分发挥海绵功能，形成水城相融的江城风貌和水乡风貌。

（2）安全韧性

建设生态、安全、可持续的城市水循环系统，整体提升水资源保障水平和防灾减灾能力，老城区统筹推进内涝治理与城市更新、市政基础设施补短板、水环境治理等工作；信江新区北片区、月湖新城等新建区域优先保护、加强管控，科学安排城市空间布局，构建绿色高效城市基础设施体系，使城市基础设施承载力更高、排水防涝能力更强、城市总体安全更有保障。

（3）绿色活力

融合海绵城市建设理念提升城市品质，同步解决民生需求。因地制宜采用“微改造”的形式，优先解决污水管网不完善、雨污水管网混错接、居住设施不完善、公共空间不足等问题，打造集聚人气与活力的社区空间，传承良好的“与水为友”“天人合一”的传统水文化，使山水人城和谐相融风貌更加彰显，城乡居民获得感和幸福感显著增强，实现海绵惠民。

（4）智慧管理

全面完善海绵城市政策、法规、标准体系，从规划、设计、建设、运维、监测、验收等全流程建立海绵城市全过程管理体系，建立“机制健全、制度完备、措施到位、技术先进”的管控体系；结合现有鹰潭在建的“一网统管”的城市CIM平台，整合各类涉水管理平台，结合监测、模型等技术手段，推动鹰潭海绵城市建设常态化、系统化、全域化、智慧化运行。

5.2　示范引领

鹰潭市以海绵城市建设助力新时代城市高质量发展，为建设宜居、绿色、韧性、智慧、人文城市创造条件，打造长江中下游全域系统示范、蓄排并举示范、污涝同治示范、建管一体示范等。

（1）全域系统示范

全市九大板块全区域全流域展开，采取“厂网河湖园”一体化手段推进，系统解决水安全、水环境、水生态、水资源问题，实现全域推进。

（2）蓄排并举示范

尽最大可能利用鹰潭湖库众多的特点，保持生态基底，发挥山水林田湖草源头蓄滞功能，畅通河道、连通水系，扩大行泄通道，保障排涝能力，实现蓄排平衡。

（3）污涝同治示范

以问题为导向综合施策，开展雨污分流及管网综合整治，提高排涝水平，解决城市积水问题，同步提升水环境，解决污水入河、雨水入厂问题，实现人水和谐。

（4）建管一体示范

采取 PPP 模式，将排水设施、河湖建设与管养运维作为一个整体，对运维期效果进行考核，不达标时扣减相关的建设费用，确保建管一体。

5.3　总体思路

为有序推进海绵城市示范城市建设，鹰潭市以“全域系统、蓄排并举、污涝同治、智慧管控”为总体思路，以缓解城市内涝、污水处理提质增效为重点，以海绵城市建设示范为契机，打造洪水不侵城、涝水不淹路、雨水不进厂、污水不入河、生态有保障，以及“碧水相连、水城相融、人水相依”的海绵生态鹰潭。

“全域系统”即全市域九大板块开展，采取“厂网河湖园”一体化的片区综合整治手段推进，系统解决问题，实现全域推进。“蓄排并举”即优先利用鹰潭市湖库多的本底特点，充分发挥山水林田湖草蓄滞功能，连通水系，拓展行泄通道，提升强排能力，实现蓄排平衡。“污涝同治”即开展排水管网综合整治，解决内涝积水及污水入河、雨水入厂等问题，提升水环境质量，实现人水和谐。“智慧管控”即开展海绵城市监测评估，在排水管网、河湖等重点位置布置在线监测及智能管控设备，实现智慧管水。鹰潭市系统化全域推进海绵城市建设总体思路详见图 5-1。

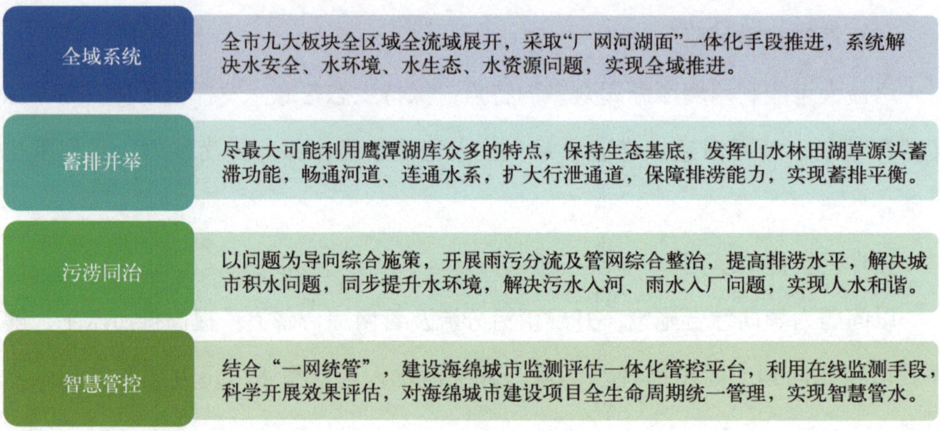

图 5-1 鹰潭市系统化全域推进海绵城市建设总体思路图

按照总体思路的引领，鹰潭市以雨水径流控制为主线，将目标指标分解转化为项目建设。首先，完善堤防体系，防止外洪入城。按照 50 年一遇防洪标准，谋划信江干堤治理等项目，进一步完善城市防洪圈。其次，增强蓄排能力，提升排涝水平及水环境质量，谋划信江新区水系连通、刘家湖电排站扩建、虎岭湖等水体清淤、南湖水环境综合整治等项目，将排涝标准提升至 20 年一遇，同时增加水域面积、消除黑臭水体，提升水环境质量。再次，对市政排水管网系统综合整治，实现积水点整治及清污分流，谋划片区排水管网检测及整治、积水点整治、再生水利用等项目，提升雨污水排水效率。最后，源头雨污分流及海绵化改造，削减径流，谋划源头海绵化改造、雨水资源化利用等项目，提升年径流总量控制率及可透水地面面积等目标指标。

5.3.1　全域系统

坚持规划引领、近远结合、系统推进，把海绵城市理念融入城市建设发展的全过程、各领域。

一方面，全市六大片区、九大责任板块全域系统推进、同步考核，实现从“一花独放”向“百花齐放”迈进。中心城区实施信江新区、月湖老城、高新片区、高桥片区、物流园片区五个片区厂网河湖园一体化建设项目，以及信江流域鹰潭城区段干堤整治及美丽河湖岸线打造、鹰潭市监测和海绵智慧管控一体化平台建设七大重点工程。七大重点工程位置分布详见图 5-2。

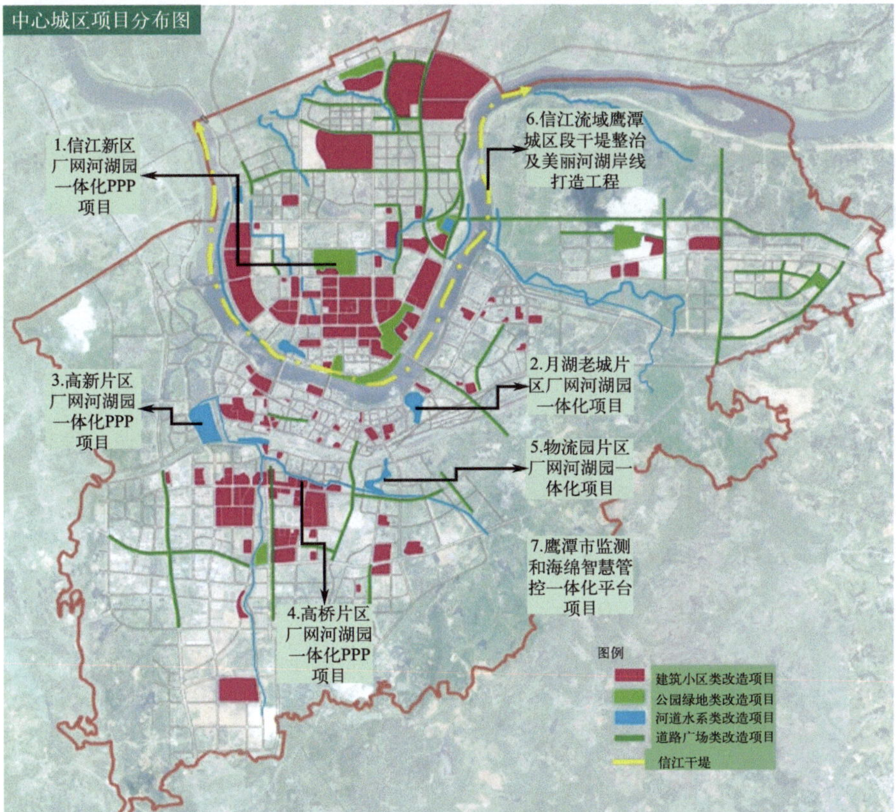

图 5-2　鹰潭市七大重点工程位置分布示意图

同时，贵溪市、余江区采取“市级统筹管控，区市重点落实”的工作方式，编制辖区专项规划和系统化实施方案，实施余江区余江一中、锦绣茗苑小区、体育馆等项目，贵溪市曹家湖公园、贵化高品质社区、政通花苑等重点项目。全市九大责任板块全域一体，打造洪水不侵城、涝水不淹路、雨水不进厂、污水不入河、生态有保障的海绵鹰潭。

5.3.2 蓄排并举

鹰潭市按照“外防、中疏、内蓄、快排”的理念，构建“流域、城市、设施、社区”四个层级的海绵城市建设体系，综合采用“渗、滞、蓄、净、用、排”措施，重点提高城市排水防涝能力。

“外防”即巩固流域防洪基础，鹰潭市以“山水林田湖”保护修复为主线，治理信江等 3 条区域水系生态廊道，修复城区 15 个重要海绵节点，提升城区防洪标准，增强全域水源涵养能力。“中疏”即梳理城区排涝体系，鹰潭市大力实施城区 16 个自然水体的连通和整治提升工程，打通城市排涝通道，挖潜调蓄空间，发挥河道、湖泊、坑塘等天然水体的调蓄作用；建设和修复排水防涝设施，重点治理白露涵洞等 15 处城市内涝积水点，保障城市水安全。“内蓄”即补齐源头调蓄短板，鹰潭市结合城市更新、老旧片区改造等工作，谋划建筑小区、公园绿地等源头分散式海绵城市建设和改造项目，实现雨水在源头减量、减速、净化、利用。“快排”即提升排水系统能力，通过疏通河道、畅通河道与调蓄湖连接，扩大河道泄洪能力，同时对刘家电排站扩容改造，全面提高调蓄湖调蓄效能、提升快排能力，城区整体达到 20 年一遇的内涝防治要求，实现从“末端治理”到“系统治理”转变。信江新区“厂网河湖园”水系连通蓄排体系详见图 5-3。

5.3.3 污涝同治

鹰潭市始终坚持“污涝同治”工作理念，在提高城市排水防涝能力建设的同时，治理城市水环境问题，提升城市污水系统收集处理效能。在污水提质增效方面，鹰潭市以城市黑臭水体治理、雨污管网分流为重点，全面排查雨污管网错接、

图 5-3　信江新区“厂网河湖园”水系连通蓄排体系示意图

混接、漏损等问题，实施高新片区、信江新区、高桥片区排水管网系统化改造，提升雨水排涝能力，提高城市生活污水处理厂进水 BOD 浓度，构建“源头管控彻底、厂网衔接配套、管网养护精细、污水处理优质、污泥处置安全”的城市污水收集处理格局，实现从“扮靓面子”到“内外兼修”的进阶。

5.3.4　智慧管控

鹰潭市坚持建管并重，依托 03 专项试点示范核心基地建设，结合“一网统管”工程，搭建海绵城市建设项目管控平台，在线管理入库项目相关资料，全生命周期跟踪管理。

鹰潭市结合实际需求，开展源头设施、排水管网、排水分区排口、积水点、河湖水体等重点位置全方位流量、水质、液位在线实时监测，实现智慧排水、雨量监测、径流控制、成效分析、水质分析等智能化海绵管控。同时，还在信江新区水网内水位闸、4 座排涝站及生态补水泵站内安装智能控制设施，结合雨情、水情等信息，自动调控水位闸、排涝泵站、补水泵站、污水泵站等，通过联调联控做到“旱天河里有水，雨天城市不淹”，实现从“粗放管理”到“精细管理”跨越。

5.4 技术路线

5.4.1 总体路线

鹰潭市海绵城市建设在不同城市发展尺度上，统筹“宏观 - 中观 - 微观”尺度，统筹“蓝色 - 绿色 - 灰色”设施，统筹“新区 - 老区”建设。以山水林田湖草为生态本底，构建鹰潭市生态安全格局的“大海绵”体系；从水生态、水环境、水安全、水资源等方面，构建鹰潭市城市水生态恢复、水安全保障度高、水环境质量提升、水资源充分利用的“中海绵”体系；落实低影响开发建设理念，源头削减雨水径流量、峰值流量，在社区品质提升、公共空间改善中充分融入海绵城市理念，构建具备恢复自然水文循环功能的“小海绵”体系。

鹰潭市系统化全域推进海绵城市建设技术路线详见图 5-4。

（1）摸现状、识别需求

通过现状调研把握鹰潭市气候降雨、自然格局、地形地貌、建设用地等本底条件，识别城市水环境、水生态、水安全、水资源、人居品质等存在的问题，分析鹰潭市海绵城市建设需求。

（2）定目标、明确思路

基于鹰潭市本底条件和建设需求，结合国家和江西省关于海绵城市建设目标的要求，确定鹰潭市海绵城市建设总体目标，提出海绵城市建设思路；划分海绵城市汇水分区，明确各分区目标。

（3）明方案、系统实施

重点聚焦雨水控制与利用，构建基于“流域 - 城市 - 设施 - 社区”不同尺度的海绵城市系统性实施方案，统筹区域流域生态环境治理和城市建设，统筹城市水

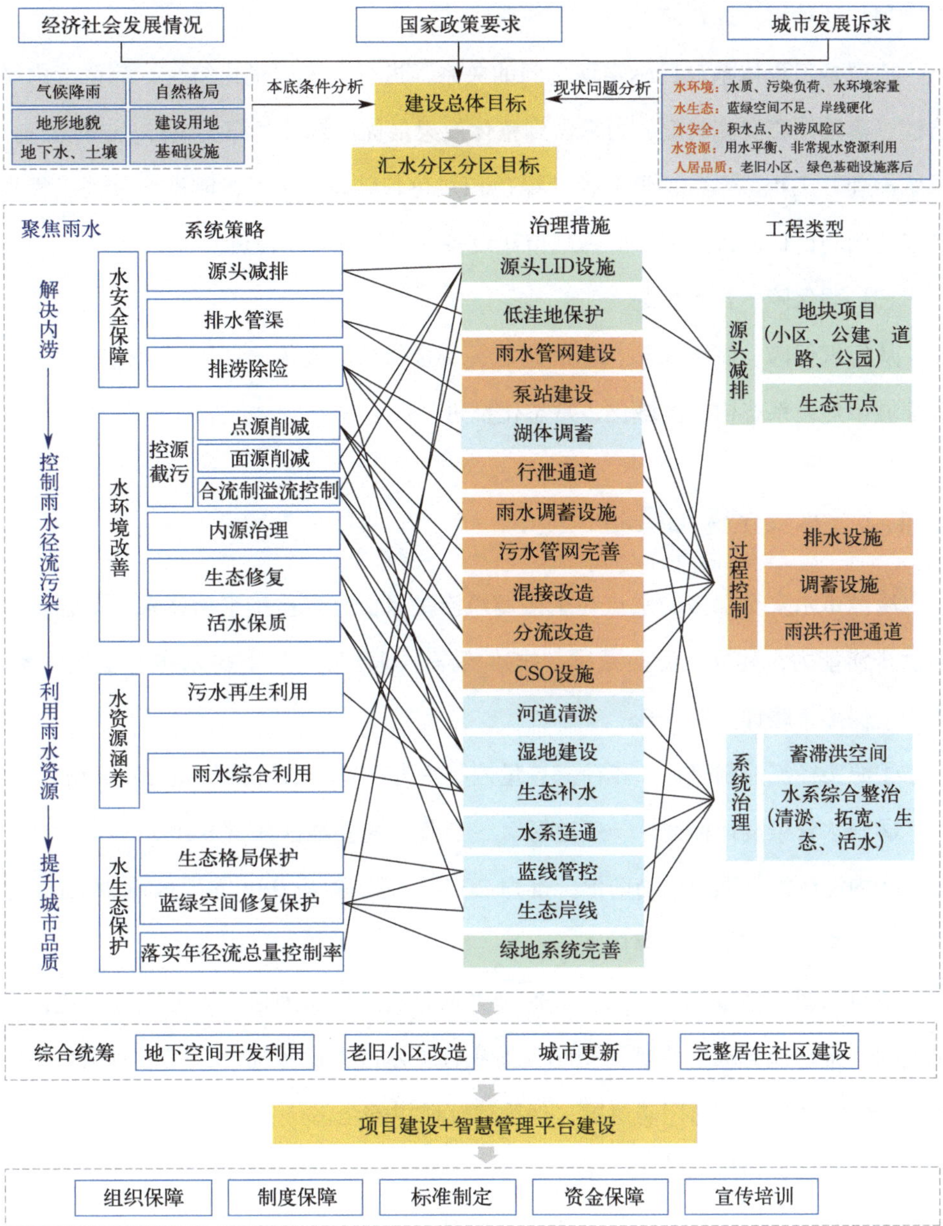

图 5-4　鹰潭市系统化全域推进海绵城市建设技术路线图

资源利用和防灾减灾，统筹城市防洪和排水防涝；以“问题导向 + 目标导向”为原则分区推进，新城区以目标导向，强调控制，老城区以问题导向，强调治理。

(4) 理项目，综合统筹

梳理多工程体系与目标实现之间的关系，进行多工程优化组合，综合考虑经济性、落地性和实施难度，力求做到整体效果最优。统筹“源头减排 - 过程控制 - 系统治理”工程体系，协调蓝色、绿色和灰色基础设施关系，明确各分区工程措施应达到的目标，系统指导海绵城市建设各项工程的有序推进。

(5) 强保障、长效推进

从组织保障、制度保障、标准制定、资金保障、宣传培训等方面保障鹰潭市海绵城市建设系统化、全域化、常态化推进。

5.4.2 水安全保障策略

鹰潭市水安全保障的重点在于协调洪涝关系，完善蓄排平衡体系，增强城市防洪排涝能力，建立“源头减排、排水管渠、排涝除险”的排水防涝工程体系。水安全保障策略详见图 5-5。

①源头径流控制目标：年径流总量控制率为 70%，设计降雨量 25.1mm。

②雨水管渠设计标准：一般地区 2 ～ 3 年，重要地区 3 ～ 5 年。

③内涝防治标准：内涝防治标准为 20 年一遇，对应 24h 降雨量为 247mm。

(1) 构建流域洪涝统筹体系

重点保留和恢复汇流冲沟、天然排洪沟等自然排水通道；因地制宜布置蓄滞洪空间，推动流域天然水域面积和自然积存蓄水能力稳步提升；完善河道防洪体系，在信江两岸形成封闭防洪圈，保障信江防洪安全。

(2) 建设城市排水防涝体系

从单纯依靠城市排水设施外排雨水向城市雨洪全过程管理转变，建立从源头到中途再到末端的雨水径流管理模式。源头削减方面，主要依靠低影响开发技术，从住宅小区、公共建筑、公园绿地和市政道路等源头削减地表径流，提高对径流雨水的渗、滞、蓄能力，维持或恢复城市的“海绵”功能。过程控制方面，完善市政排水管网及其附属设施，加强竖向设计与管控，新城区按照有利于自然力量排水的原则，构建高水高排的排涝通道，识别与保护低洼地，保留低处的河湖、坑塘作为蓄滞洪空间；老城区结合城市更新，通过竖向设计优化排水分区，合理划定低洼片区的汇水范围。

（3）完善城市超标应急体系

规划行泄通道，结合城市竖向、水系布局，引导超标雨水就近排放；开展水系连通，打通城市排涝通道，构建城市内涝防治主干通道体系；最大限度利用自然空间调蓄，兼顾蓄排平衡；完善应急预案，针对超标准降雨，合理安排应急储备措施。

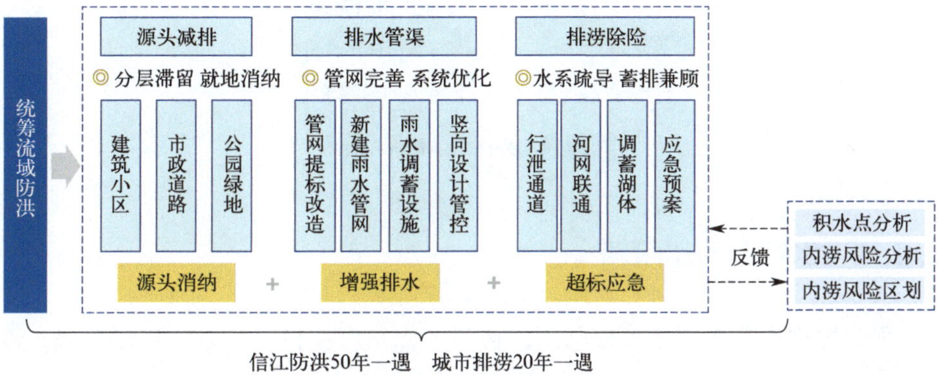

图 5-5 水安全保障策略示意图

5.4.3 水环境改善策略

鹰潭市存在污水收集处理效能低、雨天水体水质不稳定等问题，需做好“流域 - 城市 - 社区”协同，水环境改善策略详见图 5-6。流域层面，加强流域城镇污染协同治理，解决农村生活、农业面源等流域污染问题。城市层面，进一步完善城市污水收集处理系统，有针对性地采取混错接改造、分流改造、截流设施等措施；削减内源污染，修复城市水生态系统。社区层面，优先解决污水管网不完善、雨污水管网混错接等问题，正本清源削减源头点源污染，控制面源污染，形成径流污染全过程管控。实现入河污染物总量削减、水环境长效提升。

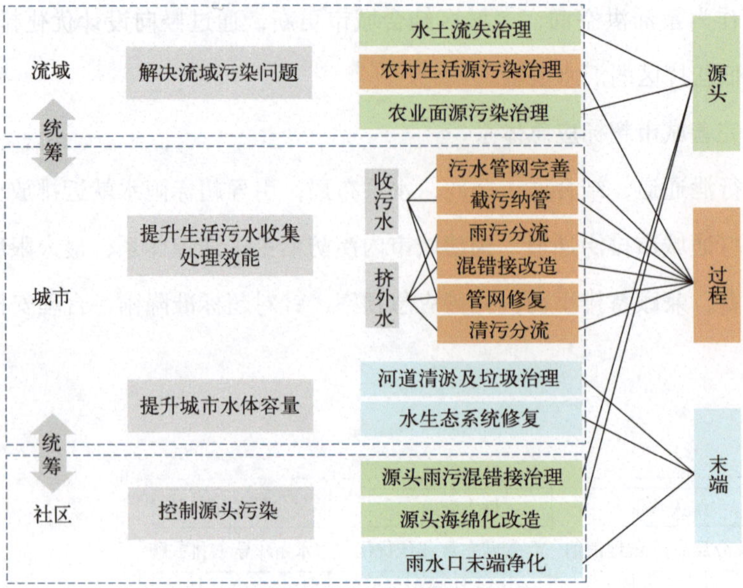

图 5-6 水环境改善策略示意图

5.4.4 水资源利用策略

强化鹰潭市非常规水资源利用，构建多元水资源供给体系。构建地块、道路、绿地和水系四级雨水收集利用系统，加强雨水利用设施建设，将雨水纳入城市水资源配置，实现雨水在城市中的自然迁移、低碳循环；加强再生水利用，优先将再生水用于景观生态补水。水资源利用策略详见图 5-7。

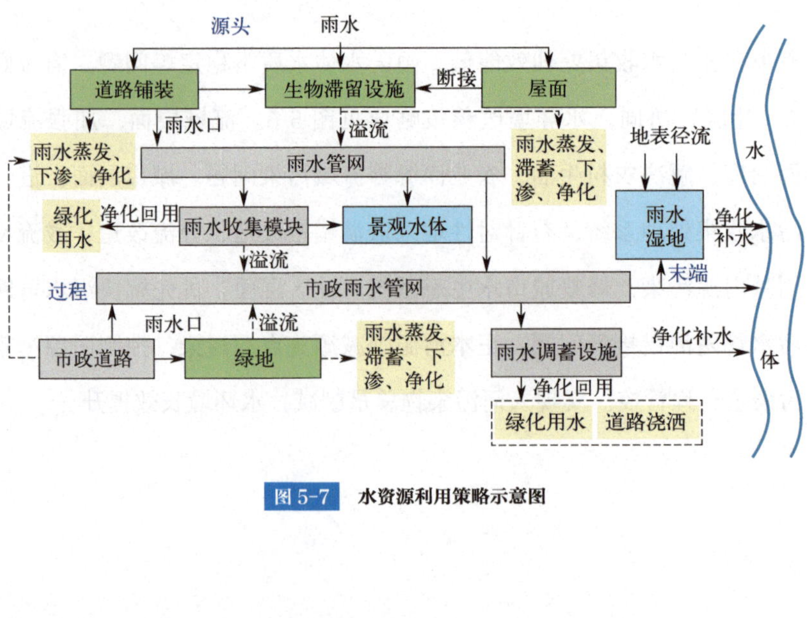

图 5-7 水资源利用策略示意图

5.4.5　水生态修复策略

水生态修复策略主要通过保护蓝绿海绵基底、加强水系保护、涵养绿地系统和径流控制等策略的实施，构建完整的海绵体系，水生态修复策略详见图 5-8。流域层面，构建总体海绵生态空间格局，保护生态屏障及生态廊道、生态环境及湿地空间不受侵占、破坏；城市层面，保留自然汇流路径、城市低洼区、滞蓄空间以及蓝线空间，建设生态型河流断面，涵养城市绿地系统；社区层面，从源头控制雨水径流，优先解决居住环境问题。

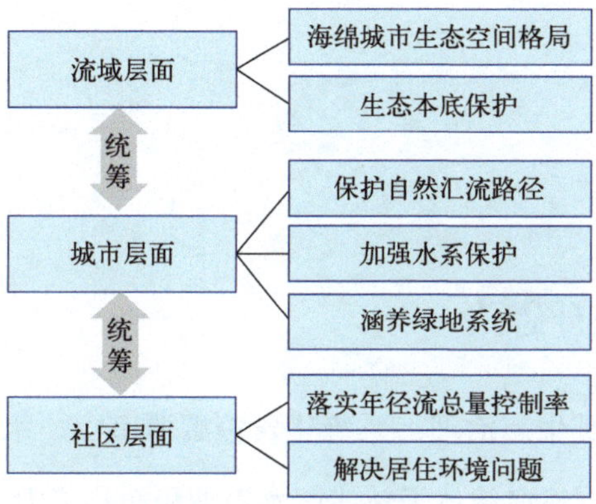

图 5-8　水生态修复策略示意图

第6章 鹰潭市示范建设系统化实施方案

6.1 流域统筹

6.1.1 系统化提升思路

规划通过开展流域生态治理，系统化管控鹰潭市山、水、林、田、湖、草生命共同体，充分利用自然海绵体天然的雨水消纳和净化能力，构建流域“大海绵”格局。

梳理江河、水库、山塘、湖泊现状，做好河道疏浚整治、工程达标加固，进行防洪排涝补短板行动，确保“大海绵”的防洪调蓄功能能够按照设计标准运行，充分发挥“大海绵”的调蓄排涝功能，提高防洪排涝能力。

流域海绵系统化提升方案重点包括流域海绵生态系统保护、流域水安全保障和流域水环境提升三个方面。

① 流域海绵生态系统保护方面，识别山、水、林、田、湖、草等生命共同体的空间分布，识别敏感性高的重要生态保护空间，明确生态保护红线与生态基本控制线管控范围与要求，构建“三廊四片多点”的市域海绵空间格局。保护与恢复山体自然风貌，恢复白露河、童家河等流域中上游山体原有植被。修复河湖水系和湿地等水体，开展流域中小河流生态治理，恢复自然岸线、滩涂和滨水植被

群落，提高水资源涵养、蓄积、净化能力。

② 流域水安全保障方面，针对鹰潭市位于信江中下游，承接上游城市洪水下泄和下游鄱阳湖顶托，夏季暴雨强度大且集中的特点，构建以防洪堤为主的防洪安全体系，提出山洪沟治理、堤围和病险水库的加固等近期防洪设施建设方案，保障流域防洪安全。

③ 流域水环境提升方面，统筹市域污水基础设施，在城市污水系统提质增效的同时，重点对城市外围农业面源污染地区和畜禽养殖污染地区进行治理，对区域重要乡镇排水设施进行一体化建设，统筹排放标准，降低对区域水系的污染风险，提高区域河道水环境品质。

6.1.2　生态系统保护与修复

（1）加强生态空间管控

生态空间严格按照国家、江西省相关要求进行管控。

在划定的一级生态保护红线区域实行最严格的管控措施，禁止一切有损主导生态功能的，对生态环境敏感性特征产生加速影响的，对受保护动植物、环境及生态系统造成影响和破坏的开发建设活动。涉及其他保护地的区域按照其保护地属性已有的法律法规要求从严落实管控。二级生态保护红线区实行差别化管控措施，除有损主导生态功能的开发建设活动外可允许适度的生态、旅游、探矿、基础设施等活动，以保证区域战略资源和生态产品的供给。涉及其他保护地的区域按照其保护地属性已有法律法规要求从严落实管控。

对未纳入生态红线一级和二级管控区的其他重要山体、林地等地区实施生态保护，在生态保护的基础上可实行差别化的管控措施，原则上区内禁止建设其他项目，除下列项目外：风景名胜区、湿地公园、森林公园、郊野公园的配套旅游接待、服务设施；生态型休闲度假项目；必要的农业生产及农村生活、服务设施；必要的公益性服务设施；其他经规划行政主管部门会同相关部门论证，与生态保护不相抵触，资源消耗低，环境影响小，经市人民政府批准同意建设的项目。

生态控制线管控范围内除以上三类区域的地区，实施有序管控，限制城镇建设行为。

(2) 开展生态系统修复

重点保育北部怀玉山脉生态保育区、南部武夷山脉生态保育区。进一步提高森林覆盖率，广泛植树造林，加强防护林、经济林的建设。合理开发利用和保护土地资源，治理水土流失、土壤盐渍化和土地沙化。加强山体生态保育区域内郊野水系、低洼地的保护。

白露河流域、童家河流域山丘面积较大，地形复杂，地面组成物质抗蚀性差，中上游虽然植被较好，流失较轻，但极易被破坏，并易发生崩岗及山洪地质灾害，下游植被较差，且靠近鹰潭市区，人口密集，开放建设项目多，水土流失较严重。规划白露河、童家河流域下游以小流域综合治理、坡耕地治理为主，中上游建设生态修复示范区。白露河、童家河流域中上游区域面积较大，植被较好，水土流失较轻，水土资源和自然条件较好，生态自我修复功能较强，推进以生态自我修复为主，人工治理为辅的治理措施。在生态修复示范区内实行全封或轮封，严禁砍伐林木，严禁铲草皮，依法加大新建项目审查审批力度，严格限制开垦、开发和其他基本建设活动，制订处罚措施，落实管护责任，加强看管和封育，防止人为破坏，促进生态自我修复。鼓励高能耗高污染项目关停或迁出生态修复区。

建立以湿地自然保护区、湿地公园、湿地保护小区为主，其他湿地保护形式为辅的湿地保护体系。重点加强信江国家湿地公园、余江白塔河省级湿地公园、白露河省级湿地公园等重要湿地的生态保育和生态修复，保护湿地内水体、地形、地貌、野生动植物资源，提升湿地生态和调蓄功能。加强对集中连片、破碎化严重、功能退化自然湿地的修复和综合整治，优先修复生态功能退化严重的重要湿地。

全市重点开展了 8 项流域水生态综合治理工程，详见表 6-1。

表 6-1 鹰潭市流域生态综合治理项目一览表

序号	市（区）	流域生态综合治理项目名称	建设内容
1	龙虎山风景区	龙虎山景区泸溪河生态综合整治工程（一期）	整治长度 10.32km，河道疏浚 2.5km，新建防洪通道、景观绿道 10.45km，生态护岸长度 1.32km 等
2	余江区	一河四岸工程	白塔河整治生态护岸 0.7km

续表

序号	市（区）	流域生态综合治理项目名称	建设内容
3	余江区	白塔渠灌区续建配套工程	整治渠道56.6km
4	余江区	余江区张公桥干渠水体整治项目	水体综合整治2.47km，生态岸线改造
5	贵溪市	贵溪浮石省级湿地公园江心洲湿地修复项目及河道疏浚、浮桥码头驳岸绿化项目	包括湿地修复、河道疏浚和浮桥码头驳岸绿化等内容
6	贵溪市	流口水整治项目	治理总长4.93km，包括清淤疏浚、岸线建设等
7	高新区	白露河综合治理工程	包括清淤疏浚、岸线建设等
8	月湖区	东川河水环境治理项目	包括清淤疏浚、岸线建设等

6.1.3　流域水安全保障

6.1.3.1　防洪体系布局

鹰潭市上游无大型蓄水水库，洪水主要通过信江及其支流排泄，防洪工程体系以堤防为主，鹰潭市区、贵溪市区各自设防，依托堤防建设形成若干防洪圈；城市外围乡镇和农田主要通过中小型水库和圩堤建设抵御洪水。

依照城市总体规划、信江流域规划、城市防洪规划报告修编，根据有关规程、规范，结合鹰潭市现状及其发展规模，以及河流水系，地形特点等，拟定远期（2030年）鹰潭市总体防洪标准为50年一遇。根据防洪分区的重要性和急迫性，确定：鹰潭中心城区（含老城区组团、梅园组团、南站组团）、贵溪市中心城区、余江区的防洪标准为50年一遇；鹰西区（含经济开发区组团、鹰西组团）的防洪标准为50年一遇；信江新区（含信江新区组团）的防洪标准为50年一遇；鹰东区（含鹰东组团）的防洪标准为20年一遇；其他重要城镇防洪标准为20年一遇。

6.1.3.2　防洪设施建设方案

鹰潭市防洪建设的重点是加强信江及支流防洪治理、流域上游区域防洪排涝治理。

① 信江干堤治理工程：江西省主要支流治理信江干堤鹰潭城区段工程、江西省主要支流治理信江余江段工程、江西省主要支流治理信江贵溪滨江镇段工程、港口水闸建设工程4个项目。

② 其他支流及上游治理工程：江西省五河治理防洪工程贵溪市城市防洪工程、五湖水库东干渠下章段渠道改线工程、余江区石港坪堤涝区排涝能力建设项目、贵溪市塘湾水库除险加固工程、贵溪市硬石岭水库除险加固工程、江西省中小河流治理项目贵溪金屯镇防洪工程、贵溪市樟坪畲族乡防洪治理工程（罗塘河杨畈至双圳电站段）、樟坪乡西排村洪患村整治工程、金屯镇焦坑村洪患村整治工程、贵溪市梅潭溪防洪治理工程 10 个项目。

6.1.4 流域水环境提升工程

信江水系、白塔河水系和泗沥河 - 罗塘河水系等主要河道均为区域河道，河道受区域沿线乡镇污染风险较大，需对区域重要乡镇排水设施进行一体化建设，统筹排放标准，降低对区域水系的污染风险，提高区域河道水环境品质。

按照《国家城乡融合发展试验区改革方案》、《江西省自然资源厅关于全面开展市县国土空间总体规划编制工作的通知》（赣自然资字〔2019〕58 号）和《关于印发〈江西省城镇生活污水处理提质增效三年行动实施方案（2019—2021 年）〉的通知》（赣建城〔2019〕43 号）等要求，优化区域乡镇污水系统布局，明确设施规模，有序推进乡镇污水系统健康发展，从而保障区域水系品质。规划建制乡镇污水收集处理系统高效运行，污水设施月平均负荷率不低于 80%，尾水排放标准不低于一级 A。建立完善的运营维护机制和智慧管理体系；建立完善生活污水处理收费制度，对排放污水的机关、企事业单位、经营户和居民按照国家和省有关规定收取污水处理费。

示范期内工程项目包括：余江区城乡污水处理厂配套管网工程建设项目、龙虎山风景区龚店村综合环境整治工程、龙虎山风景区上清集镇小街小巷改造提升工程、龙虎山风景区上清镇桂州村污水管网工程、龙虎山污水处理厂标准化改造及配套管网建设项目等。

远期逐步实现区域建制乡镇污水收集处理系统全面建成，运营维护和智慧管理体系基本建立，污水设施月平均负荷率不低于 60%，尾水排放标准不低于一级 B。选择重点乡镇，试点推行建制镇生活污水处理有偿服务，按照“谁污染谁治理，谁受益谁付费”的原则，综合采用使用者付费、政府可行性缺口补助或政府付费等方式保障乡镇污水系统可持续运行。

6.2 划分排水分区

综合城市规划、水系分布、自然汇水格局，确定以信江、白露河、童家河和铁路线为界，划分 5 个一级排水分区，详见图 6-1、表 6-2。

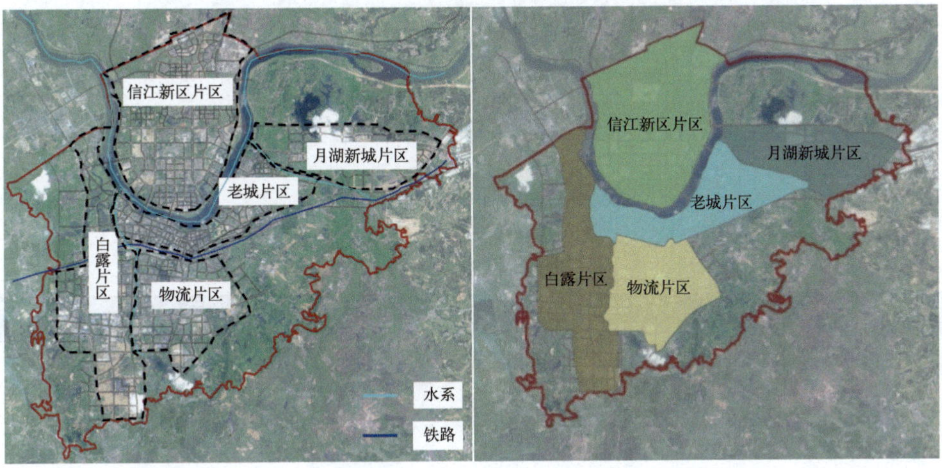

图 6-1 一级排水分区划分示意图

表 6-2 一级排水分区参数表

序号	汇水分区	面积 /km²	年径流总量控制率目标	SS 污染控制率目标
1	信江新区片区	24.56	73.4%	64.7%
2	老城片区	11.44	65.6%	54.5%
3	白露片区	18.10	70.6%	60.3%
4	物流片区	13.59	65.1%	54.7%
5	月湖新城片区	13.71	71.8%	61.1%
加权平均			70.0%	60.0%

结合现有排水管网、排水专项规划、海绵城市专项规划、城市竖向规划，将 5 个一级排水分区，细分为 31 个二级排水分区，详见图 6-2、表 6-3。

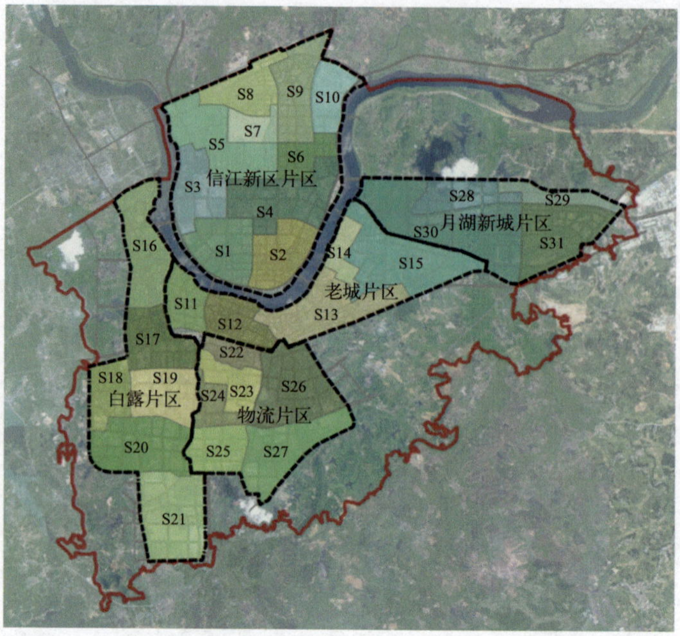

图 6-2　二级排水分区划分示意图

表 6-3　二级排水分区参数表

序号	汇水分区	排水分区	面积 /km²	排水区年径流总量控制率	排水区 SS控制率
1	信江新区片区	S1	2.88	74%	63%
		S2	2.17	72%	65%
		S3	1.98	72%	65%
		S4	3.54	75%	68%
		S5	2.4	73%	66%
		S6	2.43	74%	67%
		S7	2.83	73%	66%
		S8	2.62	74%	63%
		S9	1.76	73%	62%
		S10	1.95	73%	62%
2	老城片区	S11	1.7	57%	47%
		S12	2.12	57%	47%
		S13	2.7	75%	62%
		S14	1.06	57%	47%
		S15	3.86	70%	58%

续表

序号	汇水分区	排水分区	面积 /km^2	排水区年径流总量控制率	排水区 SS控制率
3	白露片区	S16	3.36	73%	63%
		S17	2.88	78%	67%
		S18	1.93	65%	56%
		S19	2.38	68%	58%
		S20	3.74	68%	58%
		S21	3.81	70%	58%
4	物流片区	S22	0.97	62%	52%
		S23	1.72	62%	52%
		S24	1.26	60%	50%
		S25	2.21	63%	53%
		S26	4.89	68%	57%
		S27	2.54	67%	56%
5	月湖新城片区	S28	3.78	72%	61%
		S29	1.47	73%	62%
		S30	4.77	72%	61%
		S31	3.69	71%	60%

6.3　信江新区实施方案

6.3.1　基本情况

信江新区位于信江以北，北至铁路线，三面环水，为近期开发建设区域，片区面积 24.56km^2。信江新区总体北高南低，海拔 20 ～ 150m，详见图 6-3。信江新区规划建设用地以绿地、居住用地、商业用地、农林用地为主。信江新区以余信贵大道为界，南部主要为居住、商业用地，目前正在开发建设中，北部以农林用地为主，开发较少，片区内多处城中村分散分布。

6.3.2　问题分析

（1）行泄通道不畅、排涝能力不足，水安全存在短板

信江新区南区石鼓渡河等未打通，片区涝水难以进入排涝湖体；末端虎岭湖、

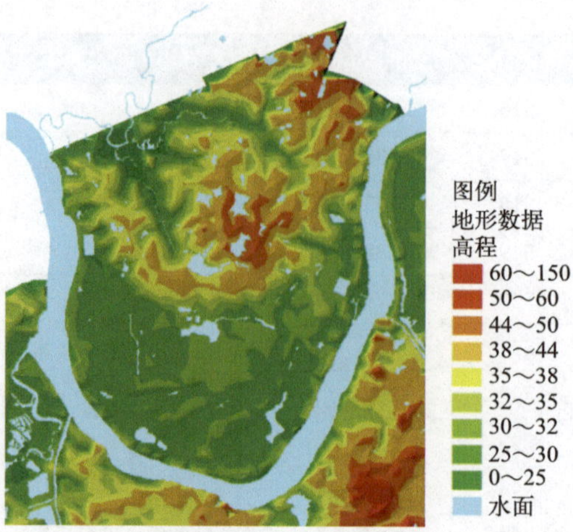

图 6-3 信江新区竖向图

刘家湖、潭头湖淤积明显，调蓄能力下降；刘家排涝泵站能力不足，片区存在内涝风险。信江新区北片区后源畈河、夏家河等河网未按规划建设，行泄能力不足，详见表 6-4。

表 6-4 信江新区部分调蓄湖淤积量统计表

湖体	虎岭湖	刘家湖	潭头湖	石鼓渡湖
设计调蓄容积 / 万 m^3	23.7	23.9	20	17.16
淤积容积 / 万 m^3	13.4	9.4	15.9	0
实际调蓄容积 / 万 m^3	10.3	14.5	4.1	17.16

（2）污水处理厂进厂浓度低，污水收集效能低

2021 年信江新区污水处理厂进厂 BOD 平均浓度为 40mg/L，远低于《江西省城镇生活污水处理提质增效三年行动方案（2019—2021 年）》中 64mg/L 目标。进厂污水可生化性较差，B/C=0.25 ～ 0.27，B/TN、B/TP（BOD/TP）均低于规范推荐值，清水入渗影响明显。污水厂进水量比按照供水量折算值多 31.5%，外水进入明显。信江新区污水厂 2021 年 1 ～ 7 月逐日进水量及污染物浓度详见图 6-4。

究其主要原因是污水管网混错接、管道缺陷导致的外水入流入渗、污水管网系统不完善等。

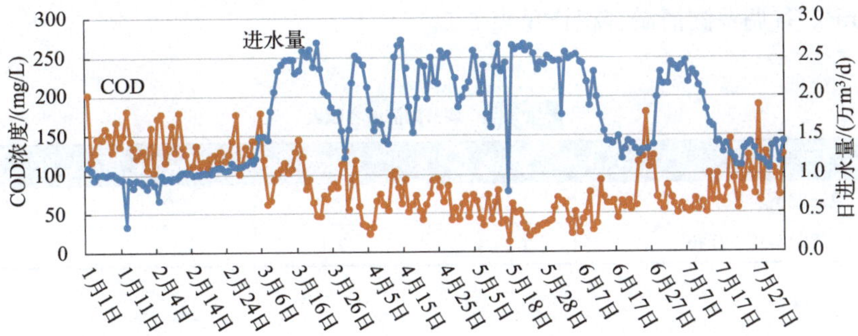

图 6-4　信江新区污水厂 2021 年 1 ～ 7 月逐日进水量及污染物浓度

(3) 存在沿河污水排水口，生活区水体水质不稳定

虎岭湖、刘家湖位于人口密集区，周边建成度高，长时间未清淤，上游无补水水源，水质较差，为劣Ⅴ类，点源污染突出，虎岭湖存在 4 处、刘家湖存在 10 处污水排水口，刘家湖蓝藻暴发及上游排水设施私搭乱接情况详见图 6-5。对虎岭湖和刘家湖流域污水排水口进行溯源排查，排查排水管线长度 29km，发现污水源头 460 处。

图 6-5　刘家湖蓝藻暴发及上游排水设施私搭乱接情况

6.3.3　实施方案

6.3.3.1　增加调蓄强排能力，提升排涝水平

① 增加调蓄能力。对虎岭湖、刘家湖、潭头湖 3 个湖塘清淤，增加调蓄空间

52 万 m^3。各调蓄湖清淤容积详见表 6-5。

表 6-5　调蓄湖清淤容积表

湖体	虎岭湖	刘家湖	潭头湖	石鼓渡湖
设计调蓄容积 / 万 m^3	23.7	23.9	20	17.16
清淤容积 / 万 m^3	13.4	9.4	15.9	0

② 提升强排能力。结合蓄排平衡计算，扩建刘家泵站，规模至 4.11m^3/s，满足 20 年一遇排涝标准。信江新区改造后蓄排平衡计算详见表 6-6。

表 6-6　信江新区改造后蓄排平衡计算表

排涝分区	对应排水分区	汇水面积 /hm^2	径流量 / 万 m^3	调蓄水量 / 万 m^3	强排水量 / 万 m^3	设计排水量 / 万 m^3	涝水量 / 万 m^3
虎岭湖强排区	S1	288.13	29.53	23.7	21.1	44.8	0
刘家湖强排区	S2	216.83	28.81	23.9	12.4	36.3	0
潭头湖强排区	S3	197.63	15.44	20	42.9	62.9	0
石鼓渡湖强排区	S4、S6	596.97	55.87	17.16	73.8	91.0	0

③ 打通排水通道，构建行泄通道排涝体系。打通石鼓渡河、潭头河、生态湖西南渠、夏家河、后源畈河 5 条水系及德政连通管、龙潭湖连通管等，长度 17.3km。余信贵大道以南的汇水分别通过石鼓渡河、刘家湖连通管、生态湖西南渠、潭头河等管渠转输至石鼓渡湖、刘家湖、虎岭湖、潭头湖 4 个临江排涝湖，经排涝泵站强排至信江。余信贵大道以北的汇水通过夏家河、后源畈河等水体向北排放，通过港口水闸排放至信江。信江新区水系连通系统图详见图 6-6。水系连通重点工程——石鼓渡河综合整治项目建设情况详见图 6-7、图 6-8。

6.3.3.2　完善污水系统，污水收集处理提质增效

（1）提升污水管网覆盖范围

结合信江新区北区路网建设项目，配套建设存思路、蟠龙大道等道路污水管网，构建信江新区北片区污水管网系统，使北片区污水纳入信江新区污水厂内，提高污水集中收集率。

图 6-6　信江新区水系连通系统图

图 6-7　石鼓渡河建设线位图

图 6-8 石鼓渡河建成后照片

（2）全面普查检测整改，提升运行效率

采用管网普查、检测方式，全面排查信江新区范围内市政道路及地块的全部排水管网，排查管网约 359km，发现问题点 5 万余处。破损的管网如图 6-9 所示。

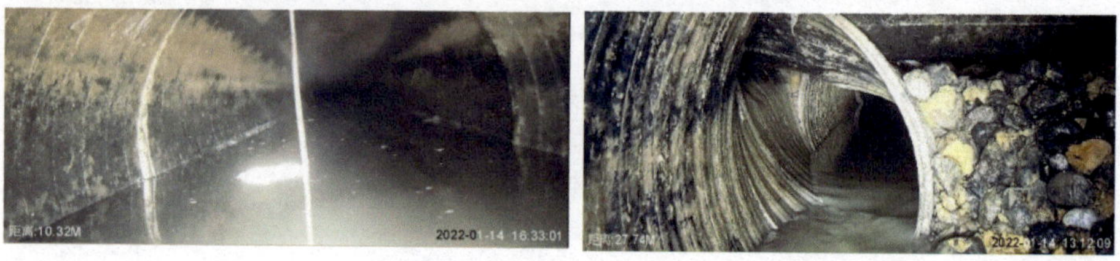

图 6-9 信江新区管网破损照片

对全部问题进行整改，采取缺陷修复、混错接点改造及检查井漏损修复等措施。对信江新区范围内 31 条市政排水管网系统进行排查整治，共修复雨水管道 6.40km、污水管道 12.54km，新建雨水管道 11.90km、污水管道 23.20km。此外，对 4 座污水泵站进行维护更换。

（3）源头末端毛细截污补空白

对源头小区实施地块排水管网修复及完善工程。系统划分排水单元，针对已建成小区、公共建筑、商业综合体等 77 个排水单元，按照“一单元一策”的要求，制订完全雨污分流改造方案。改造内容包括排水立管、埋地管道混错接改造，缺陷管道、检查井修复，共修复改造管网 81.2km，检查井 1852 座。

对信江新区存在的城中村、边缘组团进行截污，根据城中村排水现状、周边管网及规划是否保留等，分别采取末端截污或全截污措施。周塘小镇等在雨污分流的基础上，将污水接入规划一号线、香樟路等污水管。

6.3.3.3 厂网河湖园一体化整治，提升人居环境

（1）源头地块海绵化建设，提升生活品质

结合源头地块雨污分流改造及新建项目，同步落实海绵城市建设理念，重点实施公安局东侧地块、北区城中村、民悦家园等 25 个建筑与社区类海绵项目，将雨水径流导流至海绵设施，削减源头径流及面源污染量。源头地块海绵城市建设思路详见表 6-7。

表 6-7 源头地块海绵城市建设思路

源头地块	特点	海绵城市建设思路	雨污分流措施	海绵设施内容
改造社区	混错接严重，设施老旧、功能不全，养护不到位	问题导向，完善功能为主	新建阳台污水立管，分流改造	生态停车场、下沉式绿地等
新建社区	高层，混错接较少，设施齐全，景观较好，养护及时	指标导向，提高宜居性	完全雨污分流	下沉式绿地、雨水花园、透水铺装等

（2）河湖综合整治，提升水环境

对河湖进行清淤、排口整治及岸线生态化改造。排口汇水范围内未进行源头海绵城市改造的，进行末端生态化改造。排口入河湖前建设雨水台地、前置塘、湿地等设施，削减面源污染，净化后进入水体。以中心生态湖 10 处排水口为例，有 6 处排水口进行生态化改造。中心生态湖入湖排口生态化改造示意图详见图 6-10。

（3）活水补给，提升水动力及水生态

为实现信江新区河湖旱季有水，一方面，新建活水泵站（$2.5m^3/s$）及管网系统，在旱季将信江水提升至片区最高点的娄家塘水库及夏家河上游，后通过重力流引至各河湖水系，配合水闸等措施，确保河道旱季的生态基流。另一方面，开展中水利用工程，新建潭头湖湿地处理信江新区污水处理厂尾水，处理后补给潭

头河，进入潭头湖，处理规模为 44 万 t/a。信江新区活水系统方案详见图 6-11。

图 6-10 中心生态湖入湖排口生态化改造示意图

图 6-11 信江新区活水系统方案示意图

6.4　老城片区实施方案

6.4.1　基本情况

老城片区位于信江以南，南至铁路，东至童家河，西至白露河，面积为 11.44km^2，老城片区区位详见图 6-12。老城片区为建成区，鹰潭历史与传统文化核心地区，主要承担居住、传统商业、公共服务职能。中低丘陵，整体东南高西北低，东湖为最低点。东湖两侧的区域均中间高，东西低，形似“龟背”，坡度以 0°～ 5°为主，老城片区高程分析图详见图 6-13。

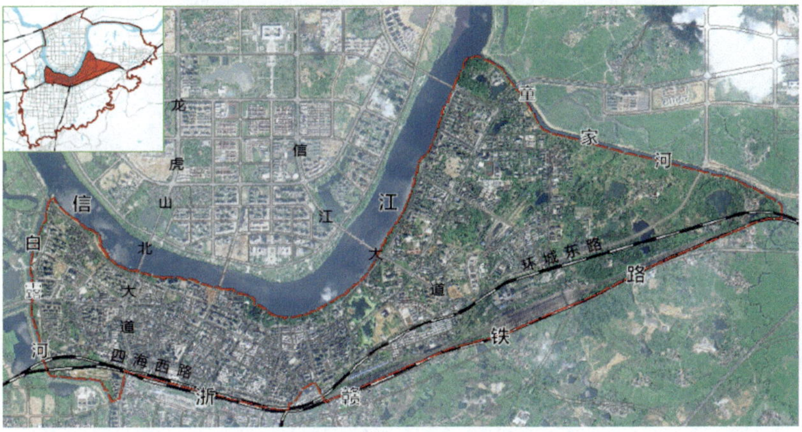

图 6-12　老城片区区位及影像图

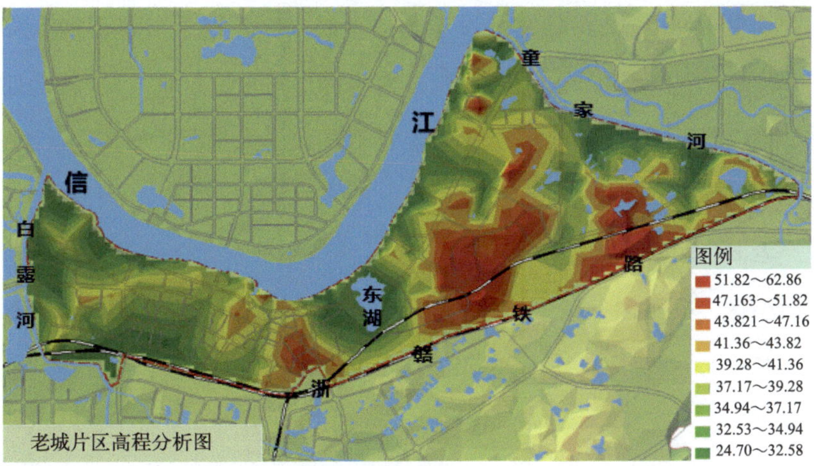

图 6-13　老城片区高程分析图

6.4.2 问题分析

(1) 排水管网老旧，排水能力较低

老城片区建成年代较久，存在一定的合流制管道，排水能力较低的问题普遍存在，排水能力不超过 1 年一遇的比例约 54%。老城片区雨水管网排水能力分布详见图 6-14。

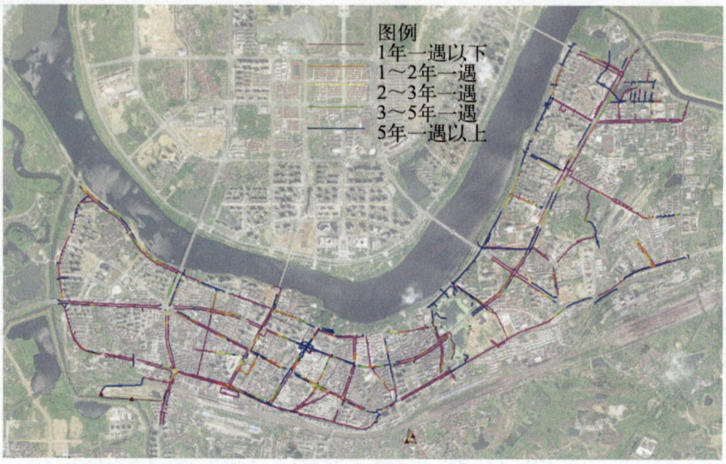

图 6-14 老城片区雨水管网排水能力分布示意图

(2) 东湖截污干管入流入渗严重，降低污水系统效能

东湖西侧 DN800 截污管道敷设于湖泊岸线内侧，处于东湖正常水位以下，长度约 500m。现状调研中，污水检查井内水位与湖水位一致，说明管道渗漏破损严重，不仅降低了管网内污染物浓度，而且导致了大量污染物入湖，影响了东湖水质，详见图 6-15。

(3) 老旧小区多，人居环境不佳

老旧小区、棚户区、城中村等区域人居环境不佳，与城市发展定位不匹配；老旧小区 85 个，涉及面积约 1.98km^2，详见图 6-16、图 6-17。

图 6-15　东湖内截污干管位置照片

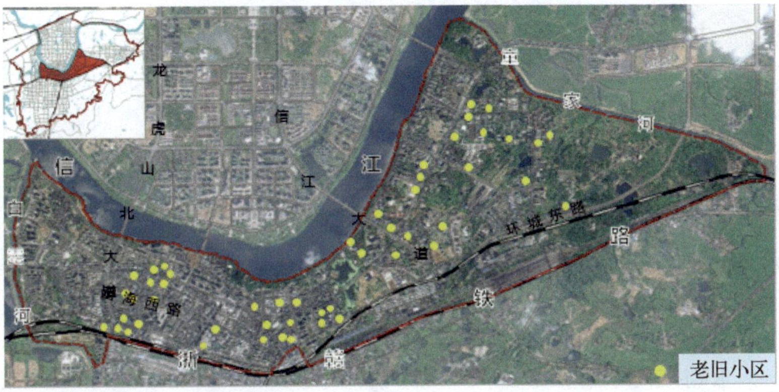

图 6-16　老城片区内老旧小区分布示意图

图 6-17　老城片区内老旧小区照片

6.4.3　实施方案

6.4.3.1　技术路线

以雨水为主线，以老旧小区改造、东湖水环境综合治理及积水点改造为切入点，进行源头海绵化改造，就地削减径流，改善人居环境，建设排水管网，引导雨水入河湖，污水入处理厂，保障水环境，通过积水点改造，提高雨水管网排水能力，完善排涝系统，利用信江作为东湖旱季生态补水水源，提高东湖水动力。

6.4.3.2 建设内容

（1）源头海绵化改造建设

对东湖家苑、供电南苑、供电北苑、261 小区等结合老旧小区改造，进行排水管网改造及海绵化改造，建设生物滞留带、透水铺装、下沉式绿地等设施，削减地块径流，控制初期雨水污染。肉联厂小区、中兆星河汇等新建地块同步落实海绵城市建设理念。

（2）积水点改造，消除八小内涝点

针对存在的第八小学积水点进行改造，结合第八小学改扩建项目，抬高学校内竖向标高，修复原破损箱涵，保障外来涝水不进入学校内，从而实现第八小学不积水。具体详见“鹰潭经验总结篇之第八小学内涝治理”内容。

（3）将东湖截污干管搬迁上岸，减少入流入渗

将截污管道废除，在岸线外侧新建截污管，连通上下游，施工空间不足时采用顶管施工工艺，降低污水厂外水进入量。

6.5 白露片区实施方案

6.5.1 基本情况

白露片区位于鹰潭市中心城区西部，白露河西侧，北至余信贵大道，南至城区边界，西至 G206 国道，东至鹰西大道 - 白露河，片区总面积 18.10km^2（其中，建设用地面积为 12.62km^2），该区域既是鹰潭市的生态绿肺，又是未来聚焦物联网、铜产业的国家级高新技术产业开发区。如图 6-18 所示，白露片区整体地势平坦，南高北低，北部和西部靠近白露河，地势较低；南部靠近龙虎山区域，地势较高。

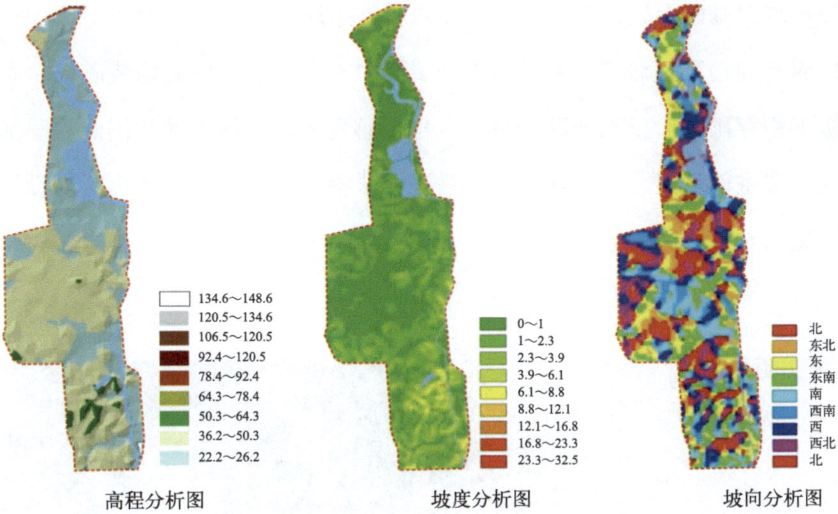

图 6-18　白露片区高程、坡度、坡向分析图

6.5.2　问题分析

（1）天洁路以北片区缺少调蓄空间，涝水无法及时排出

206 国道以西及天洁路以北区域地表径流雨水调蓄空间不足，周边环境差，地表径流初期污染严重，雨水无序排放。

（2）排水管网不完善，混错接严重

白露片区排水管网混错接严重，根据 2021 年市政道路排水管网 CCTV（闭路电视）检测情况，片区内有 192 个雨污混接点位。此外，截污干管还存在破损渗漏等问题。沿河排口混接排污及污水管渗漏情况详见图 6-19。

图 6-19　沿河排口混接排污及污水管渗漏情况

（3）城市基础设施破损，人居环境品质欠提升

白露河周边环境较差，片区内和谐路等 13 条道路人行道铺装破损，雨天人行道板下积存雨水，行人一踩一身泥，居民感受差。片区内瑞和国际等一部分老小区内停车空间不足、人居环境差，需进一步提升。市政道路及小区内设施破损情况详见图 6-20。

图 6-20　市政道路及小区内设施破损情况

6.5.3　实施方案

6.5.3.1　技术路线

构建区域“蓄排平衡”体系，采用“蓄、排”结合的方式，通过排水管线提标改造、建设雨水调蓄设施，有序组织超标雨水排放，应对极端暴雨。

统筹源头海绵化改造、调整竖向、末端调蓄空间建设等方式，将雨水就地消纳或就近排放，提高天然调蓄空间的利用率。

推进水环境治理工作，对片区内排水管网进行全方位的整改，消除混错接问题，消除污水入河现象，对白露河沿线进行环境综合整治，提升生态效果。

6.5.3.2　建设内容

（1）新建鹰西湿地公园二期，滞蓄净化上游汇水

鹰西湿地二期项目占地面积约 46.5hm^2，项目汇水范围西至 206 国道（金田

路)，南至天洁西路，面积约 150.94hm^2，片区雨水通过地表径流、雨水管汇入艾家湖，鹰西湿地二期汇水范围详见图 6-21。艾家湖常水位面积约 23.68hm^2，平均水深约 2m，调蓄水容量 61.5 万 m^3。常态时，艾家湖比白露河水位高，汇水经水体调蓄后重力流排入白露河；汛期时，白露河水位超过艾家湖水位，通过电排站强排水。

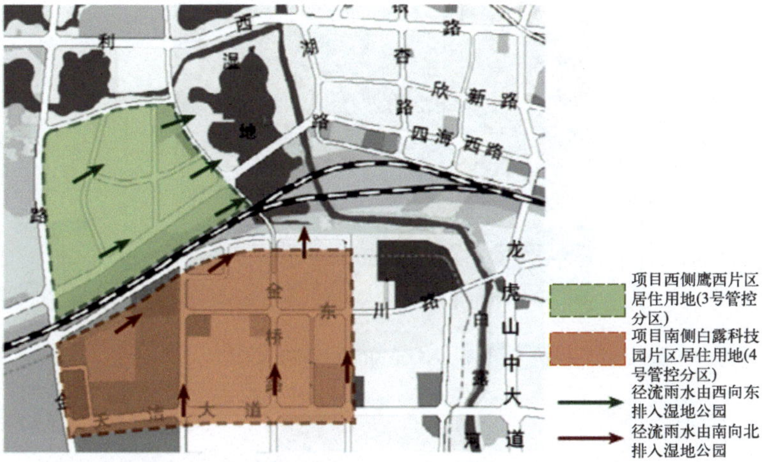

图 6-21　鹰西湿地二期汇水范围图

(2) 排水管网综合整治及白露河水环境治理，提升水环境

白露片区市政排水管网全部进行雨污分流、混错接改造及破损修复，减少混错接导致的污染负荷。206 国道东、西两片管网进行普查及清淤，破损管网修复、混错接改造，局部新建污水管、检查井。

(3) 源头海绵化改造，提升人居环境品质

① 白露河环境综合整治，提升项目周边环境品质。清淤河道，拓宽水面，提高水域面积和水力条件，保障排水通畅。沿河岸坡脚设置松木桩，松木桩驳岸内种植水生植物，美化河道、净化水质。重点打造城南污水厂东侧绿地，将白露河清淤上来的底泥经处理后再利用，回填作为绿化种植区，实现资源再利用。

② 人行道海绵化改造，提升道路品质。为改善城市环境，使人行道及附属

设施在设计年限内满足承载力、耐久性、舒适性、安全性和美观性的要求，对高新区天洁西路、和谐路、振工路等11条道路进行提升改造，改造道路长度14.637km。人行道改造为透水铺装，将车行道雨水通过横向排水管导入后排下沉式绿地内，实现对径流量及污染的控制。人行道海绵化改造项目效果详见图6-22。

图6-22 人行道海绵化改造项目效果

③ 源头地块海绵城市建设，提升人居环境。对瑞和国际等老小区进行海绵化提升改造，增加生态停车位及活动空间，新建雨水花园等海绵设施，改善居民生活环境。中兆城南府、白露片区棚户区改造安置房及部分工业企业等新建项目同步落实海绵城市理念，源头控制径流。源头地块雨落管断接至下沉式绿地详见图6-23。

图6-23 源头地块雨落管断接至下沉式绿地

6.6　物流片区实施方案

6.6.1　基本情况

物流片区位于鹰潭市南部，北至铁路沿线，南至 G320 国道，西至白露河，东至规划道路，主要由高桥居住区（铁路以西）、物流园（铁路以东）组成，总面积 13.59km^2。高桥居住区开发度较高，建设较完善；物流园处于城市边缘区，开发相对滞后。

6.6.2　问题分析

（1）西门涵洞雨天内涝严重，是历史积水点

西门涵洞位于南湖北侧，为下穿铁路桥涵洞，汇水面积约 7.76hm^2，积水面积约 0.34hm^2，积水深度在一般在 1 ～ 1.5m。主要积水原因为地势低洼，相对周边为低点，下游排水出路空间不足，缺乏调蓄空间，造成短时积水。2021 年该积水点监测数据详见表 6-8。2021 年 8 月 17 日西门涵洞积水情况详见图 6-24。

表 6-8　物流片区雨水管网统计表

时间	日降雨量 /mm	最大积水深度 /m	积水时间 /min
2021 年 5 月 22 日	32.5	0.25	89
2021 年 6 月 28 日	148.5	1.33	246
2021 年 8 月 17 日	68.5	0.45	62

图 6-24　西门涵洞积水情况（2021 年 8 月 17 日）

（2）片区排水管网缺陷严重，排水设施薄弱

根据片区管网普查结果，共发现市政雨污水混错接64处，管网缺陷问题较普遍，详见图6-25。排水管道缺陷多为接口材料脱落、错口缺陷，同时存在部分异物穿入和支管暗接脱节的情况。管道内淤积量约为管道内总容积的20%～30%。小区内排水管网同样存在较大问题。

白露河、东川河截污干管存在较严重的缺陷，污水渗漏问题严重。特别是东川河截污干管位于河道内，管道脱节，外水入流入渗明显，严重影响了城南污水厂进厂污染物浓度。东川河截污干管情况详见图6-26。

图6-25 物流片区雨污混接（市政管网）点位分布图

图6-26 东川河截污干管情况

（3）东川河、白马水库、南湖等水体水质及沿线环境差

物流片区内东川河、白马水库、南湖等水体水质不稳定，部分河段、时段为

劣Ⅴ类。以东川河为例，根据 2021 年 12 月的水质监测数据，在设置的 4 个监测点位中，1 号监测点位的 COD 浓度值为 51.4mg/L，超出Ⅴ类水质标准 1.29 倍；4 号监测点位氨氮浓度值为 2.69mg/L，超出Ⅴ类水质 1.35 倍；2 号、3 号为Ⅳ类水质。

水体内淤积严重，形成多处的河心滩；河道内杂草丛生，严重影响河道行洪；且河道两侧为土质驳岸，抗冲刷能力差，致使水土流失，河槽线形变化；水体两侧有村民种植蔬菜、农作物，施农家肥，环境较差，面源污染严重，对河道水质有一定的污染；沿岸部分雨水排口内有少量污水排出，河道内截流管道存在破损渗漏问题。水体淤积及岸线情况详见图 6-27。

图 6-27 水体淤积及岸线情况

6.6.3 实施方案

6.6.3.1 技术路线

以问题为导向，通过管网综合整治、源头地块改造等污涝同治手段，重点解决西门涵洞内涝积水点及南湖水环境问题。待开发区域以目标为导向，全部落实海绵城市规划管控指标。物流片区海绵城市建设技术路线详见图 6-28。

6.6.3.2 建设内容

重点解决西门涵洞内涝治理，南湖、东川河水环境及片区排水管网缺陷问题，从而提升整个片区城市品质。

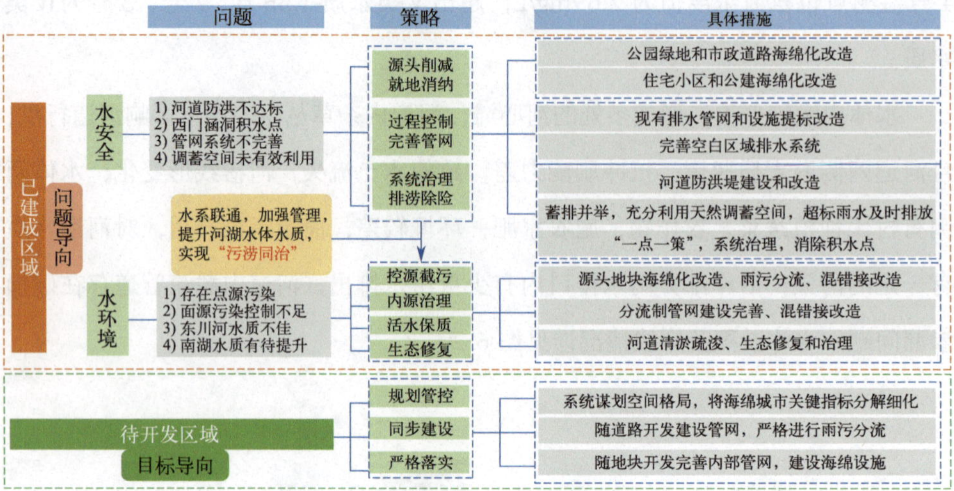

图 6-28 物流片区海绵城市建设技术路线图

（1）西门涵洞内涝治理及南湖水环境综合整治

西门涵洞与南湖相邻，将两者问题一并考虑，采取下挖南湖，打通行泄通道的方式一体化解决，具体改造措施详见“鹰潭经验总结篇之西门涵洞内涝治理”内容。

（2）东川河水环境综合整治

东川河水环境综合整治包括两方面内容，一是沿河截污干管搬迁，二是水体治理。

废除东川河沿河截污干管，沿天洁东路北侧新建 DN1000 污水管，收集道路北侧小区污水，并转接至下游污水管中，使河水、污水物理分离。对东川河（岱宝山路至龙虎山路）清淤，提高河道行洪功能，根据不同水位及流速设置生态护岸和自然堆石护坡；根据东川河河道规划蓝线对线形进行局部优化，结合景观曲直相辅，在保证过水断面的基础上，种植一定的滨水植物，增添景观效果，提高水体自净能力，减少面源污染；护岸设计为多级梯田，将城市地表径流经梯田截留和过滤后再排入河道；局部设置植草沟净化城市地表径流，并使河流的自净能力得以加强。东川河边坡多级梯田设计详见图 6-29。

图 6-29　东川河边坡多级梯田设计图

(3) 白马水库水生态修复

白马水库水生态修复策略为清淤、截污及生态化修复措施。

清除底泥，并进行原位固化减量外运，投撒土壤有益微生物，降低泥水界面的营养物质释放。通过源头截污，消除污水直排口。水库南侧排口附近新建驳岸湿生、挺水、浮叶植物种植区，构建区域生态缓冲带，消减面源雨水径流污染。在湖体内投放各类生物体，构建湖泊生产者 - 消费者 - 分解者的生物链，形成稳定的清水型湖泊生态系统，打通水体营养物质转移通道。最终实现水生态系统完善且能自我修复，形成有一定自净能力的水体的目标。

(4) 片区管网综合整治及源头海绵化建设

结合管网普查数据，对市政道路及源头地块内的排水系统进行综合整治，提升排水系统效能。

新增、改造龙虎山中大道、体育馆东路、320 国道污水管及白露河截污干管等，完善污水系统。对市政排水管网混错接及缺陷管道进行整改及修复，实现彻底的雨污分流，减轻管网病害程度。对水岸华府、奥林山水、康桥名居等居住小区进行源头雨污分流改造及污水管道修复，实现雨污分流。雅典城等老旧小区雨污分流改造时，同步落实海绵城市理念，提升小区生活品质。

6.7 月湖新城片区实施方案

6.7.1 基本情况

月湖新城片区位于鹰潭市中心城区东部，北至余信贵大道，南至创业大道，西至信江，东至创业大道，片区总面积 13.71km^2，是鹰潭市规划开发区域。区域内有待开发的梅园湿地公园，是鹰潭市的生态“绿肺”。

6.7.2 问题分析

片区尚未开发完全，排水管网系统尚不完善。

6.7.3 实施方案

6.7.3.1 技术路线

近期开发建成的项目，以问题为导向，不做大面积改造，选取典型项目进行海绵改造，为远期项目改造做样板；新建项目全部按照海绵城市管控要求建设，实现海绵城市规划管控要求。

6.7.3.2 建设内容

① 完善排水管网。包括经三路北延伸、纬一路西延伸，童家四路、古陶路、纬四路等在内的 10 条道路同步建设排水管网，打通污水干管，提高污水收集率。月湖新城排水管网建设详见图 6-30。

② 源头地块海绵化建设。肖山公园、卫校等月湖区政府片区海绵化改造，公园壹号、公园首府等新建项目全面落实海绵要求，削减控制径流。

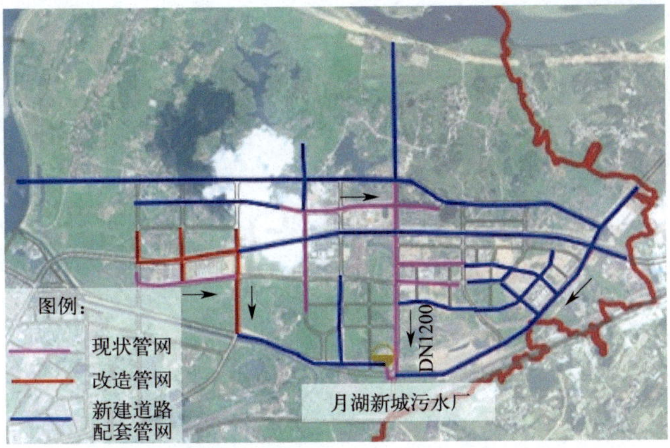

图6-30 月湖新城排水管网建设示意图

6.8 项目汇总及概况

鹰潭市三年示范期内共谋划建设398个项目，计划完成海绵投资44亿元。中心城区项目分布详见图6-31。

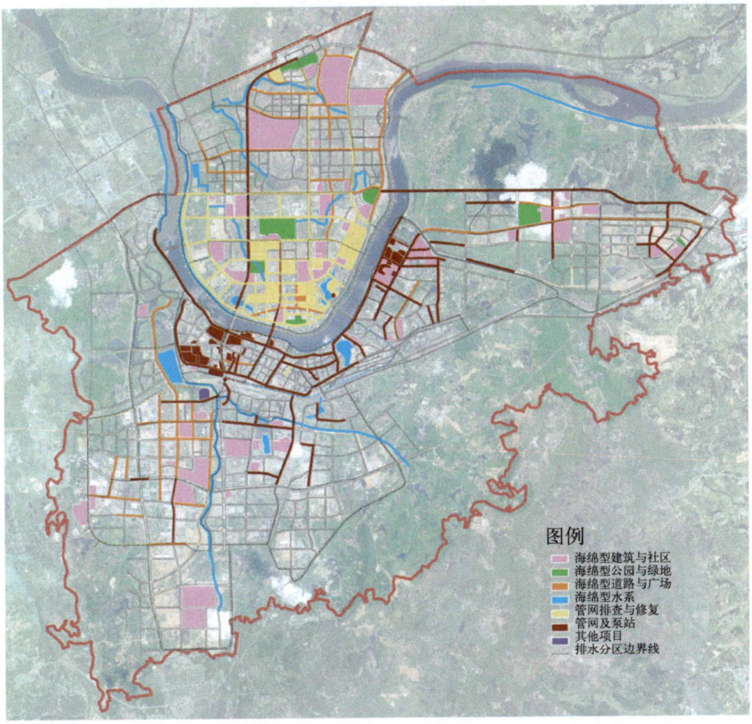

图6-31 中心城区项目分布示意图

第 7 章

多角度落实评估管理

为定量化检验项目建设成效，分别从流量监测评估、模型分析等方面进行评估，提升项目管理效率及质量。

7.1 监测评估

7.1.1 监测总体方案

根据鹰潭市海绵城市监测评估体系建设的需求，建立覆盖重点片区、项目/地块、典型设施的“源头 - 过程 - 末端”全过程监测网络，利用 113 台在线监测设备开展雨量、液位、流量、水质（SS）监测，监测对象主体为重点建设片区、海绵项目、海绵设施、内涝积水点，详见图 7-1、表 7-1。

7.1.2 监测数据分析评估

分别对典型设施、海绵项目及片区径流进行监测，定量评估建设成效，结果显示，海绵设施、项目及片区均达到良好的建设效果，满足规划设计要求。

7.1.2.1 典型设施效果评估

选取一阳湾小区，介绍雨水花园设施的监测效果。

图 7-1 鹰潭市海绵城市监测布点总分布图

表 7-1 监测项目概况

序号	设备类型	数量	监测作用
1	在线雨量计	3	降雨量
2	在线液位计	37	降雨管网液位预警支撑
3	在线流量计	53	片区排口、项目、设施降雨径流量监测
4	在线水质（SS）监测仪	20	项目、设施降雨径流 SS 浓度监测

一阳湾小区位于信江北大道与和平路交叉口东北侧（公安局东侧），年径流总量控制率需达到 75% 以上，对应的降雨深度为 29.6mm；年径流污染削减率不低于 60%（以 TSS 计）。

选取一阳湾小区的雨水花园进行在线监测，监测点详见图 7-2。

根据现场测量及相关设计图纸，该雨水花园面积 33.75m^2，其汇水面积 844m^2。以 2024 年 1 月 1 日—2024 年 4 月 10 日监测期间数据进行分析。

研究期间没有发生 29.6mm 的降雨，监测到在与设计降雨量 29.6mm 相接近及高于 29.6mm 的 2 场次降雨过程中，一阳湾雨水花园的降雨径流控制体积均高

图 7-2 一阳湾小区雨水花园监测点位图

于目标控制体积，达到建设要求，详见表 7-2。

表 7-2 一阳湾小区雨水花园场次降雨径流控制统计表

序号	起始时间	终止时间	累计降雨量 /mm	理论出流量 /m^3	监测出流量 /m^3	实际控制体积 /m^3	目标控制体积 /m^3	是否达标
1	2024/1/29 3:06	2024/1/30 7:00	32.4	11.59	0.37	11.22	10.47	达标
2	2024/2/28 2:30	2024/2/29 10:10	40	14.31	0.37	13.95	10.47	达标

2024 年 1 月 1 日—2024 年 4 月 10 日的监测数据表明，一阳湾雨水花园的径流污染削减率达到 86%，满足设计标准（60% 削减率），海绵设施对径流污染控制效果好，详见表 7-3。

表 7-3 一阳湾雨水花园降雨径流污染削减效果

序号	累计降雨量 /mm	监测出流量 /m^3	平均外排悬浮物浓度 /(mg/L)	监测出流污染物负荷 /kg	径流污染削减率	径流污染削减效果
1	632.6	43.65	227.17	9.92	86%	达标

7.1.2.2 海绵项目效果评估

选取信江北岸小区介绍海绵项目建设效果监测评估。

信江北岸小区位于鹰潭市信江新区 S1 排水分区，属新建类海绵型建筑与社区，项目采用透水铺装、生物滞留池、下沉式绿地等低影响开发设施。信江北岸 A-62 地块年径流量控制率 75%，对应降雨深度为 29.6mm，年径流污染物总量（SS 计）削减不少于 60%。经过现场分析和调研，在 A-62 地块的 3 个市政雨水接驳点设置在线监测点位，监测点位分布详见图 7-3。

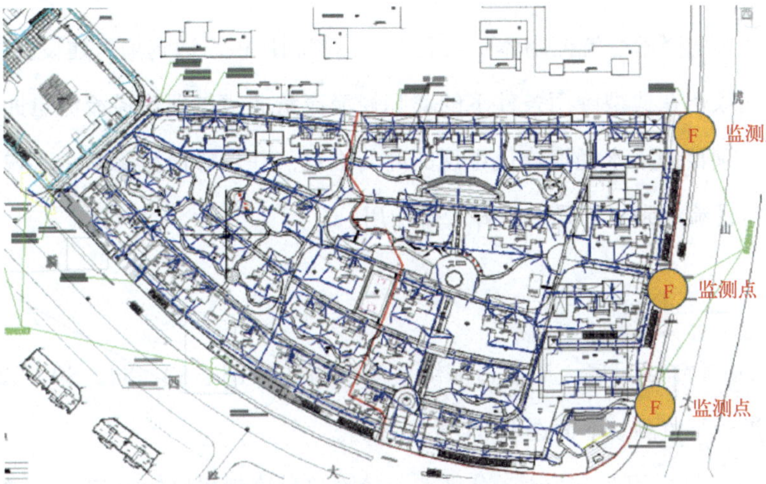

图 7-3　信江北岸小区监测点位位置示意图

本项目监测期间降雨径流控制和径流污染（SS）削减结果详见图 7-4、表 7-4。

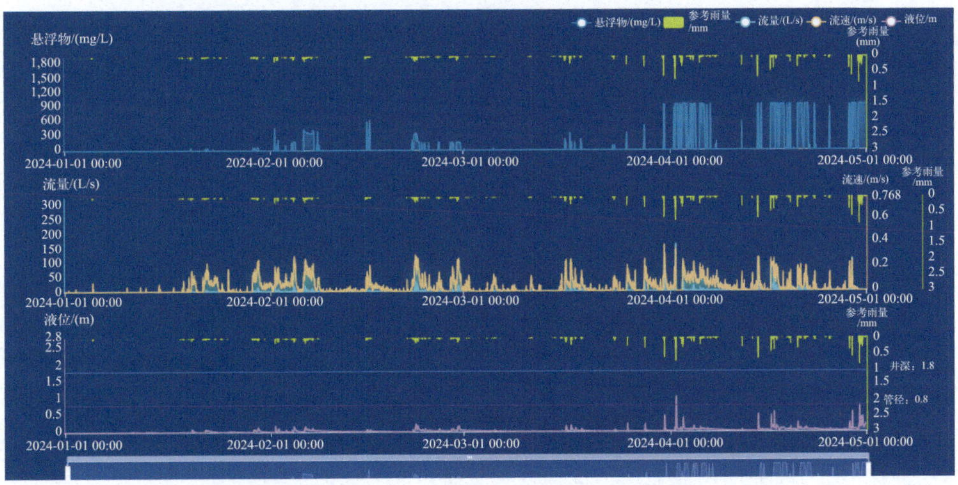

图 7-4　信江北岸监测点 1 悬浮物（SS）浓度、流量、液位过程线

表 7-4　信江北岸场次降雨径流控制统计表

序号	起始时间	终止时间	累计降雨量 /mm	理论出流量 /m³	监测出流量 /m³	实际控制体积 /m³	目标控制体积 /m³	是否达标
1	2024/1/29 3:06	2024/1/30 7:00	32.4	1083.88	77.74	1006.14	990.21	达标
2	2024/2/28 2:30	2024/2/29 10:10	40	1338.12	152.29	1185.83	990.21	达标

信江北岸的降雨径流控制体积均高于目标控制体积，达到项目建设要求。

将监测项目在典型降雨条件下的实际径流流量曲线与理论径流流量曲线进行对比分析，项目内雨水径流峰值出现的时间推迟，并且峰值流量减小，说明海绵工程对雨水径流起到了明显的削峰缓排作用。

7.1.2.3　片区径流控制评估

截至 2024 年 4 月底，鹰潭市海绵监测网络共对 S1、S3、S4、S9、S23 五个排水分区进行了监测。下面选取 S4 片区为例。

S4 排水分区面积 3.54km^2，分区的年径流总量控制率目标为 75%，对应的降雨深度为 29.6mm。对分区的 10 个主要雨水排放口进行在线流量监测。统计 S4 排水分区 2024 年 1 月 1 日—2024 年 4 月 10 日的全部降雨场次的排口径流数据，监测期间累计降雨量 632.6mm，S4 片区整体径流控制率为 79.71%，达到分区年径流总量控制率 75% 的目标。监测点位置分布详见图 7-5。

图 7-5　S4 排水分区监测点位置示意图

部分排口监测点流量液位过程线详见图 7-6、表 7-5。

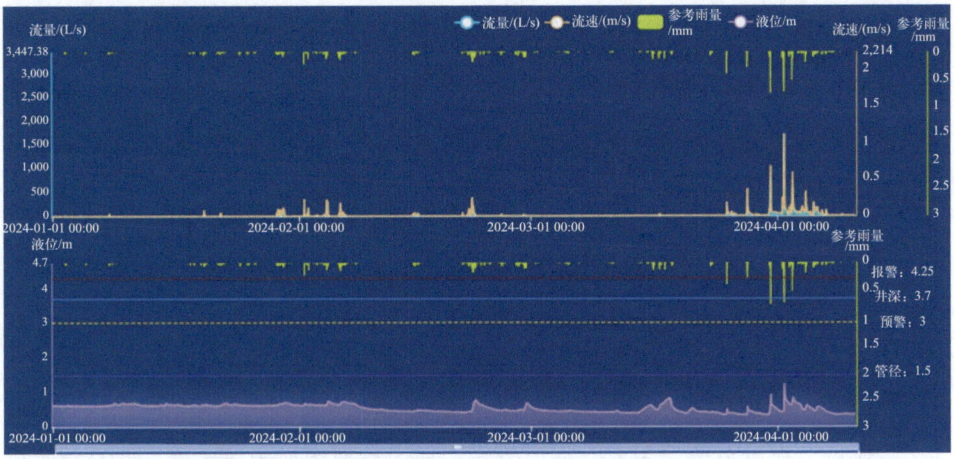

图 7-6　S4 排水分区和平路排口 10 流量、液位过程线

表 7-5　S4 排水分区降雨径流控制情况

序号	起始时间	终止时间	累计降雨量/mm	理论出流量/m^3	监测出流量/m^3	控制体积/m^3	径流控制率
1	2024/1/5 4:22	2024/4/8 10:19	632.6	2239404	454485	1784918	79.71%

已监测达标片区如 S1、S3、S4、S9、S23 片区径流控制率均已达到设计要求。分区进行海绵化改造，以绿色基建代替灰色基建，改变原有水文特征，增强地块的雨水径流控制效果，缓解了雨水管网排水压力并减轻了城市内涝积水风险。

7.2　排涝模型分析

对鹰潭市中心城区进行内涝风险模型评估，重点检验设计重现期下整体内涝风险及历史内涝点消除情况。

7.2.1 模型选择

模型辅助评估工作采用了 InfoWorks ICM 流域排水软件，该软件能将河道计算、管网计算、地面积水迁移计算、水质计算、LID 开发评估计算耦合在一个计算引擎内，相较于其他排水软件，更适合鹰潭这类水系繁密、管网和水系结合极为紧密、洪水风险受到多方面因素制约的排水系统，能从局部到宏观模拟整个流域排水系统的各个环节。

7.2.2 模型构建

7.2.2.1 基础模型构建

将管网、排涝设施、水系、地形等数据导入模型软件构建模型，并对道路区域进行下沉处理，同时将建筑物范围导入模型并进行提升，避免模拟时积水进入建筑区域的情况发生，地面模型网格采用 25m^2（等效 5m×5m）大小进行划分，详见图 7-7 ～图 7-10。

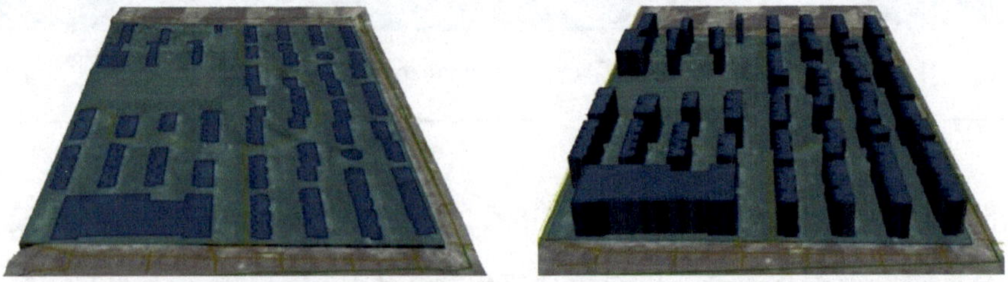

图 7-7 InfoWorks ICM 地面模型修正流程示意图

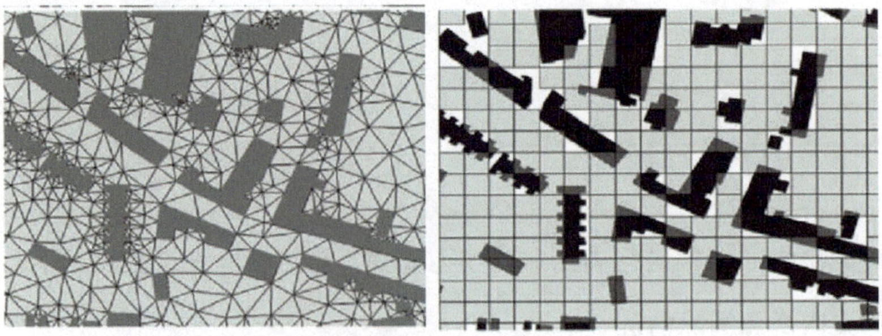

图 7-8 InfoWorks ICM 划分三角网格对比传统矩形网格示意图

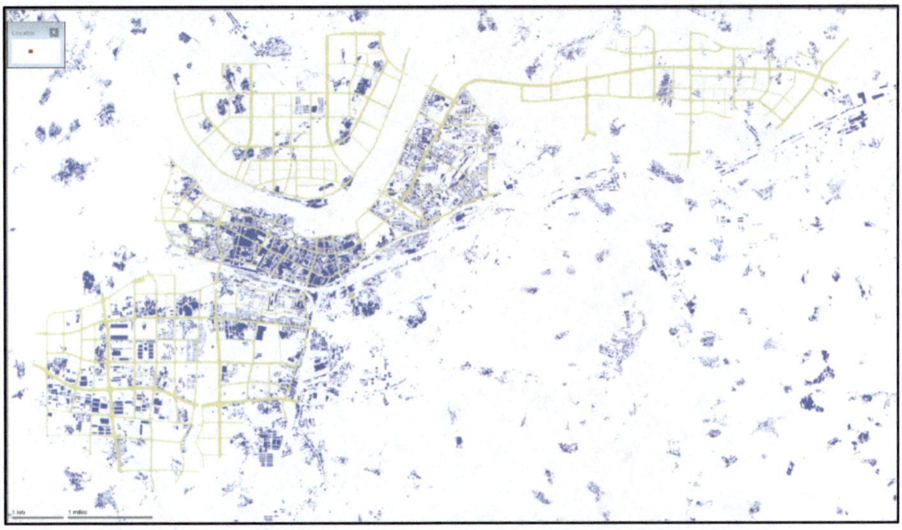

图 7-9　项目核心区内道路与建筑物下垫面示意图

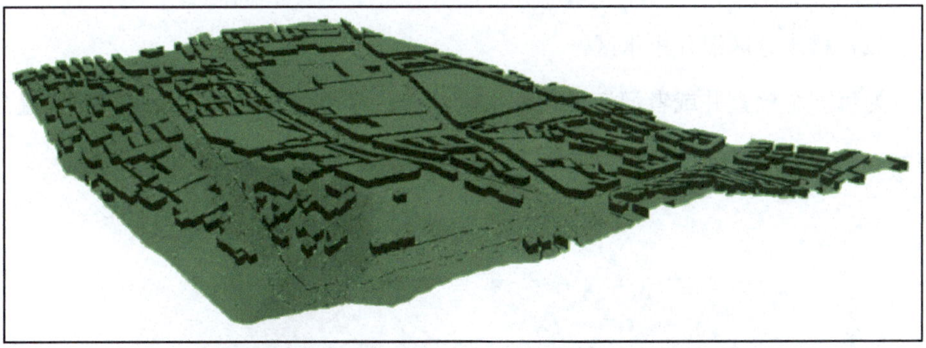

图 7-10　道路地形下沉与建筑物抬升三维展示图

7.2.2.2　汇水区模型构建

（1）模型排水分区划分

考虑到水系的整体连通和大水利的水流方向，分为 5 个片区：信江新区、老城片区、白露片区、物流片区、月湖新城。本模型模拟考虑了项目内信江、河湖水系、地块开发情况等，将场地内汇水片区进行进一步的划分，共得到 31 个细化的模型排水分区，详见图 7-11。

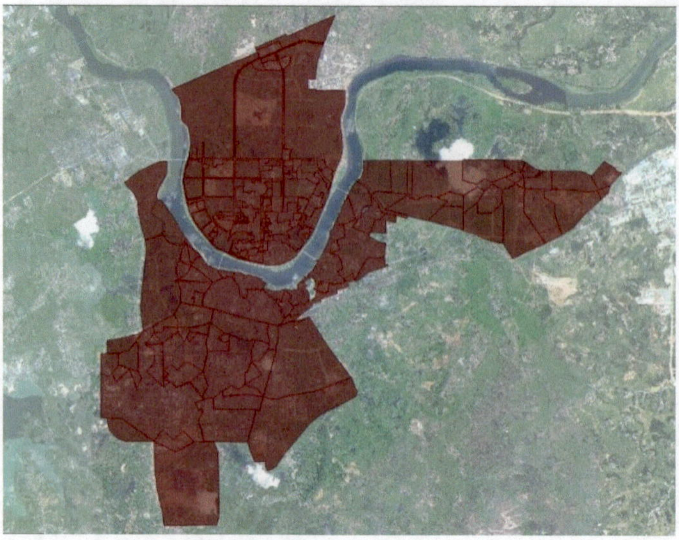

图 7-11　模型排水分区

（2）排水分区细分集水区

为每一个检查井或者河道设置汇水区范围，将模型排水分区按照空间位置合理分配到每个检查井，进一步优化排水管线的汇水服务范围，详见图 7-12。

图 7-12　InfoWorks ICM 子集水区细分示意图

7.2.3　模型参数及率定验证

按照规范、标准及实际情况，设定各类参数，并结合实际降雨及监测信息，对模型参数进行率定修正，直至满足要求。

本次模型率定与校核的步骤为：

① 收集降雨和流量同步实测数据；

② 筛选实测流量数据与降雨数据协调的实测数据；

③ 将实测流量数据和降雨数据进行处理和转换，录入排水模型中；

④ 运行模拟实测降雨情景，生成模拟结果；

⑤ 对比分析实测降雨情景下的模拟流量与同步监测流量值；

⑥ 评估模拟值与实测值的吻合程度。若达到模型率定与校核的要求，则模型可以用于相关的分析和评估，若不能达到要求，则调整汇水区和管道参数，继续进行模拟，直至模拟值与实测值比较吻合。

以一阳湾、中小学生综合实践基地、信江大市场等位置 2 场降雨对应的实测流量进行模型的率定验证。

利用降雨和流量数据对模型进行率定，修改模型的水文和水力参数对模型结果流量曲线进行拟合，下面分别以海绵城市建设小区及排水片区为例介绍监测点位所对应的模型流量结果过程线，详见图 7-13。

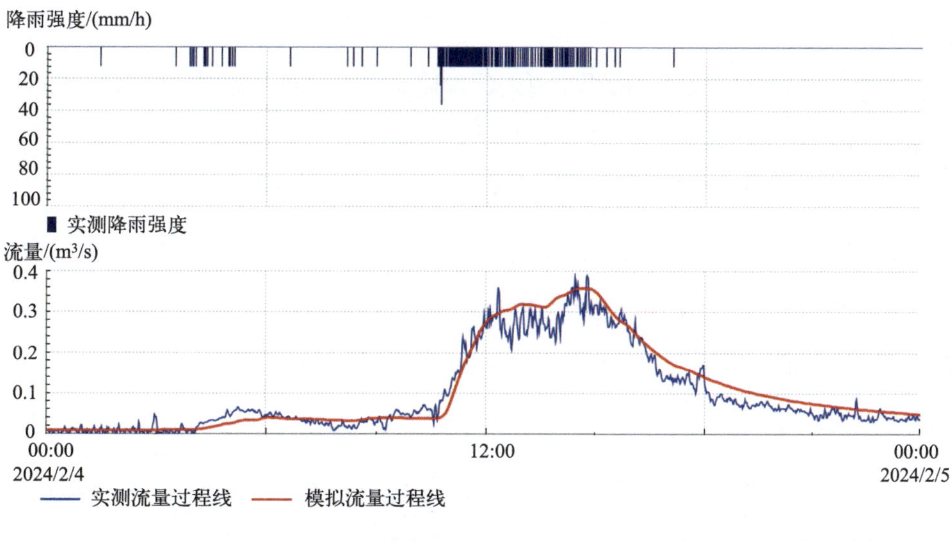

图 7-13 率定拟合过程线

结合监测数据，绝大部分模型参数能够与排口监测数据过程线达到纳什效率相似系数 0.5 以上，说明当前排水管网模型能够正确反映鹰潭市各片区的排水系统运行情况。

7.2.4 内涝分析评估

7.2.4.1 内涝标准

根据《鹰潭市中心城区排水（雨水）防涝综合规划》(2017—2030 年)、《室外排水设计标准》(GB 50014—2021)，确定中心城区的内涝标准如下。

中心城区内涝防治标准 20 年一遇。

地面积水设计标准：①居民住宅和工商业建筑物的底层不进水；②道路中一条车道的积水深度不超过 15cm。

内涝防治设计重现期下的最大允许退水时间为：中心城区 3.0h，重要地区 2.0h。

7.2.4.2 历史内涝点整治效果评估

对 15 处历史内涝点进行逐个评估，经模型分析，在设计重现期下，积水情况消除。

下面以市城管局门口内涝积水点为例，简要介绍模型分析评价整治效果，详见图 7-14、图 7-15。

整治后，府前路主干管管径为 DN600，综合排水坡度（包含跌水）达到 1.1%，服务范围包括府前路（梅园大道—沿江路）两侧住宅区、商铺与联通广场，排水能力充足。沿江路西侧管道为 DN800 坡度 4‰，东侧管道为 DN600 坡度 2‰，服务范围包括沿江路及其东侧小区，排水能力充足。

7.2.4.3 整体评估

采用模型按照 20 年一遇长历时（24h）工况，对鹰潭市中心城区海绵城市建设后（以 2023 年底为基准）进行模拟评估，得到了内涝风险分布图，结果显示海绵城市建设后内涝总体风险有较大改善，海绵城市建设成效显著。从模型模拟

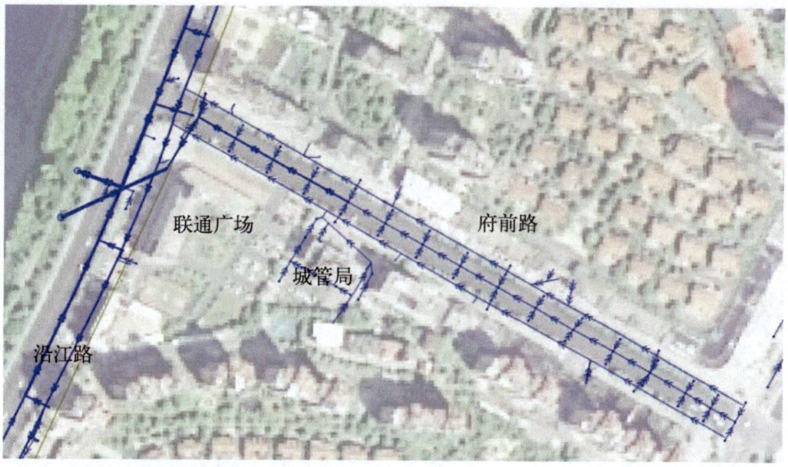

图 7-14　市城管局门口附近积水情况图（247mm/24h，无积水）

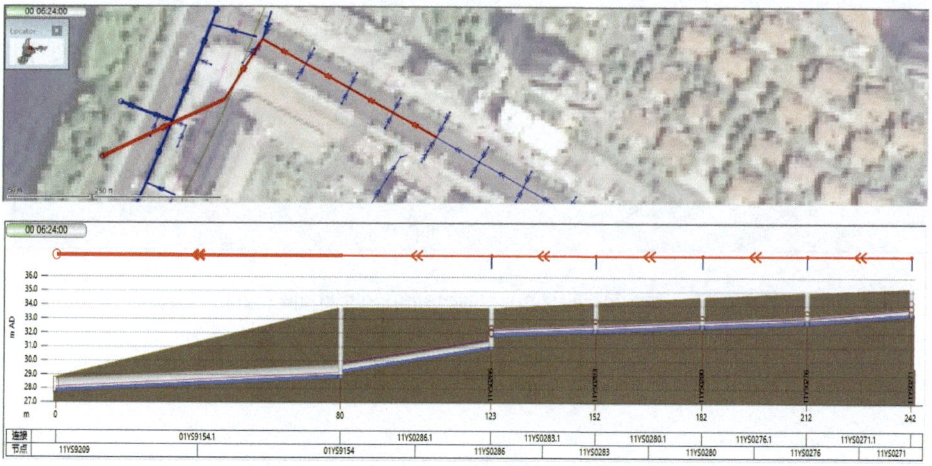

图 7-15　府前路排水管道最大运行负荷纵断示意图

结果看，海绵开发之后中心城区以往存在的积水点位（> 15cm）均已消除，不存在严重的内涝积水点（图 7-16），即鹰潭市中心城区已基本达到 20 年一遇排涝标准。

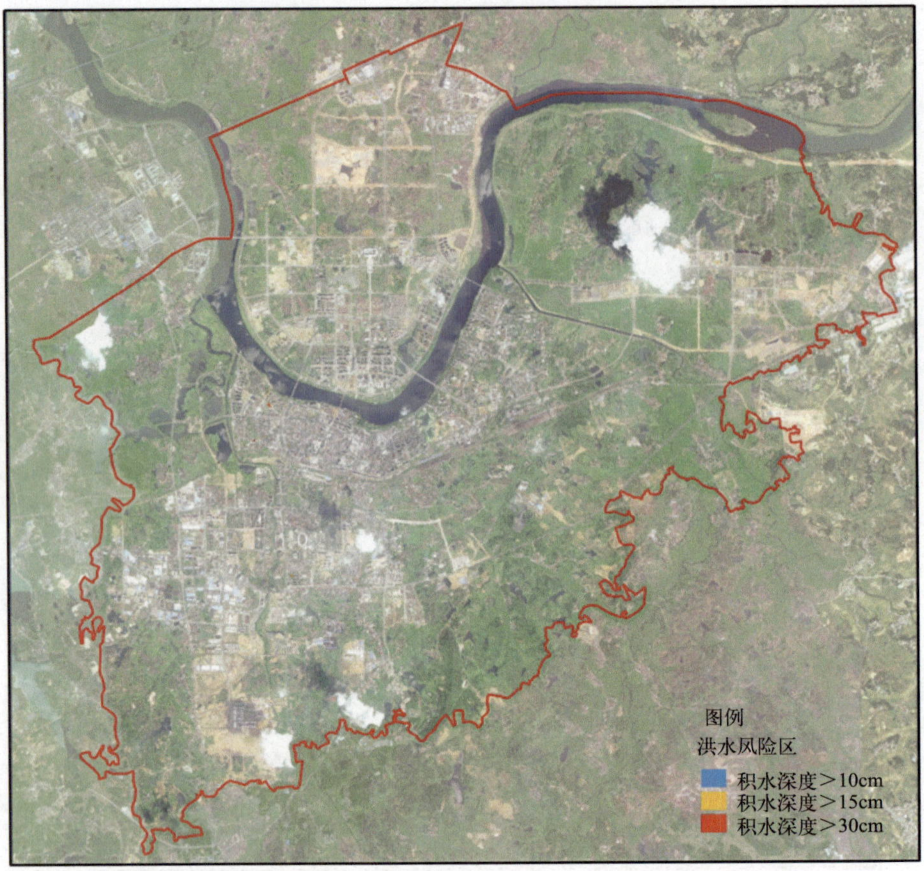

图 7-16　鹰潭市中心城区 20 年一遇内涝积水深度模拟图（2023 年底）

第 8 章

海绵城市示范建设成效

8.1　内涝防治相关指标

8.1.1　内涝防治标准

8.1.1.1　内涝标准

根据《鹰潭市中心城区排水（雨水）防涝综合规划》(2017—2030 年)、《室外排水设计标准》(GB 50014—2021)，确定中心城区的内涝防治标准为 20 年一遇。鹰潭市 20 年一遇 24h 设计降雨量为 247mm。

地面积水设计标准：①居民住宅和工商业建筑物的底层不进水；②道路中一条车道的积水深度不超过 15cm。

内涝防治设计重现期下的最大允许退水时间为：中心城区 3.0h，重要地区 2.0h。

8.1.1.2　工程体系

(1) 做好洪涝统筹，完善区域防洪体系，无外洪风险

鹰潭市通过流域防洪整治，中心城区总体达到了 50 年一遇防洪标准，无较大洪涝风险，内河湖无外水入侵。

(2) 做好蓄排平衡，保障城区总体排涝能力，分片区达标

鹰潭市已形成较为完善的防洪排涝体系。排涝体系以信江为界，北岸低洼多

小型湖库，收集涝水后，通过泵站强排；南岸多河网、大型湿地，滞蓄作用明显，大多自流排入信江。

鹰潭市共有潭头湖、中央生态湖等调蓄湖体 8 个，总调蓄容积约为 140.83 万 m^3；雨水 / 溢流污染调蓄池 3 个，总调蓄容积约 7.9 万 m^3；调蓄湿地 2 个，总调蓄容积约 116.7 万 m^3。

鹰潭市共有排涝泵站 11 个，其中，信江新区 4 个，分别为潭头泵站、虎岭泵站、刘家泵站、石鼓渡泵站，总规模 21.51m^3/s；老城区 4 个，分别为东湖泵站、西外湖泵站、老白露泵站和新白露泵站，总规模 11.96m^3/s；其余双凤泵站、土桥泵站和梅园泵站为农业排涝站，总规模为 31.26m^3/s。

（3）分片区排涝能力核验，保障排涝安全

为进一步提升城区排涝能力，鹰潭市示范期内陆续开展了一系列内涝防治标准提升工程，通过信江新区厂网河湖园一体化海绵城市建设 PPP 项目——水系连通工程、刘家泵站扩容、虎岭湖、龙潭湖等湖体清淤整治，白露涵洞内涝治理、南湖水环境综合整治、鹰西湿地（二期）建设等工程的实施，提升鹰潭市中心城区对涝水的调蓄和排放能力，确保排涝能力达到 20 年一遇标准。鹰潭市提升内涝防治标准工程清单详见表 8-1。

表 8-1 鹰潭市提升内涝防治标准工程清单

序号	项目位置	工程名称	工程内容
1	信江新区	PPP 项目—石鼓渡河综合整治项目（一期）	打通石鼓渡河河道，新建长度 2.7km，新建植草沟、草坪坡地、湿塘及水生植物和透水混凝土景观游步道等设施
2	信江新区	PPP 项目—石鼓渡河综合整治项目（二期）	
3	信江新区	PPP 项目—夏家河清淤疏通工程	在历史冲沟水系的基础上，理清河道脉络，疏通主河槽，起到排涝功能。疏通夏家河 5.74km、后源畈河 2.87km、潭头河 2.4km
4	信江新区	PPP 项目—后源畈河清淤疏通工程	
5	信江新区	PPP 项目—潭头河清淤疏通工程	
6	信江新区	PPP 项目—德政明渠连通管	连接信江中心生态湖与凌江水库
7	信江新区	PPP 项目—生态西南渠连通管	连接信江中心生态湖与虎岭湖

续表

序号	项目位置	工程名称	工程内容
8	信江新区	虎岭湖清淤工程	对虎岭湖进行清淤，增加调蓄容积，改善湖体水环境
9	信江新区	刘家湖水环境治理	对刘家湖进行清淤，改造沿线排口，增加调蓄容积，改善湖体水环境
10	信江新区	龙潭湖（刘家湖）泵站扩建工程	对刘家泵站进行扩建，将泵站排涝能力扩建至 $4.11m^3/s$，使之达到 20 年一遇重现期
11	老城片区	老城片区排水系统改造及东湖水环境治理工程—白露涵洞内涝治理工程	改造老城片区排水系统、新建 7 万 m^3 的西外湖调蓄池、$5.8m^3/s$ 的排涝泵站，使白露涵洞内涝防治标准达到 30 年一遇
12	物流片区	南湖水环境综合整治工程	将南湖水环境整治及西门涵洞内涝治理结合，新建排水通道将西门涵洞涝水转输至南湖，畅通南湖与东川河行泄通道，新增南湖调蓄空间 2 万 m^3，内涝防治标准满足 20 年一遇
13	白露片区	鹰西湿地公园二期环境综合治理工程	通过建设前置塘、潜流湿地、雨水花园、透水铺装等设施，结合湖体清淤，增加调蓄空间 30 万 m^3

（4）做好管网建设，确保城区管网达标

鹰潭市中心城区雨水管网总长约 305km，管网管径基本在 DN400 ～ DN2000 之间，渠道尺寸在 0.4m×0.5m ～ 3.0m×2.0m 之间，做到了城区雨水管网全覆盖。

在老城片区、信江新区、高新区、物流园片区等区域实施雨污分流改造，通过优化排水分区、改造老旧管网、实施雨污分流等措施，新建雨水管网约 92km，提升排水管网能力，降低城市内涝风险。

近年来，鹰潭市先后通过实施环城路、站江路、胜利路等道路老旧管道改造和修复工程，完善市政排水管网，对晨宇云轩、滨江明珠等小区内部雨污水管网进行改造，疏通了老城片区排水管网，解决了老城片区路面内涝问题，消除了 10 处路面积水点；通过四海路新建 4000mm×1500mm 雨水箱涵 366m，解决了赣东商城、火车站易涝点；通过白露涵洞内涝治理工程，消除了白露涵洞内涝积水点；通过实施南湖水环境综合治理工程，解决了西门涵洞内涝点；通过实施第八小学排水箱涵改造工程，解决了第八小学内涝点。截至 2024 年 3 月，鹰潭市 15 个内涝点治理完成，全部销号。

8.1.1.3 管理措施

鹰潭市制定了《泵站工程标准化管理操作手册》，明确排涝泵站运行操作标准；建立了专业排水管网运管队伍——鹰潭市市政工程管理处，加强对排水防涝设施的运维管护。

鹰潭市通过平时对检查井、管道等雨水系统的清淘、清淤、疏通，在易涝积水点安排人员值守，末端闸门和泵站联调联控，调蓄湿地提前放空，留足调蓄空间等日常维护和应急机动措施，积极应对超标降雨。

8.1.1.4 建设成效

鹰潭市依托优秀的本底条件，以海绵城市建设为统领，聚焦城市内涝治理成效，统筹实施流域、城市、设施和社区等不同层级建设。设计重现期内，主城区范围内不存在大范围的积水，鹰潭市内涝防治标准已满足 20 年一遇（247mm/24h）。

8.1.2 城市防洪标准

8.1.2.1 防洪标准

根据《江西省鹰潭市城市防洪规划报告（2021 年修编）》，鹰潭市信江新区、老城片区、高新物流片区西片区、高新物流片区东片区、月湖新城片区近期规划为 50 年一遇防洪标准，鹰西片区为 20 年一遇防洪标准。

8.1.2.2 防洪工程建设

为进一步巩固城区防洪安全，示范期内鹰潭市中心城区实施了鹰潭市港口水闸除险加固工程、江西省主要支流治理信江干流鹰潭城区段工程。

鹰潭市港口水闸除险加固工程于 2021 年开工建设，2022 年 5 月完工验收。该项目与港口堤共同保护鸿塘镇、志光镇 3.67 万人，保护耕地 1.53 万亩，建成后防洪效果好。

江西省主要支流治理信江干流鹰潭城区段工程于 2022 年开工建设，2024 年

1 月完工验收。该工程整治范围为信江干流鹰潭城区段，主要工程包括崩岸治理和堤防标准化工程两部分，整治河长约 16km，建成后极大提高了信江干堤的防洪功能。

8.1.2.3 管理措施

鹰潭市特别重视通过非工程措施加强城区防洪管理体系建设，一方面建立防洪防汛工作的各项规章制度，加强险工险段和重要设施的防守，尽早发现和消除各种隐患，另一方面强化防汛应急管理工作，确保设防标准内的城市防洪安全。

为做好城市防汛抗旱应急工作，2023 年 3 月，市政府下发了《鹰潭市人民政府办公室关于印发鹰潭市防汛抗旱应急预案的通知》(鹰府办发〔2023〕3 号)，明确市防汛指挥部的组织体系、组织指挥结构及职责、工作机制、防汛抗旱准备、监测预报预警、应急响应、应急保障、善后工作等主要内容，确保水旱灾害事件的预防及应急处置。根据预案工作要求，鹰潭市进行了充足的汛前准备及强力的应急响应措施，防汛应急管理工作成效卓著。

鹰潭市水利局按照工作职责开展相关的防洪工作，印发了《鹰潭市水利局 2023 年防汛抗旱实施方案》(鹰水防字〔2023〕7 号)、《鹰潭市水利局水旱灾害防御应急预案》(鹰水防字〔2023〕23 号）等文件，制定了防汛工作总体方案并落实相关工作。

8.1.2.4 建设成效

从已建防洪工程的分布和防洪能力的分析，目前鹰潭市中心城区城市防洪标准满足《江西省鹰潭市城市防洪规划报告（2021 年修编)》要求，防洪标准总体已达 50 年一遇，基本满足城区防洪要求。

8.1.3 天然水域面积比例

8.1.3.1 绩效目标

鹰潭市天然水域面积比例的绩效目标为：≥ 10.50%。

8.1.3.2 建设成效

鹰潭市在城市开发建设过程中对河湖坑塘等水体进行严格保护，不存在填占水体开发建设行为。近年来，鹰潭市中心城区通过建设、完善石鼓渡河、中心生态湖、鹰西湿地、土桥河、童家河、西外湖等河湖水体，扩大水域面积，有效保护自然山水格局。

根据影像图解析和水利局相关数据对比，鹰潭市中心城区现有天然水系 1 江 8 河、调蓄湖 8 个、湿地 2 个、水库 21 个、小微水面 31 处，其中 2023 年度因夏家河河道整治工程和鹰潭高新区智联小镇配套设施综合建设工程等项目的建设，新增天然水域面积 0.4km^2，合计天然水域面积 15.86km^2，占中心城区比例为 10.50%。

8.1.4 可透水地面面积比例

8.1.4.1 绩效目标

鹰潭市可透水地面面积比例的绩效目标为：≥ 45%。

8.1.4.2 建设成效

根据鹰潭市自然资源部门统计数据，鹰潭市中心城区城市建成区面积为 51.567km^2，建成区内水域面积 4.866km^2、绿地（含公共绿地和地块内部绿地）面积 17.565km^2。根据示范期以来的建设项目清单，统计新建透水铺装面积 0.784km^2，可透水地面面积合计 23.215km^2，占城市建成区面积的比例为 45.02%，达到绩效目标，详见表 8-2。

表 8-2 鹰潭市中心城区 2023 年度可透水面积比例表

类型	面积 /hm^2
水域	486.6057
绿地	1756.4864
透水铺装	78.4347
合计	2321.5269
占建成区比例	45.02%

8.2　雨水收集与利用

鹰潭市目前雨水资源利用量已达到相当规模，为城市的水资源供给提供了有力支持。结合当地水资源情况、用水习惯、后期运维成本等条件，鹰潭市主要采用区域末端的雨水调蓄池 / 湖开展雨水资源利用，并结合实际条件适当建设小规模源头分散型雨水收集和利用设施，将雨水主要用于河湖生态补水与市政杂用水、灌溉用水，详见图 8-1、图 8-2。鹰潭市雨水资源利用量 195.3 万 t/a，雨水资源化利用率超过 10%。

图 8-1　鹰潭市东湖雨水生态补水系统平面图

图 8-2　鹰潭市雨水资源化利用

同时，鹰潭市雨水资源化利用除河湖生态补水和市政杂用水外，还用于农业灌溉。通过对水库进行除险加固，改善兴利库容，调蓄雨水用于下游农田灌溉，成功实施了雨水资源化利用。

8.3 其他相关指标

8.3.1 再生水利用率

鹰潭市再生水主要用于河湖生态补水和工业企业用水等两个方面。

（1）河湖生态补水

鹰西湿地公园二期补水工程将城南污水处理厂尾水排至鹰西湿地公园二期前置塘，尾水经前置塘净化后用于补给艾家湖。鹰西湿地公园二期补水工程于2023年6月顺利竣工并投入运行，每天向艾家湖补水约1.5万t，累计补水193天。2023年度用于河湖生态补水的再生水量达289.5万t。

信江新区厂网河湖园一体化海绵城市建设PPP项目子项——潭头湖（中水回用）环境治理工程新建一座表流人工湿地，设计规模为44万t/a，承接潭头河雨水及信江新区污水厂出水。工程进水来自污水厂西北角出水管，沿围墙新建DN300引水管接入湿地。

（2）工业企业用水

鹰潭市积极推广利用再生水用于工业生产。江西水晶光电有限公司、江西翼邦生物技术有限公司、江西同力合金材料有限公司等8家工业企业将污废水处理达标后用于企业生产。2023年工业企业利用再生水量为74.24万t。

8.3.2 黑臭水体消除比例

鹰潭市有东湖、南湖2个黑臭水体，通过南湖水环境综合治理和东湖水环境治理工程建设，2019年5月份达到长“制”久清，黑臭水体消除比例为100%。2023年度东湖、南湖水质检测报告显示鹰潭市黑臭水体整治效果较好，未出现整治后的水体返黑返臭现象。

2023 年对城区东湖、南湖的透明度、氨氮、溶解氧和氧化还原点位进行检测，结果显示东湖和南湖在 2023 年全部点位水质均达到不黑不臭标准，黑臭水体整治效果较好，未出现整治后的水体返黑返臭现象。

为巩固和提升黑臭水体治理成效，鹰潭市在完成东湖及南湖在全国黑臭水体监督平台销号的同时，建立了水体长效管理机制和各项监管体系，实现长“制”久清。

8.3.3　地表水体水质达标率

鹰潭市现有考核断面 8 个，分别是土桥、白塔河河口、炭埠周家、江南水厂、余江界牌、龙虎山 / 余江鱼塘、红卫坝、双凤街 / 余家蔡家断面。其中，3 个国家考核断面水质由国家统筹检测，水质数据由中国环境检测总站确认，5 个省控断面水质由江西省鹰潭市生态环境中心检测并出具检测报告，水质数据已确认。

监测结果显示，8 个断面水质优良率及达标率均为 100%。

8.3.4　按计划完成建设项目

鹰潭市海绵城市建设示范期内共谋划 398 个项目，截至 2024 年 4 月已全部完工，累计完成海绵投资 448498 万元。其中 2021 年度完成海绵投资 81500 万元，2022 年度完成海绵投资 245600 万元，2023 年度完成海绵投资 121398 万元。

第三篇

价值取向与做法

第 9 章

多方联动组织保障

海绵城市建设涉及部门及专业广泛，涵盖各类型项目统筹建设管理，如何高效协调各部门、各专业和各项建设工作有序开展，是海绵城市建设的首要问题。为加强全市海绵城市建设统筹推进工作，鹰潭市从高位协调、区市联动和长效推进等方面，构建了多级组织管理体系，全力推进海绵城市长效管理。

9.1　领导小组组织架构及工作模式

9.1.1　组织架构

鹰潭市成立以市委书记为第一组长、市长为组长的“双组长”的海绵城市建设工作领导小组，成员由各区和市直相关职能部门组成，详见图 9-1。

鹰潭市海绵城市建设工作领导小组各成员单位分工如下。

市发改委：负责将海绵城市建设项目纳入年度政府投资计划；负责审批海绵城市建设各类型工程项目，明确项目业主、资金来源、投资估算和招投标方式；加大专项建设基金对海绵城市建设的支持力度。

市财政局：负责落实项目建设资金和技术服务工作经费，积极推进 PPP 模式，保障市本级海绵城市建设。

市自然资源局：负责在编制国土空间规划、控制性详细规划中全面落实海绵

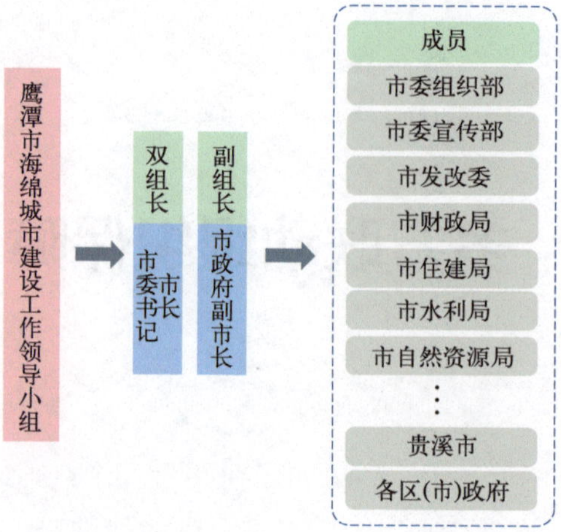

图 9-1　鹰潭市海绵城市建设工作领导小组组成

城市建设理念，在城镇建设项目规划设计条件中明确海绵城市建设规划要求，并将其纳入土地出让合同、用地规划许可、建设工程许可内容，保证海绵城市建设项目土地需求。

市住建局：负责在海绵城市设计审查环节严把海绵城市要求，将海绵城市建设指标要求落实到施工图审查、工程监管和建设项目验收等环节。

市城管局：负责城市排水防涝工作；负责按照海绵城市建设的理念和技术标准，推进地下管网、城市道路、广场、园林绿地、城市水系等项目实施海绵化改造和建设并做好管护。

市水利局：负责按照海绵城市建设的理念和技术标准，推进水利项目实施海绵化改造和建设，加强对海绵城市建设中水利工作的指导和监督。

市行政审批局：按照海绵城市建设的相关要求，做好建设项目施工许可和竣工验收备案工作。

市生态环境局：负责将海绵城市建设要求纳入环评、环保专项验收等环节。

市交通运输局、市公路事业发展中心：负责按照海绵城市建设的理念和技术标准，推进道路交通项目实施海绵化改造和建设。

市气象局：负责提供气象资料，对降雨特点进行分析，研究暴雨雨型，服务海绵城市建设。

市国控集团：负责资金筹措、项目建设，组建专业化运营管理队伍，督促指导各子公司落实海绵城市建设要求。

各区（市）人民政府（管委会）：负责将海绵城市建设作为城市生态文明建设的重要方面，全面推进城镇规划区范围内的建设项目按照海绵城市建设要求和标准进行开发建设。

9.1.2　工作调度机制

年度推进大会每年召开一次，会议由分管副市长（海绵办主任）主持，市长（领导小组组长）做工作部署，各区（市）管委会、各市直有关部门主要领导参会。该项调度大会旨在总结上一年度工作，指出存在问题，部署推进本年度工作任务。

9.1.3　重点项目工作调度机制

信江新区厂网河湖园一体化海绵城市建设 PPP 项目是鹰潭市建设的重点项目，鹰潭市委、市政府主要领导亲自谋划、亲自部署。分管副市长担任项目指挥长，每周召开会议调度进度、审定方案，经常深入一线解决问题。成立了由县级干部担任组长的四个专班，负责程序办理、工程推进、统筹协调和项目保障。市发改委、财政局、行政审批部门、自然资源局、住建局、水利局等部门和信江新区管委会主动作为，靠前服务。市城管局作为项目实施机构抽调精干人员参与项目管理，坚持“清单式”推进，“挂图式”作战，保障了项目高效有序推进。

9.2　海绵办组成及工作模式

9.2.1　筹备过程

2021 年 6 月鹰潭市成功申报海绵城市建设示范城市后，为了推进海绵城市建设的相关工作，确保示范工作的顺利开展，海绵办开始筹备抽调人员集中办公事宜。

2021 年 10 月 8 日，海绵办第一次会议研究通过《市海绵办集中办公方案》，会议明确了各相关部门抽调人员及海绵办各科室的工作职责，并原则要求抽调人员集中办公。

2021 年 10 月 20 日，市海绵办正式印发《市海绵办集中办公方案》。

9.2.2 人员组成

鹰潭市海绵办从市财政局、市住建局、市自然资源局、市水利局、市发改委等部门抽调 12 名业务骨干，市政府副市长任海绵办主任，市住建局局长任第一副主任，下设综合组、项目组、督察组和资金组等四个部门，全面负责海绵城市日常推进的各项工作。鹰潭市海绵城市建设工作领导小组办公室组成详见图 9-2。

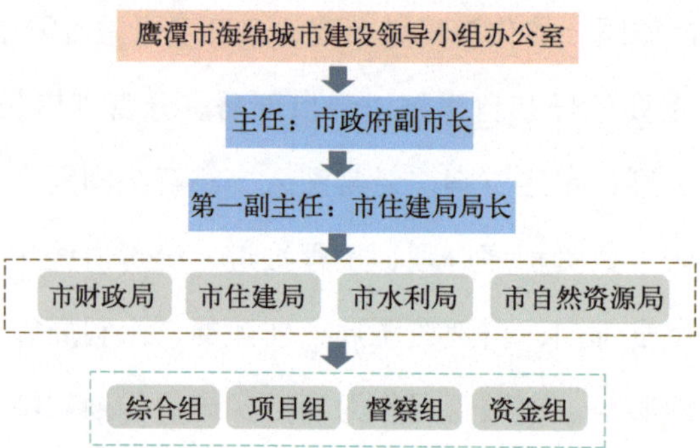

图 9-2 鹰潭市海绵城市建设工作领导小组办公室组成

9.2.3 工作机制

① 建立周例会机制，由副主任主持，每周召开一次例会报告本周工作进展及下周工作计划。海绵办副主任会每周召开一次，各区（市）管委会、市直有关部门的直接部门的主要领导及海绵办 4 个职能部门（综合组、项目组、督察组和资

金组）主要工作人员参与，各部门汇报上周工作进展、存在困难及下一步工作计划，海绵办副主任对各部门工作进行点评，提出工作安排和要求。

② 实施月调度机制，由主任或副主任主持，每月月初调度上月进展情况、存在问题及下月工作计划。海绵办主任会每月召开一次，由海绵办主任主持召开，各区（市）管委会、市直有关部门分管领导参会，部署当月重点工作，协调解决推进困难事项。

③ 定期开展督导，实行“一天一督查、一周两通报、一周一调度”的制度。市海绵办对城区在建和完工项目采用“四单制”（督查单、白单、黄单、红单）督查方式，下发的白单、黄单、红单对应日常考核扣分值 4 分、8 分、16 分。每周汇总督查通报抄送至各责任单位主要领导，根据督查整改单数量进行扣分。

④ 强化年度考核，把市海绵城市建设工作纳入年终考核内容，激励海绵城市建设本年度目标任务落地落实。

⑤ 建立部门联动和信息上报机制，要求各区（市）海绵城市建设牵头部门确定专人负责及联络员，建立海绵工作群，海绵办定期组织上报海绵城市建设情况，及时了解全市海绵城市政策和项目推进情况，做到提前谋划，有序推进。

9.2.4　各组工作职责

（1）综合组

主要负责办公室具体工作的总体协调与调度，包括工作制度、车辆配备、办公地点、人员管理等，牵头组织通知、简报、会议纪要、领导讲话、新闻宣传等各类材料，办理各类综合性会议，做好文件收发、信息报送、档案管理、宣传等；负责组织开展各年度海绵城市建设绩效考核工作；牵头对接协调国家相关部委、省政府、省住建厅、市政府等上级部门。

（2）项目组

主要负责组织编制海绵城市相关规划和技术标准、制定和完善建设项目管理政策；负责海绵城市建设工程方案审查、施工图抽检、专项验收等。

（3）督察组

主要负责项目日常督查工作，编写督查通报，负责调度全市海绵项目建设进展等。

（4）资金组

主要负责海绵城市建设财政资金筹措及预算计划安排；制定补助资金管理办法，及时下达补助资金计划；指导、监督、拨付、使用补助资金。

第 10 章 多层级构建立法与机制保障

10.1　海绵城市规划建设管理条例

10.1.1　立法调研

2021年 9 月，鹰潭市住建局、市司法局等立法小组工作人员赴宁波、池州开展海绵城市建设立法调研，通过座谈交流，学习宁波、池州在推进海绵城市建设方面的先进经验和成熟做法，听取立法过程的经验介绍及地方性法规在实施过程中所遇到的困难，以扬长避短，针对性解决鹰潭市海绵城市立法工作遇到的问题。2021 年 10 月，鹰潭市住建局形成了《关于〈鹰潭市海绵城市规划建设管理条例〉立法调研报告》(鹰建文〔2021〕117 号)(图 10-1)，并按照立法程序广泛征求了意见。

报告以鹰潭市海绵城市建设现状为落脚点，详细分析了建设海绵城市存在的主要问题及原因，深刻剖析了鹰潭市海绵立法的必要性和可行性，最终得出了建议制定《鹰潭市海绵城市规划建设管理条例》的调研结论，并对法规框架和主要制度进行了设计，为下一步立法工作打下了坚实的基础。

10.1.2　过程修改

鹰潭市人民政府将《鹰潭市海绵城市规划建设管理条例》纳入立法计划后，

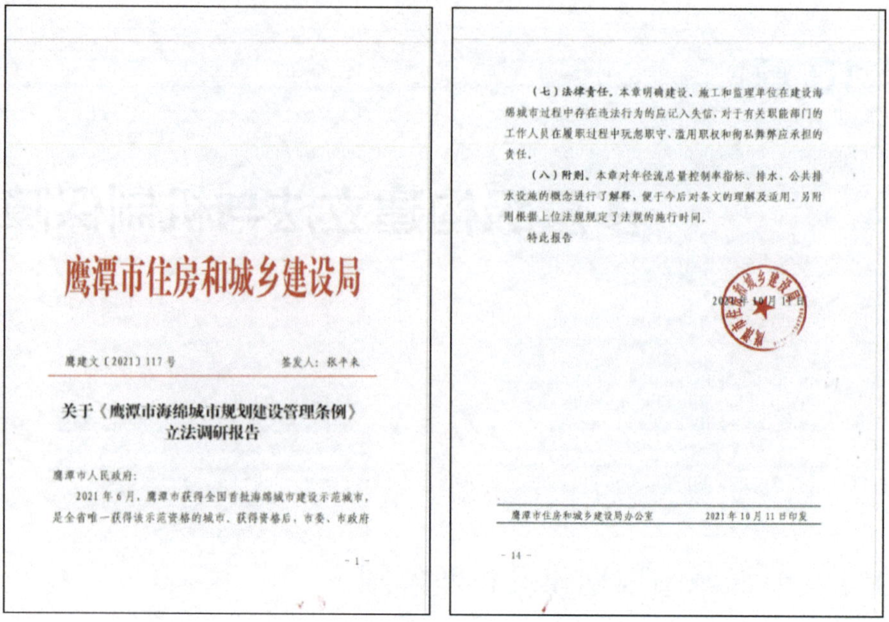

鹰潭市住房和城乡建设局

鹰建文〔2021〕117号　　签发人：张平来

关于《鹰潭市海绵城市规划建设管理条例》
立法调研报告

鹰潭市人民政府：

2021年6月，鹰潭市获得全国首批海绵城市建设示范城市，是全省唯一获得该示范资格的城市。获得资格后，市委、市政府

- 1 -

（七）法律责任。本章明确建设、施工和监理单位在建设海绵城市过程中存在违法行为的应记入失信，对于有关职能部门的工作人员在履职过程中玩忽职守、滥用职权和徇私舞弊应承担的责任。

（八）附则。本章对年径流总量控制率指标、排水、公共排水设施的概念进行了解释，便于今后对条文的理解及适用。另附则根据上位法规规定了法规的施行时间。

特此报告

2021年10月11日

鹰潭市住房和城乡建设局办公室　　2021年10月11日印发

- 14 -

图10-1　《关于〈鹰潭市海绵城市规划建设管理条例〉立法调研报告》

组织专业人员编制条例初稿，经过多次征求意见、反复修改打磨，最终形成了《鹰潭市海绵城市建设管理条例（草案）》。

一是抓好组织实施。2022年3月，市人大常委会办公室印发《〈鹰潭市海绵城市建设管理条例〉立法工作方案》（鹰常办法〔2022〕15号）（图10-2），成立了立法工作指导协调小组，拟定了工作方案和工作计划，申请了财政立法专项资金。通过竞争比选，聘请了第三方专业法律服务机构（江西华星律师事务所）为专业技术力量支撑。

二是组织座谈论证。2022年，市住建局与市人大常委会法工委、市司法局组织牵头召开部门座谈会、项目单位座谈会、指导协调组座谈会、立法专家论证会、听证会并赴各区（市）召开调研座谈会，向相关单位两次书面征求意见，2022年7月通过网站、微信平台向社会公示一个月，征求社会公众意见，广泛听取了社会群众、人大代表、政协委员、利害相关单位和个人代表意见，详见图10-3。

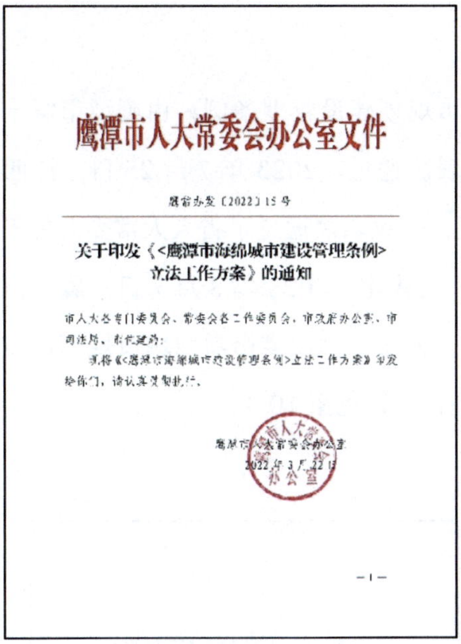

鹰潭市人大常委会办公室文件

鹰常办发〔2022〕15 号

关于印发《<鹰潭市海绵城市建设管理条例>立法工作方案》的通知

2022 年 3 月 22 日

—1—

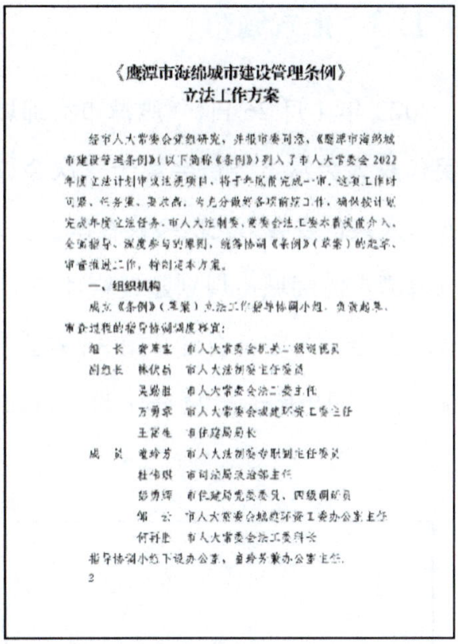

《鹰潭市海绵城市建设管理条例》立法工作方案

一、组织机构

2

图 10-2　《〈鹰潭市海绵城市建设管理条例〉立法工作方案》

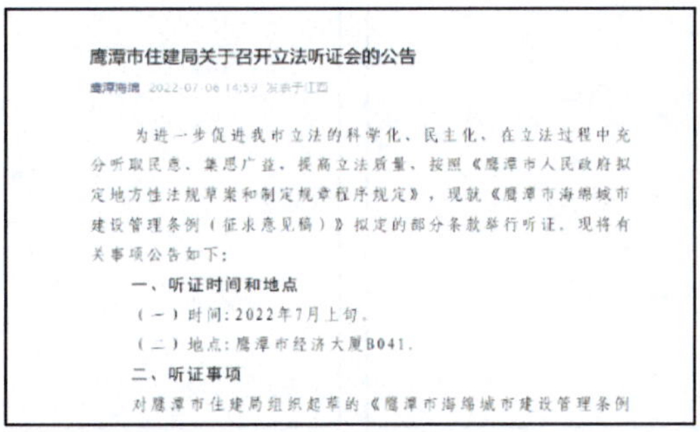

鹰潭市住建局关于召开立法听证会的公告

2022-07-06 14:59 发表于江西

为进一步促进我市立法的科学化、民主化，在立法过程中充分听取民意、集思广益，提高立法质量，按照《鹰潭市人民政府拟定地方性法规草案和制定规章程序规定》，现就《鹰潭市海绵城市建设管理条例（征求意见稿）》拟定的部分条款举行听证，现将有关事项公告如下：

一、听证时间和地点

（一）时间：2022年7月上旬。

（二）地点：鹰潭市经济大厦B041。

二、听证事项

对鹰潭市住建局组织起草的《鹰潭市海绵城市建设管理条例

图 10-3　鹰潭市住建局关于召开立法听证会的公告

三是精心起草条例。2022 年 10 月，由市住建局牵头，联合市海绵办抽调人员、委托的第三方法律服务机构及相关职能部门，认真梳理海绵城市建设全过程规划建设实际，草拟了海绵城市立法有关重点问题的调研报告，发挥专业优势和部门合力，广泛吸纳多方征求的合理意见、建议，经十余次修改打磨，形成《鹰潭市海绵城市建设管理条例（草案）》，于 2023 年 2 月完成市人大二审。

10.1.3　正式颁布

2023 年 4 月 26 日,《鹰潭市海绵城市规划建设管理条例》由鹰潭市第十届人民代表大会常务委员会第十三次会议表决通过。2023 年 7 月 25 日，江西省十四届人大常委会第三次会议在南昌召开，会议表决通过了省人大常委会关于批准《鹰潭市海绵城市规划建设管理条例》的决定。2023 年 8 月 7 日，鹰潭市人民代表大会常务委员会发布第 36 号公告，公布了《鹰潭市海绵城市规划建设管理条例》，并明确自 2024 年 1 月 1 日起施行，详见图 10-4。

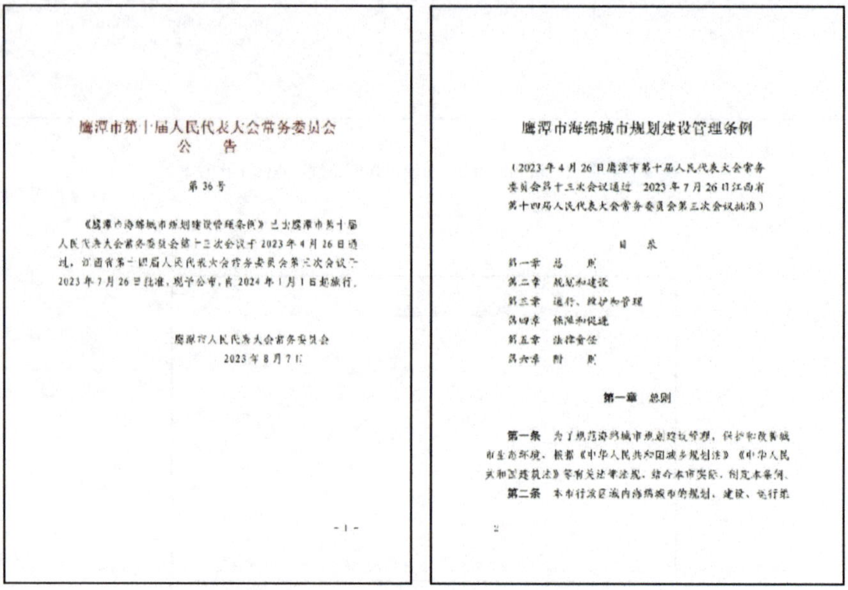

鹰潭市第十届人民代表大会常务委员会
公　告

第 36 号

《鹰潭市海绵城市规划建设管理条例》已由鹰潭市第十届人民代表大会常务委员会第十三次会议于 2023 年 4 月 26 日通过，江西省第十四届人民代表大会常务委员会第三次会议于 2023 年 7 月 26 日批准，现予公布，自 2024 年 1 月 1 日起施行。

鹰潭市人民代表大会常务委员会
2023 年 8 月 7 日

- 1 -

鹰潭市海绵城市规划建设管理条例

（2023 年 4 月 26 日鹰潭市第十届人民代表大会常务委员会第十三次会议通过　2023 年 7 月 26 日江西省第十四届人民代表大会常务委员会第三次会议批准）

目　录

第一章　总　则
第二章　规划和建设
第三章　运行、维护和管理
第四章　保障和促进
第五章　法律责任
第六章　附　则

第一章　总则

第一条　为了规范海绵城市规划建设管理，保护和改善城市生态环境，根据《中华人民共和国城乡规划法》《中华人民共和国建筑法》等有关法律法规，结合本市实际，制定本条例。

第二条　本市行政区域内海绵城市的规划、建设、运行维

2

图 10-4　**鹰潭市第十届人民代表大会常务委员会公告**

《鹰潭市海绵城市规划建设管理条例》主要解决以下七个方面的问题。

什么是海绵城市，范围是哪些。《条例》第二条规定：“海绵城市，是指通过加强城市规划建设管理，充分发挥建筑、道路和绿地、水系等生态系统对雨水的吸纳、蓄渗和缓释作用，有效控制雨水径流，实现自然积存、自然渗透、自然净化的城市发展方式。”该条款主要借鉴《国务院办公厅关于推进海绵城市建设的指导意见》。

本条例适用范围："本市行政区域内海绵城市的规划、建设、运行维护和管理等相关活动"。该条款基于"全域一体、系统推进"战略思维，依据《中华人民共和国立法法》第八十一条对城乡建设与管理方面的规定。

海绵城市建设标准是什么。市市场监管部门应当根据工作需要，报经省人民政府标准化主管部门批准，组织市住房和城乡建设、发展改革、自然资源、林业、水利、城市管理等部门，制定海绵城市建设地方标准（条例第十八条）。

标准引领是鹰潭海绵城市立法富有地方特色的一条。鹰潭市印发了《鹰潭市海绵城市设计文件编制内容及审查要点（试行）》《鹰潭市海绵城市建设施工、验收及维护导则》《鹰潭市海绵城市建设标准图集（试行）》等地方技术规范。《条例》要求在规划、建设、运维管理等活动中应该严格执行。

坚持什么基本原则。一是生态优先。坚持推动绿色发展，促进人与自然和谐共生，削减径流污染。二是规划引领。围绕"到 2030 年城市建成区 80% 以上的面积年径流总量控制率达到 70%"的总目标，建立国土空间总体规划、海绵城市专项规划、控制性详细规划指标体系。三是政府引导。利用公建项目作为示例，打造展示度好、功能性强的海绵建设案例，辅以严格的制度管控，积极推行全市海绵建设。四是社会参与。积极开展宣传教育活动，推动全社会的关注与监督，同时吸引社会资本的投入，撬动社会力量推动城市建设。五是全域一体。立足城市所在流域，全市六大片区九大责任板块全域推进，构建良好的山水城关系，为水留空间、留出路。六是系统推进。海绵城市建设应从"末端"治理向"源头减排、过程控制、系统治理"转变，综合选取"渗、滞、蓄、净、用、排"等多种措施组合，增强雨水就地消纳和滞蓄能力。

规划建设管控机制流程是什么。一是立项阶段，涉及海绵城市建设的项目，应当在可行性研究报告中编制海绵城市专篇。二是土地出让及规划阶段，自然资源部门应当在出具的规划设计条件通知书和核发的建设用地规划许可证、建设工程规划许可证中，列明建设项目的年径流总量控制率等海绵城市建设控制指标。三是设计阶段，设计单位进行规划方案设计、初步设计和施工图设计应当根据海绵城市相关技术标准、规划设计条件通知书等进行设计，满足该项目的年径流总量控制率等海绵城市建设控制指标。四是图审阶段，审查机构应当按照海绵城市相关技术标准对海绵城市设计内容进行审查，未达到海绵城市建设目标要求的，不得出具审查合格意见。五是施工及竣工验收阶段，新建和改建项目应当按照规划同步建设海绵城市设施，与主体工程同步设计、同步施工、同步验收、同步交付使用。

运维主体职责怎么明确。《条例》明确了各类海绵设施运维主体及责任。并特别规定“任何单位和个人不得非法侵占、损毁海绵城市设施。因工程建设需要，确需拆除、改动海绵城市设施的，建设单位应当取得有关部门同意，并负责恢复设施、承担相关费用。”

如何理顺管理体系。一是明确政府主体责任，市、区（市）人民政府是海绵城市规划建设管理的责任主体，统筹推进全域海绵城市规划建设管理工作。二是明确部门职责，如住房和城乡建设部门有统筹协调、技术指导、督促推进的职责。三是明确基层协助职责，乡镇人民政府（街道办事处）应当协助相关部门，做好海绵城市建设和管理工作。四是明确建设主体职责，建设、设计、施工、监理、图审机构有落实海绵城市建设要求的责任。

违反条例怎么处罚。实施中行政主管部门将依据《建设工程勘察设计管理条例》《建设工程质量管理条例》等上位法作出处罚，并配合市场信用监管系统强化管理。

10.2 全过程管控机制

示范期内，鹰潭市在前期工作的基础上，结合自身特点，制定并实施了14项机制文件（表10-1），建立健全了一套较为完善的海绵城市建设机制体系，为鹰潭市的海绵城市建设提供了制度保障。

表10-1 鹰潭市海绵城市规划建设管控主要制度文件一览表

序号	管控文件	文号	文件目的	发文部门
1	《鹰潭市海绵城市建设管控豁免清单》	鹰建字〔2024〕89号	针对部分不适宜开展海绵城市建设或不宜对海绵城市指标作强制性要求的项目，制定全市海绵城市管控指标豁免清单	市住建局、市自然资源局
2	《鹰潭市中心城区排水与污水处理管理办法（暂行）》	鹰府发〔2023〕13号	加强中心城区排水管理，保障排水设施安全运行，防治水污染和内涝灾害。落实责任主体，明确排水设施的规划、建设与验收流程，加强排水户的管理和排水设施的运维	鹰潭市人民政府

续表

序号	管控文件	文号	文件目的	发文部门
3	《鹰潭市海绵城市规划设计审查管理若干规定的通知》	鹰自然资字〔2022〕25 号	对鹰潭市国土空间规划中的中心城区规划范围内，新建、改建、扩建海绵城市建设项目的土地出让、选址（规划条件）、方案设计及审查等作出了明确要求	市自然资源局
4	《鹰潭市海绵设施维护管理办法（试行）》	鹰府办发〔2022〕8 号	明确了海绵设施维护的责任主体、管理制度、维护标准、验收考核等内容	鹰潭市人民政府办公室
5	《鹰潭市系统化全域推进海绵城市示范建设工作绩效考核办法》	鹰海绵组字〔2022〕1 号	明确了示范期内海绵城市建设考核对象、考核标准、考核内容和考核规则等，并明确将年度考核结果分值作为高质量发展综合考核、城市功能与品质再提升考核中海绵城市专项考核的得分依据	市海绵领导小组
6	《鹰潭市海绵城市示范建设专项资金补助及管理办法》	鹰财建〔2022〕4 号	要求专项资金实行专款专用，专项管理，并明确了专项资金的使用范围及拨付程序	市财政局、市海绵领导小组
7	《关于进一步加强海绵城市建设项目全过程管控的通知》	鹰府办字〔2021〕154 号	加强海绵城市项目建设全过程管控，要求将海绵城市建设关键纳入“两证一书”，在立项、规划和用地、设计、施工、验收和运维环节全面落实海绵城市建设指标要求	鹰潭市人民政府办公室
8	《鹰潭市海绵城市建设示范工作行动方案》	鹰办字〔2021〕56 号	进一步明确示范建设的工作目标、主要任务、责任单位、完成时限及保障措施	中共鹰潭市委办公室
9	《关于落实鹰潭市海绵城市建设示范工作专项行动实施方案》	鹰自然资字〔2021〕169 号	要求完善规划体系，将海绵建设指标纳入控规；制定技术标准和审查管理规定；将海绵城市建设目标和指标纳入土地出让用地条件和《规划设计条件通知书》	市自然资源局
10	《关于政府投资项目审批审查海绵城市建设管理规定的通知》	—	要求项目单位在可研中落实海绵城市指标、在初步设计中编制海绵设计指标，并在审批时对海绵城市建设指标进行审查	市发改委
11	关于印发《市海绵办集中办公方案》的通知	鹰海绵字〔2021〕11 号	明确市海绵办抽调人员和职责分工，要求集中办公	市海绵办
12	《海绵城市建设项目审查巡查工作方案》	鹰海绵字〔2022〕7 号	要求市海绵办对海绵项目设计、施工质量、专项验收进行审查、巡查	市海绵办
13	《鹰潭市海绵城市建设项目现场督导工作管理办法》	鹰海绵字〔2022〕3 号	要求设计、施工、监理单位定期在施工现场办公，并由市海绵办每月进行一次现场调度	市海绵办
14	《鹰潭市建设项目海绵城市施工和竣工验收管理办法》	鹰建字〔2022〕38 号	要求建设单位严格按图施工，并由海绵城市建设主管部门与建设工程质量监督部门对海绵城市专项验收负责监督管理	市住建局

10.2.1 《鹰潭市海绵城市建设管控豁免清单》

为系统推进鹰潭市海绵城市建设，切实做好海绵城市建设项目全流程管控，提升项目报建、审批等有关工作效率，通过对鹰潭市建设项目进行全面梳理研究，按照建设项目海绵城市应做尽做的原则，针对部分不适宜开展海绵城市建设或不宜对海绵城市指标作强制性要求的项目，市住建局和市自然资源局联合印发了《鹰潭市海绵城市建设管控豁免清单》(鹰建字〔2024〕89 号)，详见图 10-5。

豁免清单明确了位于地质灾害易发生的特殊地质区，可能产生特殊污染的特殊污染区，因建设环境、内容、功能等因素制约而不能完全遵守海绵城市建设规范标准的特殊类型项目，可纳入建设项目海绵城市管控指标豁免清单管理。

豁免清单共明确了三大类 27 种项目，自然资源部门对纳入该清单的建设项目的海绵城市管控指标不作强制性要求。

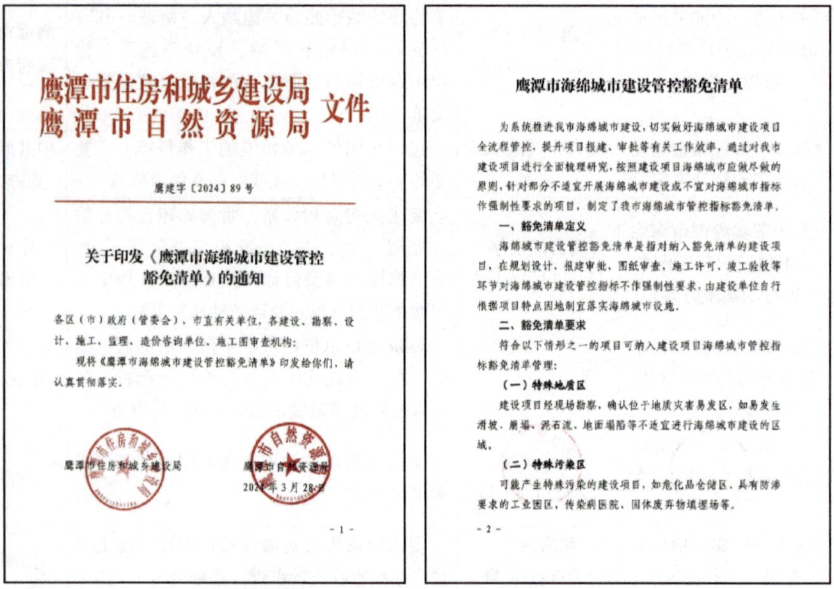

鹰潭市住房和城乡建设局
鹰潭市自然资源局
文件

鹰建字〔2024〕89 号

关于印发《鹰潭市海绵城市建设管控豁免清单》的通知

各区（市）政府（管委会）、市直有关单位，各建设、勘察、设计、施工、监理、造价咨询单位、施工图审查机构：

现将《鹰潭市海绵城市建设管控豁免清单》印发给你们，请认真贯彻落实。

鹰潭市住房和城乡建设局　　鹰潭市自然资源局

2024 年 3 月 28 日

- 1 -

鹰潭市海绵城市建设管控豁免清单

为系统推进我市海绵城市建设，切实做好海绵城市建设项目全流程管控，提升项目报建、审批等有关工作效率，通过对我市建设项目进行全面梳理研究，按照建设项目海绵城市应做尽做的原则，针对部分不适宜开展海绵城市建设或不宜对海绵城市指标作强制性要求的项目，制定了我市海绵城市管控指标豁免清单。

一、豁免清单定义

海绵城市建设管控豁免清单是指对纳入豁免清单的建设项目，在规划设计、报建审批、图纸审查、施工许可、竣工验收等环节对海绵城市建设管控指标不作强制性要求，由建设单位自行根据项目特点因地制宜落实海绵城市设施。

二、豁免清单要求

符合以下情形之一的项目可纳入建设项目海绵城市管控指标豁免清单管理：

（一）特殊地质区

建设项目经现场勘察，确认位于地质灾害易发区，如易发生滑坡、崩塌、泥石流、地面塌陷等不适宜进行海绵城市建设的区域。

（二）特殊污染区

可能产生特殊污染的建设项目，如危化品仓储区、具有防渗要求的工业园区，传染病医院、固体废弃物填埋场等。

- 2 -

图 10-5 《鹰潭市海绵城市建设管控豁免清单》

10.2.2 《鹰潭市中心城区排水与污水处理管理办法（暂行）》

为加强中心城区排水管理，保障排水设施安全运行，防治水污染和内涝灾害，保障公民生命财产安全和城市公共安全，鹰潭市人民政府印发了《鹰潭市中心城区排水与污水处理管理办法（暂行）》(鹰府发〔2023〕13 号)（图 10-6），用以规范鹰潭市中心城区（月湖区、高新技术产业开发区、信江新区）范围内的排水规划，排水设施的建设、维护与保护，向排水设施的排水与污水处理及内涝防治，深度体现了鹰潭市海绵城市建设“污涝同治”的总体思路。

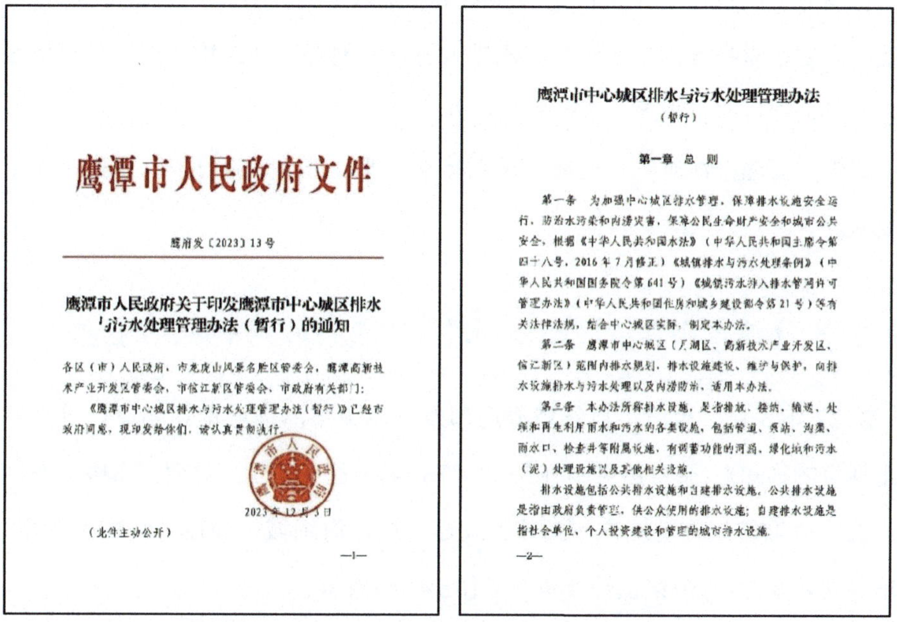

鹰潭市人民政府文件

鹰府发〔2023〕13 号

鹰潭市人民政府关于印发鹰潭市中心城区排水与污水处理管理办法（暂行）的通知

各区（市）人民政府，市龙虎山风景名胜区管委会，鹰潭高新技术产业开发区管委会，市信江新区管委会，市政府有关部门：

《鹰潭市中心城区排水与污水处理管理办法（暂行）》已经市政府同意，现印发给你们，请认真贯彻执行。

2023 年 12 月 3 日

（此件主动公开）

—1—

鹰潭市中心城区排水与污水处理管理办法

（暂行）

第一章　总　则

第一条　为加强中心城区排水管理，保障排水设施安全运行，防治水污染和内涝灾害，保障公民生命财产安全和城市公共安全，根据《中华人民共和国水法》（中华人民共和国主席令第四十八号，2016 年 7 月修正）《城镇排水与污水处理条例》（中华人民共和国国务院令第 641 号）《城镇污水排入排水管网许可管理办法》（中华人民共和国住房和城乡建设部令第 21 号）等有关法律法规，结合中心城区实际，制定本办法。

第二条　鹰潭市中心城区（月湖区、高新技术产业开发区、信江新区）范围内排水规划，排水设施建设、维护与保护，向排水设施排水与污水处理以及内涝防治，适用本办法。

第三条　本办法所称排水设施，是指排放、接纳、输送、处理和再生利用雨水和污水的各类设施，包括管道、泵站、沟渠、雨水口、检查井等附属设施，有调蓄功能的河湖、绿化坑和污水（泥）处理设施以及其他相关设施。

排水设施包括公共排水设施和自建排水设施。公共排水设施是指由政府负责管理，供公众使用的排水设施；自建排水设施是指社会单位、个人投资建设和管理的城市排水设施。

—2—

图 10-6　《鹰潭市中心城区排水与污水处理管理办法（暂行）》

管理办法明确了各单位职责。市城管局为城区排水与生活污水处理的主管部门，负责排水行业的综合协调、指导监督，负责中心城区内排水设施技术方案审核，负责中心城区市本级市政公共排水设施的建设、运行、维护、管理，负责中心城区市本级生活污水处理厂的运营监管，参与市住建局组织的排水设施建设项目的竣工验收。市住建局、市行政审批局、市生态环境局、发改、财政、自然资源、市场监督、公安、水利等有关部门应按照各自职责分工做好中心城区排水与污水处理相关的工作。

管理办法明确了排水设施相关的规划、建设与验收要求。排水专项规划的编制，应当与国土空间规划、水污染防治规划、防洪规划和流域综合规划相结合，与海绵城市、道路、绿地、水系等专项规划相衔接，并纳入控制性详细规划。新建、改建、扩建项目应实行雨水、污水分流，推广应用低影响开发建设模式，优先利用自然排水系统，建设生态排水设施，充分发挥绿地、道路、水系等对雨水的吸纳、蓄渗和缓释作用，有效缓解城市内涝、削减城市径流污染负荷。

管理办法明确了对排水户的管理要求。排水户向公共排水设施排放污水的，应及时向属地审批部门申请领取污水排入排水管网许可证，排水户应当严格按照排水许可证许可内容排水，不得擅自变更。

此外，管理办法对污水处理、排水档案管理、排水设施维护管理也作出了明确要求。

10.2.3 《鹰潭市海绵城市规划设计审查管理若干规定的通知》

2022 年 3 月，鹰潭市自然资源局印发《鹰潭市海绵城市规划设计审查管理若干规定的通知》(鹰自然资字〔2022〕25 号)(图 10-7)，对鹰潭市国土空间规划中的中心城区规划范围内，新建、改建、扩建海绵城市建设项目的土地出让、选址（规划条件）、方案设计及审查等作出明确要求。

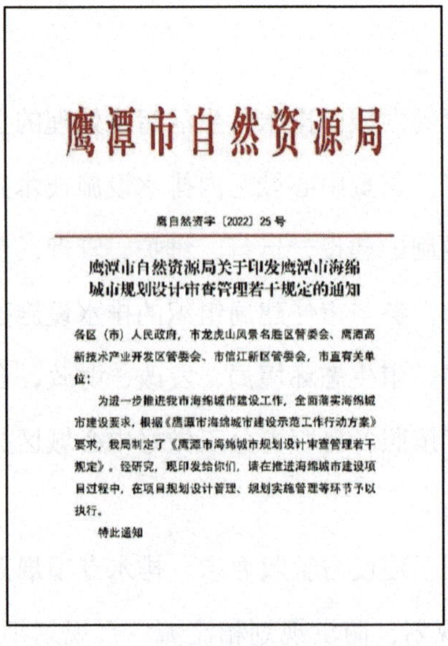

鹰潭市自然资源局

鹰自然资字〔2022〕25 号

鹰潭市自然资源局关于印发鹰潭市海绵城市规划设计审查管理若干规定的通知

各区（市）人民政府，市龙虎山风景名胜区管委会、鹰潭高新技术产业开发区管委会、市信江新区管委会，市直有关单位：

为进一步推进我市海绵城市建设工作，全面落实海绵城市建设要求，根据《鹰潭市海绵城市建设示范工作行动方案》要求，我局制定了《鹰潭市海绵城市规划设计审查管理若干规定》。经研究，现印发给你们，请在推进海绵城市建设项目过程中，在项目规划设计管理、规划实施管理等环节予以执行。

特此通知

附件：《鹰潭市海绵城市规划设计审查管理若干规定》

2022 年 3 月 11 日

鹰潭市自然资源局办公室　　2022 年 3 月 11 日印发

图 10-7 《鹰潭市海绵城市规划设计审查管理若干规定的通知》

规定要求，市规划行政主管部门在编制片区控制性详细规划时应纳入海绵城市建设专项规划内容，已批复实施的控制性详细规划，若缺失海绵城市相关内容的，可另行单独编制海绵城市建设详细规划，且应与批复实施的控制性详细规划相衔接。

市规划行政主管部门应在规划选址意见书及规划条件中根据《鹰潭市海绵城市建设管控指标体系》或海绵城市技术咨询服务单位自审通过的海绵城市技术条件，明确其海绵城市建设基本要求和指标，并纳入土地划拨、出让条件。

建设单位应将海绵城市设计贯穿项目规划设计和建设管理的各个阶段，海绵城市建设项目应与主体工程同步规划、同步设计、同步施工、同步验收并运营使用，海绵城市建设费用应纳入建设项目投资概算。

规划行政主管部门在进行规划技术审查时，应由市海绵办同步组织开展海绵城市设计专项审查。

建设单位在项目开工前，施工图审查机构应当按照海绵城市专项规划、规划条件和相关技术规范及标准的要求，对施工图设计文件进行审查，审查意见书应明确海绵城市建设设施的审查结论。

10.2.4 《鹰潭市海绵设施维护管理办法（试行）》

2022 年 4 月，为进一步明确鹰潭市海绵设施维护管理工作职责，保障海绵设施的正常使用，确保海绵城市建设的整体效果，建立海绵设施维护管理长效机制，鹰潭市人民政府办公室印发了《鹰潭市海绵设施维护管理办法（试行）》（鹰府办发〔2022〕8 号）（图 10-8），进一步明确了海绵设施维护的责任主体、管理制度、维护标准、验收考核等内容。

一是明确海绵设施维护管理工作的责任主体。《管理办法》规定，鹰潭市海绵设施维护管理中心是鹰潭市海绵设施维护管理的主管部门，并负责组织实施《鹰潭市海绵设施维护管理办法（试行）》，同时负责监督指导全市海绵设施维护管理工作；各区（市）人民政府（管委会）是本行政区域内海绵设施维护管理工作的责任主体。

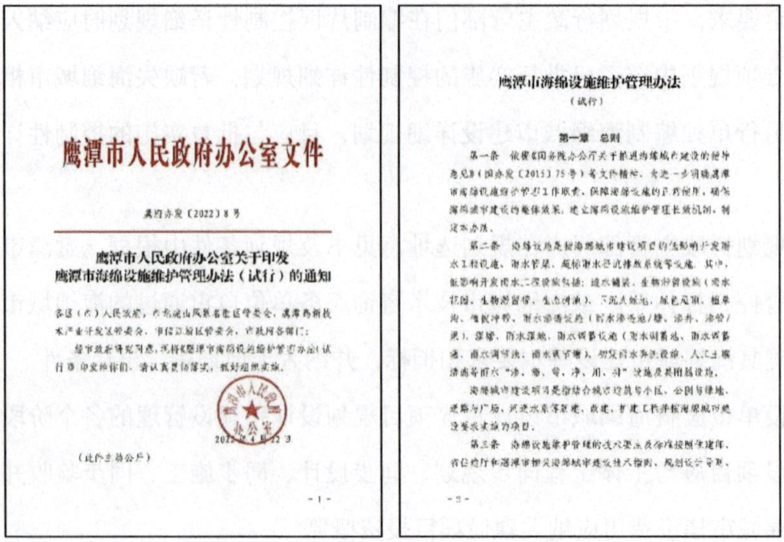

鹰潭市人民政府办公室文件

鹰府办发〔2022〕8号

鹰潭市人民政府办公室关于印发
鹰潭市海绵设施维护管理办法（试行）的通知

各区（市）人民政府，市龙虎山风景名胜区管委会，鹰潭高新技术产业开发区管委会，市信江新区管委会，市政府各部门：

经市政府研究同意，现将《鹰潭市海绵设施维护管理办法（试行）》印发给你们，请认真贯彻落实，抓好组织实施。

2022年4月22日

（此件主动公开）

- 1 -

鹰潭市海绵设施维护管理办法

（试行）

第一章　总则

- 2 -

图 10-8　《鹰潭市海绵设施维护管理办法（试行）》

二是明确海绵设施维护管理工作的管理制度。《管理办法》规定，海绵设施管理人员应熟悉维护管理的对象、维护方法和维护技术指标，了解自身的主要职责。维护管理单位应建立健全档案资料管理制度，妥善保存技术档案、资料和原始记录。各级管理机构应建立维护管理工作报告制度，在每月月底将本月的维护管理情况上报上级管理机构。

三是明确海绵设施维护管理工作的经费来源。《管理办法》规定，政府投资的城市基础设施、公共建筑等海绵城市建设项目的维护资金按照属地管理原则，由各级财政予以保障；PPP 项目的海绵设施维护管理资金在合同期内，从项目费用中解决，合同到期后，由产权管理部门向财政申请维护管理经费；由政府投资结合老旧小区改造的海绵项目，在保修期内由建设单位承担管理经费，保修期后由小区市政基础设施维护管理经费保障。

四是明确海绵设施维护管理工作的考核制度。《管理办法》规定，海绵设施维护管理工作实行考核制，考核采取定期考核和监督考核两种方式，定期考核由主管部门每半年组织一次，监督考核由市海绵设施维护管理中心采取随机抽查方式进行。考核内容主要包括低影响开发设施的运行维护情况，考核结果向全市通报。

10.2.5 《鹰潭市系统化全域推进海绵城市示范建设工作绩效考核办法》

2022 年 6 月，为夯实责任，强化监督，提高效能，推动各责任单位切实做好鹰潭市系统化全域推进海绵城市示范建设工作，鹰潭市海绵城市建设工作领导小组印发了《鹰潭市系统化全域推进海绵城市示范建设工作绩效考核办法》（鹰海绵组字〔2022〕1 号）（图 10-9），明确了示范期内海绵城市建设考核对象、考核标准、考核内容和考核规则等，并明确将年度考核结果分值作为高质量发展综合考核、城市功能与品质再提升考核中海绵城市专项考核的得分依据。

鹰潭市海绵城市建设工作领导小组文件

鹰海绵组字〔2022〕1 号

关于印发《鹰潭市系统化全域推进海绵城市示范建设工作绩效考核办法》的通知

市海绵城市建设工作领导小组各成员单位：

《鹰潭市系统化全域推进海绵城市示范建设工作绩效考核办法》已经市海绵城市建设工作领导小组会议讨论通过，现印发给你们，请认真遵照执行。

鹰潭市海绵城市建设工作领导小组办公室（代章）

2022 年 6 月 6 日

鹰潭市系统化全域推进海绵城市示范建设工作绩效考核办法

为夯实责任，强化监督，提高效能，推动各责任单位切实做好我市系统化全域推进海绵城市示范建设工作，按照“权责统一、量化考核、注重成效、奖惩同步”的原则，制定本办法。

第一条　考核依据

（一）《财政部办公厅、住房城乡建设部办公厅、水利部办公厅关于开展系统化全域推进海绵城市建设示范工作的通知》（财办建〔2021〕35 号）；

（二）《中央财政海绵城市建设示范补助资金绩效评价办法》（财办建〔2021〕53 号）；

（三）住建部、水利部、财政部关于开展海绵城市建设示范城市年度绩效评价工作的通知；

（四）《鹰潭市海绵城市建设示范工作行动方案》（鹰发〔2021〕56 号）以及年度实施方案；

（五）《鹰潭市海绵城市建设项目现场督导工作管理办法》（鹰海绵字〔2022〕3 号）；

（六）部委、省厅以及市委、市政府下达的工作任务。

第二条　考核对象

本办法适用于对海绵城市示范建设相关责任单位项目

图 10-9 《鹰潭市系统化全域推进海绵城市示范建设工作绩效考核办法》

10.2.6 《鹰潭市海绵城市示范建设专项资金补助及管理办法》

2022 年 7 月，为促进鹰潭市海绵城市示范建设，规范和加强海绵城市示范建设专项资金管理，提高财政资金使用效益，鹰潭市财政局印发了《鹰潭市海绵城市示范建设专项资金补助及管理办法》（鹰财建〔2022〕4 号）（图 10-10），要求专项资金实行专款专用，专项管理，并明确了专项资金的使用范围及拨付程序。

《管理办法》明确，专项资金原则上用于《鹰潭市系统化全域推进海绵城市建设示范城市实施方案》明确的建设任务和项目清单中建成区范围内实施低影响开发的项目，其中，中央补助资金主要支撑城市建成区范围内的与海绵城市建设直接相关的各类项目建设。中央补助资金不得用于规划编制、方案制定、人员经费、日常运维等方面的支出。

《管理办法》明确，对市本级采用PPP模式的建设项目、市本级政府和市属国有企业投资的建设项目、各区（市）建设项目及被评为市级以上优秀示范项目的市本级社会资本投资的建设项目予以不同程度的补助。

《管理办法》明确，专项资金必须专款专用，任何单位和个人不得套取、截留、挪用。市财政局、市审计局对专项资金使用情况进行监督检查，市海绵办对专项资金使用进行绩效评价。

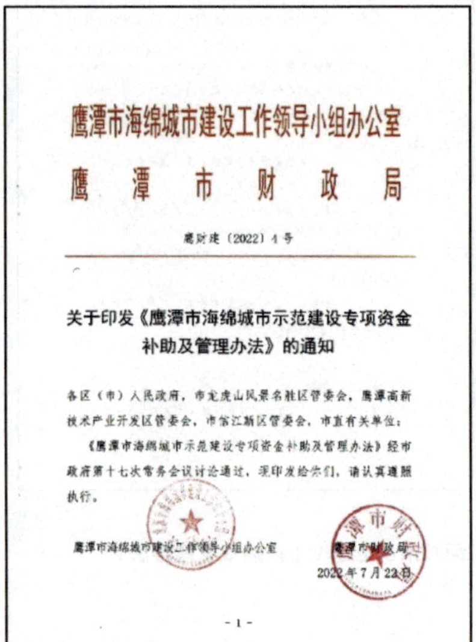

鹰潭市海绵城市建设工作领导小组办公室
鹰　潭　市　财　政　局

鹰财建〔2022〕4号

关于印发《鹰潭市海绵城市示范建设专项资金补助及管理办法》的通知

各区（市）人民政府，市龙虎山风景名胜区管委会，鹰潭高新技术产业开发区管委会，市信江新区管委会，市直有关单位：

《鹰潭市海绵城市示范建设专项资金补助及管理办法》经市政府第十七次常务会议讨论通过，现印发给你们，请认真遵照执行。

鹰潭市海绵城市建设工作领导小组办公室　　鹰潭市财政局

2022年7月22日

-1-

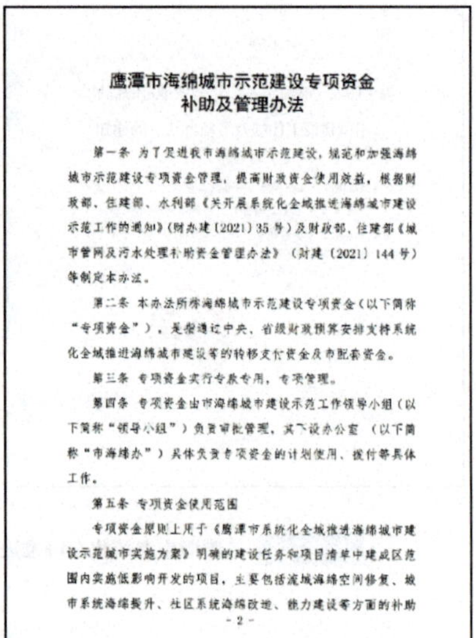

鹰潭市海绵城市示范建设专项资金补助及管理办法

第一条　为了促进我市海绵城市示范建设，规范和加强海绵城市示范建设专项资金管理，提高财政资金使用效益，根据财政部、住建部、水利部《关开展系统化全域推进海绵城市建设示范工作的通知》(财办建〔2021〕35号)及财政部、住建部《城市管网及污水处理补助资金管理办法》（财建〔2021〕144号）等制定本办法。

第二条　本办法所称海绵城市示范建设专项资金（以下简称“专项资金”），是指通过中央、省级财政预算安排支持系统化全域推进海绵城市建设等的转移支付资金及市配套资金。

第三条　专项资金实行专款专用，专项管理。

第四条　专项资金由市海绵城市建设示范工作领导小组（以下简称“领导小组”）负责审批管理，其下设办公室（以下简称“市海绵办”）具体负责专项资金的计划使用、拨付等具体工作。

第五条　专项资金使用范围

专项资金原则上用于《鹰潭市系统化全域推进海绵城市建设示范城市实施方案》明确的建设任务和项目清单中建成区范围内实施低影响开发的项目，主要包括流域海绵空间修复、城市系统海绵提升、社区系统海绵改造、能力建设等方面的补助

-2-

图 10-10　《鹰潭市海绵城市示范建设专项资金补助及管理办法》

10.2.7 《关于进一步加强海绵城市建设项目全过程管控的通知》

为了强化系统化全域管控，鹰潭市政府印发了《关于进一步加强海绵城市建

设项目全过程管控的通知》（鹰府办字〔2021〕154 号）（图 10-11），在原《鹰潭市海绵城市规划建设管理办法》的基础上，结合近年机构改革实际和“放管服”的最新工作要求，优化原有管控机制，切实将新建项目从立项、设计到施工、竣工验收的全过程管控制度化。

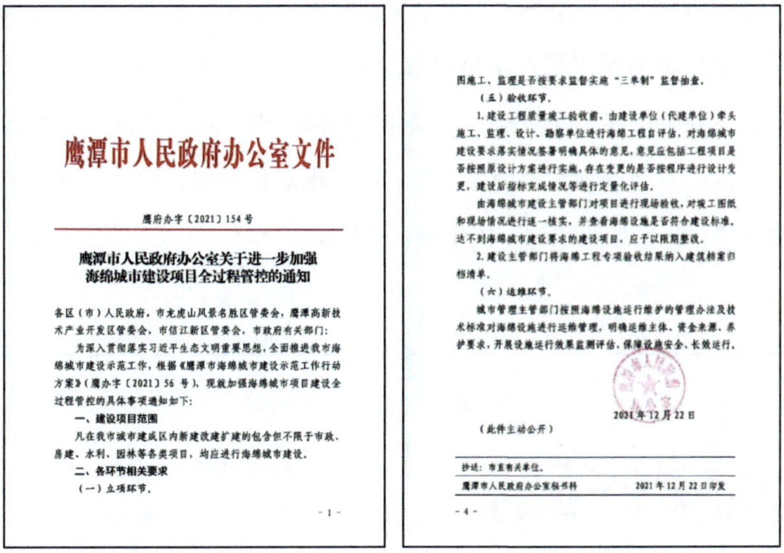

鹰潭市人民政府办公室文件

鹰府办字〔2021〕154 号

鹰潭市人民政府办公室关于进一步加强海绵城市建设项目全过程管控的通知

各区（市）人民政府，市龙虎山风景名胜区管委会，鹰潭高新技术产业开发区管委会，市信江新区管委会，市政府有关部门：

为深入贯彻落实习近平生态文明重要思想，全面推进我市海绵城市建设示范工作，根据《鹰潭市海绵城市建设示范工作行动方案》（鹰办字〔2021〕56 号），现就加强海绵城市项目建设全过程管控的具体事项通知如下：

一、建设项目范围

凡在我市城市建成区内新建改建扩建的包含但不限于市政、房建、水利、园林等各类项目，均应进行海绵城市建设。

二、各环节相关要求

（一）立项环节。

- 1 -

图施工、监理是否按要求监督实施“三单制”监督抽查。

（五）验收环节。

1. 建设工程质量竣工验收前，由建设单位（代建单位）牵头施工、监理、设计、勘察单位进行海绵工程自评估，对海绵城市建设要求落实情况签署明确具体的意见，意见应包括工程项目是否按照原设计方案进行实施，存在变更的是否按程序进行设计变更，建设后指标完成情况等进行定量化评估。

由海绵城市建设主管部门对项目进行现场验收，对竣工图纸和现场情况进行逐一核实，并查看海绵设施是否符合建设标准。达不到海绵城市建设要求的建设项目，应予以限期整改。

2. 建设主管部门将海绵工程专项验收结果纳入建筑档案归档清单。

（六）运维环节。

城市管理主管部门按照海绵设施运行维护的管理办法及技术标准对海绵设施进行运维管理，明确运维主体、资金来源、养护要求，开展设施运行效果监测评估，保障设施安全、长效运行。

2021 年 12 月 22 日

（此件主动公开）

抄送：市直有关单位。

鹰潭市人民政府办公室秘书科　　2021 年 12 月 22 日印发

- 4 -

图 10-11　《关于进一步加强海绵城市建设项目全过程管控的通知》

立项环节，要求新建项目将海绵城市专篇纳入可行性研究和初步设计，并在审批文件中明确海绵城市建设要求和指标。

规划和用地阶段，要求根据鹰潭实际提出各地块海绵城市规划建设目标，将“年径流总量控制率”“污染削减率”等指标纳入“两证一书”。

设计环节，要求在设计方案中编制海绵专篇，由主管部门进行专项审查并将审查结果作为规委会审议必要内容；施工图审查机构出具独立的海绵施工图审查合格证，行政审批部门在办理《建筑工程施工许可证》时审查落实情况。

施工环节，要求按照相关技术标准进行施工，进行专项验收并形成验收文件，主管部门对是否按图施工等进行监督抽查。

验收环节，由建设单位牵头进行海绵工程自评估，建设主管部门进行核实并将海绵专项验收结果纳入建筑档案归档清单。

10.2.8 《鹰潭市海绵城市建设示范工作行动方案》

为贯彻落实习近平生态文明思想，充分运用国家海绵城市试点工作经验和成果，全面有序推进海绵城市建设，2021 年 7 月，鹰潭市委办公室、市政府办公室印发了《鹰潭市海绵城市建设示范工作行动方案》（图 10-12），确立了“在组织领导、工作机制、政策措施等方面形成具有示范意义的经验，圆满完成各项绩效指标，在全国海绵城市建设示范中形成更具特色的做法、争取考核位次靠前”的工作目标，要求组建工作机构、加强技术保障、进一步完善规划标准、进一步健全规章制度、系统谋划实施项目，在立项、规划和用地、设计、施工、验收全过程进行管控，拓宽融资渠道、强化资金监管。

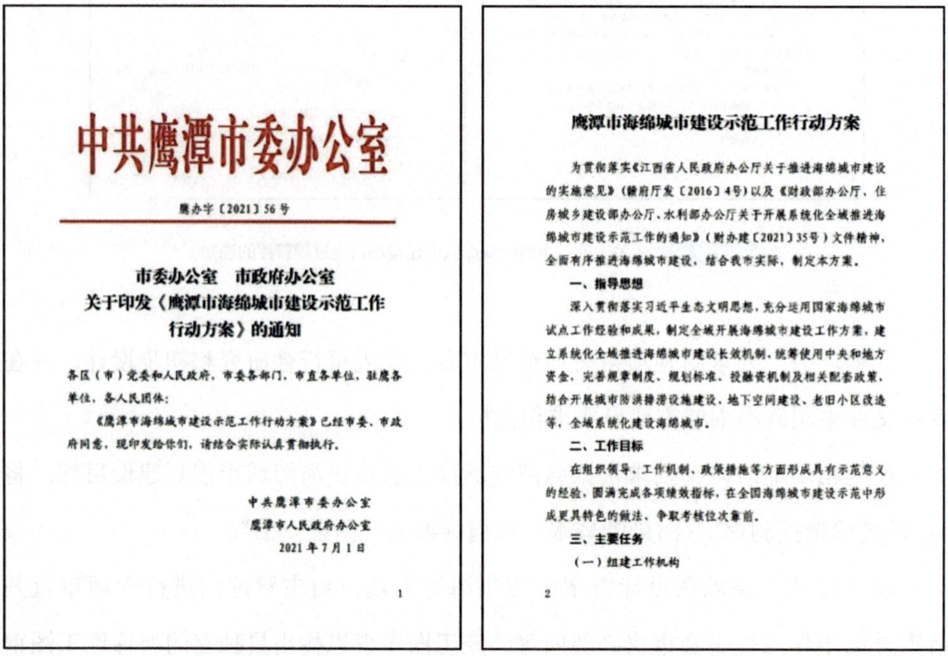

中共鹰潭市委办公室

鹰办字〔2021〕56 号

市委办公室　市政府办公室
关于印发《鹰潭市海绵城市建设示范工作行动方案》的通知

各区（市）党委和人民政府，市委各部门，市直各单位，驻鹰各单位，各人民团体：

《鹰潭市海绵城市建设示范工作行动方案》已经市委、市政府同意，现印发给你们，请结合实际认真贯彻执行。

中共鹰潭市委办公室
鹰潭市人民政府办公室
2021 年 7 月 1 日

1

鹰潭市海绵城市建设示范工作行动方案

为贯彻落实《江西省人民政府办公厅关于推进海绵城市建设的实施意见》（赣府厅发〔2016〕4号）以及《财政部办公厅、住房城乡建设部办公厅、水利部办公厅关于开展系统化全域推进海绵城市建设示范工作的通知》（财办建〔2021〕35号）文件精神，全面有序推进海绵城市建设，结合我市实际，制定本方案。

一、指导思想

深入贯彻落实习近平生态文明思想，充分运用国家海绵城市试点工作经验和成果，制定全域开展海绵城市建设工作方案，建立系统化全域推进海绵城市建设长效机制，统筹使用中央和地方资金，完善规章制度、规划标准、投融资机制及相关配套政策，结合开展城市防洪排涝设施建设、地下空间建设、老旧小区改造等，全域系统化建设海绵城市。

二、工作目标

在组织领导、工作机制、政策措施等方面形成具有示范意义的经验，圆满完成各项绩效指标，在全国海绵城市建设示范中形成更具特色的做法、争取考核位次靠前。

三、主要任务

（一）组建工作机构

2

图 10-12 《鹰潭市海绵城市建设示范工作行动方案》

10.2.9 《鹰潭市自然资源局关于落实鹰潭市海绵城市建设示范工作专项行动实施方案》

根据《鹰潭市海绵城市建设示范工作行动方案》的工作部署，结合工作实际，市自然资源局印发了《鹰潭市自然资源局关于落实鹰潭市海绵城市建设示范工作专项行动实施方案》(鹰自然资字〔2021〕169 号)(图 10-13)，以全面完成示范工作任务，在海绵城市建设示范工作中形成更具特色的做法，形成与各单位配合良好，衔接顺畅的工作机制。

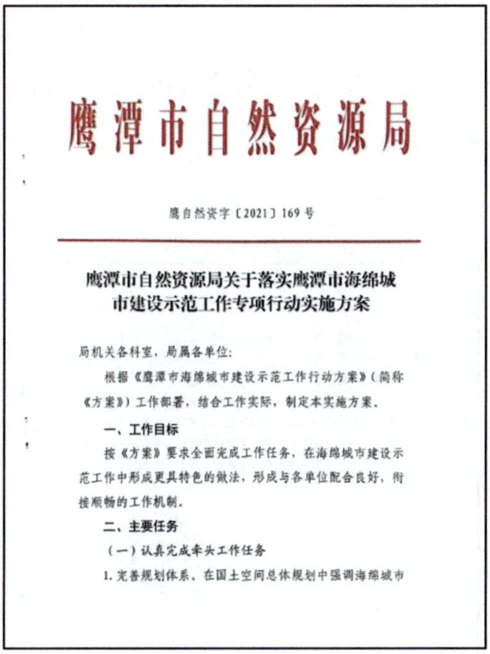

鹰潭市自然资源局

鹰自然资字〔2021〕169 号

鹰潭市自然资源局关于落实鹰潭市海绵城市建设示范工作专项行动实施方案

局机关各科室，局属各单位:

根据《鹰潭市海绵城市建设示范工作行动方案》(简称《方案》)工作部署，结合工作实际，制定本实施方案。

一、工作目标

按《方案》要求全面完成工作任务，在海绵城市建设示范工作中形成更具特色的做法，形成与各单位配合良好，衔接顺畅的工作机制。

二、主要任务

(一)认真完成牵头工作任务

1. 完善规划体系。在国土空间总体规划中强调海绵城市

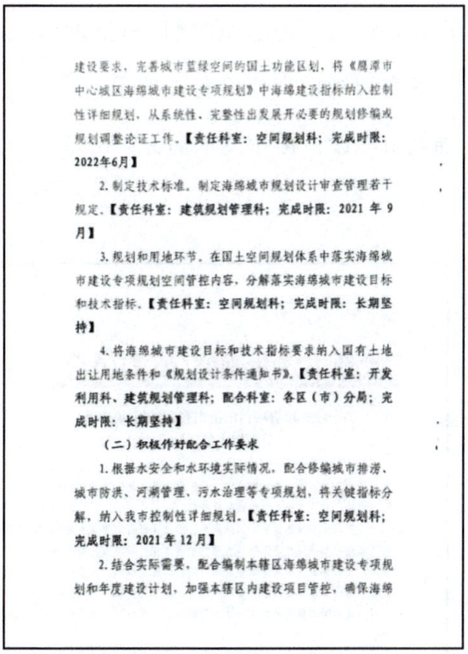

建设要求，完善城市蓝绿空间的国土功能区划，将《鹰潭市中心城区海绵城市建设专项规划》中海绵建设指标纳入控制性详细规划，从系统性、完整性出发展开必要的规划修编或规划调整论证工作。**【责任科室：空间规划科；完成时限：2022年6月】**

2. 制定技术标准。制定海绵城市规划设计审查管理若干规定。**【责任科室：建筑规划管理科；完成时限：2021 年 9 月】**

3. 规划和用地环节。在国土空间规划体系中落实海绵城市建设专项规划空间管控内容，分解落实海绵城市建设目标和技术指标。**【责任科室：空间规划科；完成时限：长期坚持】**

4. 将海绵城市建设目标和技术指标要求纳入国有土地出让用地条件和《规划设计条件通知书》。**【责任科室：开发利用科、建筑规划管理科；配合科室：各区(市)分局；完成时限：长期坚持】**

(二)积极作好配合工作要求

1. 根据水安全和水环境实际情况，配合修编城市排涝、城市防洪、河湖管理、污水治理等专项规划，将关键指标分解，纳入我市控制性详细规划。**【责任科室：空间规划科；完成时限：2021 年 12 月】**

2. 结合实际需要，配合编制本辖区海绵城市建设专项规划和年度建设计划，加强本辖区内建设项目管控，确保海绵

图 10-13 《鹰潭市自然资源局关于落实鹰潭市海绵城市建设示范工作专项行动实施方案》

《实施方案》要求，市自然资源局应在国土空间总体规划中强调海绵城市建设要求，形成海绵专篇；制定海绵城市规划设计审查管理若干规定等技术标准；将海绵城市建设目标和技术指标要求纳入国有土地出让用地条件和《规划设计条件通知书》。

《实施方案》明确，市自然资源局应配合修编各专项规划，并将关键指标分解，纳入控制性详细规划；配合制定海绵城市建设项目设计编制和施工图图审技术要点、竣工验收管理办法和技术要点、海绵城市建设标准图集等技术规范；配合对海绵城市专项方案进行审查。

10.2.10 《关于政府投资项目审批审查海绵城市建设管理规定的通知》

为全面推进鹰潭市海绵城市建设，切实加强海绵城市项目建设管理，市发改委印发了《关于政府投资项目审批审查海绵城市建设管理规定的通知》（图10-14），明确了全市政府投资项目立项审批阶段落实海绵城市建设管理的相关规定。《通知》规定，在项目审批部门应明确告知建设单位在准备报建材料时，严格落实海绵城市建设有关要求。在可行性研究报告和初步设计文件中，应落实海绵城市建设目标和技术指标，形成专篇并进行审查。

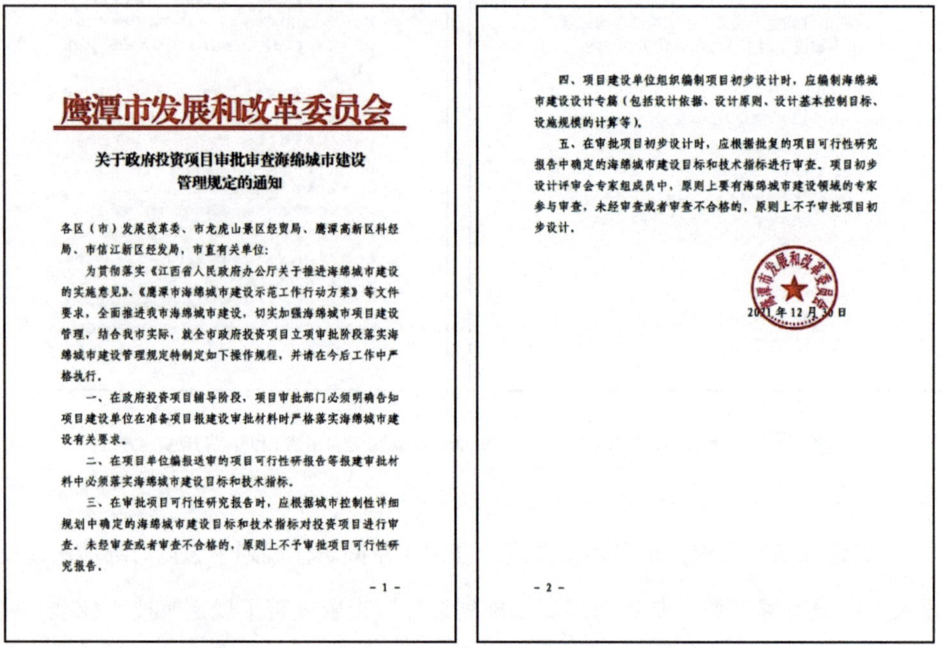

鹰潭市发展和改革委员会

关于政府投资项目审批审查海绵城市建设管理规定的通知

各区（市）发展改革委、市龙虎山景区经贸局、鹰潭高新区科经局、市信江新区经发局，市直有关单位：

为贯彻落实《江西省人民政府办公厅关于推进海绵城市建设的实施意见》、《鹰潭市海绵城市建设示范工作行动方案》等文件要求，全面推进我市海绵城市建设，切实加强海绵城市项目建设管理，结合我市实际，就全市政府投资项目立项审批阶段落实海绵城市建设管理规定特制定如下操作规程，并请在今后工作中严格执行。

一、在政府投资项目辅导阶段，项目审批部门必须明确告知项目建设单位在准备项目报建设审批材料时严格落实海绵城市建设有关要求。

二、在项目单位编报送审的项目可行性研报告等报建审批材料中必须落实海绵城市建设目标和技术指标。

三、在审批项目可行性研究报告时，应根据城市控制性详细规划中确定的海绵城市建设目标和技术指标对投资项目进行审查。未经审查或者审查不合格的，原则上不予审批项目可行性研究报告。

\- 1 -

四、项目建设单位组织编制项目初步设计时，应编制海绵城市建设设计专篇（包括设计依据、设计原则、设计基本控制目标、设施规模的计算等）。

五、在审批项目初步设计时，应根据批复的项目可行性研究报告中确定的海绵城市建设目标和技术指标进行审查。项目初步设计评审会专家组成员中，原则上要有海绵城市建设领域的专家参与审查，未经审查或者审查不合格的，原则上不予审批项目初步设计。

2021年12月30日

\- 2 -

图10-14 《关于政府投资项目审批审查海绵城市建设管理规定的通知》

10.2.11 《市海绵办集中办公方案》

为提高工作效率，全力推进海绵城市建设示范工作，市海绵办印发了《市海绵办集中办公方案》（鹰海绵字〔2021〕11号）（图10-15），以抽调的方式明确市住建局、财政局、水利局、自然资源局、城管局相关领导为海绵办副主任，做好项目规划管理、制度设计、资料收集归档、资金分配及跟踪问效、全市统筹调度、现场督导等工作。

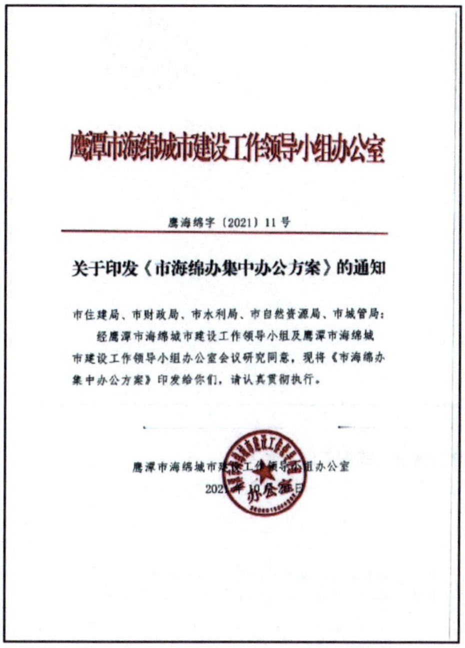

鹰潭市海绵城市建设工作领导小组办公室

鹰海绵字〔2021〕11 号

关于印发《市海绵办集中办公方案》的通知

市住建局、市财政局、市水利局、市自然资源局、市城管局：

经鹰潭市海绵城市建设工作领导小组及鹰潭市海绵城市建设工作领导小组办公室会议研究同意，现将《市海绵办集中办公方案》印发给你们，请认真贯彻执行。

鹰潭市海绵城市建设工作领导小组办公室

2021 年 10 月 日

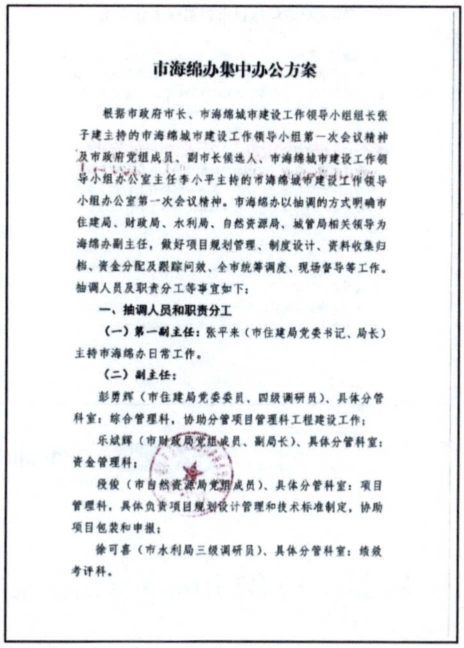

市海绵办集中办公方案

根据市政府市长、市海绵城市建设工作领导小组组长张子建主持的市海绵城市建设工作领导小组第一次会议精神及市政府党组成员、副市长候选人、市海绵城市建设工作领导小组办公室主任李小平主持的市海绵城市建设工作领导小组办公室第一次会议精神。市海绵办以抽调的方式明确市住建局、财政局、水利局、自然资源局、城管局相关领导为海绵办副主任，做好项目规划管理、制度设计、资料收集归档、资金分配及跟踪问效、全市统筹调度、现场督导等工作。抽调人员及职责分工等事宜如下：

一、抽调人员和职责分工

（一）第一副主任：张平来（市住建局党委书记、局长）主持市海绵办日常工作。

（二）副主任：

彭勇辉（市住建局党委委员、四级调研员）、具体分管科室：综合管理科，协助分管项目管理科工程建设工作；

乐斌辉（市财政局党组成员、副局长）、具体分管科室：资金管理科；

段俊（市自然资源局党组成员）、具体分管科室：项目管理科，具体负责项目规划设计管理和技术标准制定，协助项目包装和申报；

徐可喜（市水利局三级调研员）、具体分管科室：绩效考评科。

图 10-15 《市海绵办集中办公方案》

10.2.12 《海绵城市建设项目审查巡查工作方案》

为进一步强化海绵城市施工和竣工验收环节管控，市海绵办印发了《海绵城市建设项目审查巡查工作方案》（鹰海绵字〔2022〕7 号）（图 10-16），要求市海绵办按分组推进的方式，分为设计审查组、施工巡查组和竣工验收组，对海绵建设项目的方案进行审查，对施工过程进行督查，对竣工项目进行专项验收。

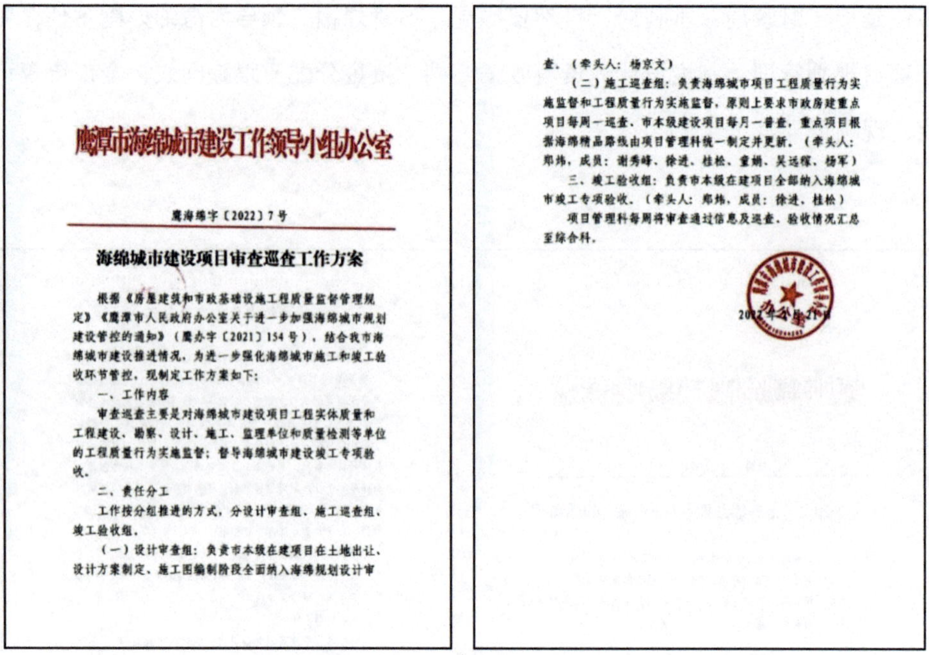

鹰潭市海绵城市建设工作领导小组办公室

鹰海绵字〔2022〕7号

海绵城市建设项目审查巡查工作方案

根据《房屋建筑和市政基础设施工程质量监督管理规定》《鹰潭市人民政府办公室关于进一步加强海绵城市规划建设管控的通知》（鹰办字〔2021〕154号），结合我市海绵城市建设推进情况，为进一步强化海绵城市施工和竣工验收环节管控，现制定工作方案如下：

一、工作内容

审查巡查主要是对海绵城市建设项目工程实体质量和工程建设、勘察、设计、施工、监理单位和质量检测等单位的工程质量行为实施监督；督导海绵城市建设竣工专项验收。

二、责任分工

工作按分组推进的方式，分设计审查组、施工巡查组、竣工验收组。

（一）设计审查组：负责市本级在建项目在土地出让、设计方案制定、施工图编制阶段全面纳入海绵规划设计审查。（牵头人：杨京文）

（二）施工巡查组：负责海绵城市项目工程质量行为实施监督和工程质量行为实施监督，原则上要求市政房建重点项目每周一巡查，市本级建设项目每月一普查，重点项目根据海绵精品路线由项目管理科统一制定并更新。（牵头人：郑炜，成员：谢秀峰、徐进、桂松、童娟、吴远辉、杨军）

三、竣工验收组：负责市本级在建项目全部纳入海绵城市竣工专项验收。（牵头人：郑炜，成员：徐进、桂松）

项目管理科每周将审查通过信息及巡查、验收情况汇总至综合科。

20[illegible]年[illegible]月21日

图 10-16 《海绵城市建设项目审查巡查工作方案》

10.2.13 《鹰潭市海绵城市建设项目现场督导工作管理办法》

为进一步强化海绵城市建设管控，完善海绵城市建设项目现场督查机制，加强责任落实，提高海绵城市建设示范城市创建工作效能，市海绵办印发了《鹰潭市海绵城市建设项目现场督导工作管理办法》（鹰海绵字〔2022〕3号）（图 10-17），要求市海绵办每月对海绵城市建设项目进行至少一次现场督导，对使用了中央资金补助的重点项目随时抽查，督导重点内容包括按图施工情况、施工进度、工程质量、设施细节、现场管理等，并给予现场指导性意见。

督查过程中发现的问题应对责任单位进行通报。通报采用四单制，即项目督查单、白单、黄单、红单，对多次通报后整改不力的单位和相关责任人，由行业主管部门进行约谈、问责。

项目现场督导和市海绵办年度通报结果纳入单位年度绩效考核中。

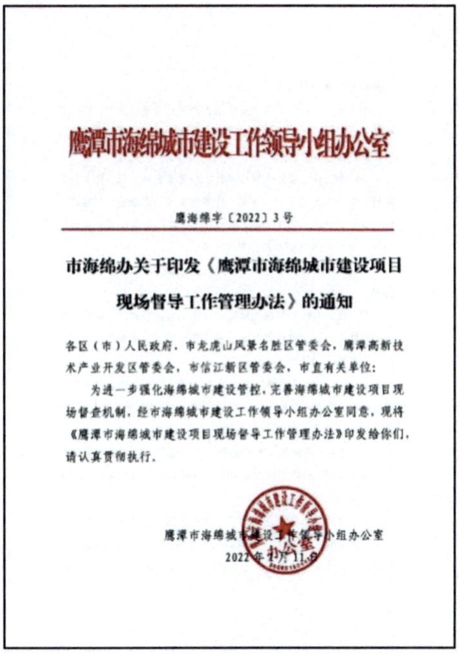

鹰潭市海绵城市建设工作领导小组办公室

鹰海绵字〔2022〕3 号

市海绵办关于印发《鹰潭市海绵城市建设项目现场督导工作管理办法》的通知

各区（市）人民政府，市龙虎山风景名胜区管委会，鹰潭高新技术产业开发区管委会，市信江新区管委会，市直有关单位：

为进一步强化海绵城市建设管控，完善海绵城市建设项目现场督查机制，经市海绵城市建设工作领导小组办公室同意，现将《鹰潭市海绵城市建设项目现场督导工作管理办法》印发给你们，请认真贯彻执行。

鹰潭市海绵城市建设工作领导小组办公室

2022 年 1 月 11 日

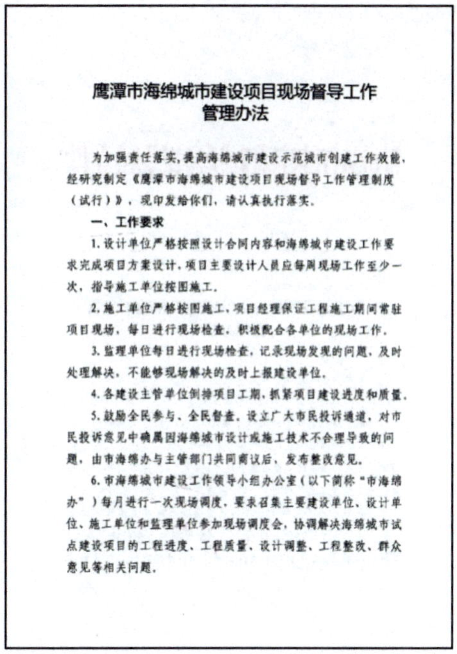

鹰潭市海绵城市建设项目现场督导工作管理办法

为加强责任落实，提高海绵城市建设示范城市创建工作效能，经研究制定《鹰潭市海绵城市建设项目现场督导工作管理制度（试行）》，现印发给你们，请认真执行落实。

一、工作要求

1. 设计单位严格按照设计合同内容和海绵城市建设工作要求完成项目方案设计，项目主要设计人员应每周现场工作至少一次，指导施工单位按图施工。

2. 施工单位严格按图施工，项目经理保证工程施工期间常驻项目现场，每日进行现场检查，积极配合各单位的现场工作。

3. 监理单位每日进行现场检查，记录现场发现的问题，及时处理解决，不能够现场解决的及时上报建设单位。

4. 各建设主管单位倒排项目工期，抓紧项目建设进度和质量。

5. 鼓励全民参与、全民督查，设立广大市民投诉通道，对市民投诉意见中确属因海绵城市设计或施工技术不合理导致的问题，由市海绵办与主管部门共同商议后，发布整改意见。

6. 市海绵城市建设工作领导小组办公室（以下简称“市海绵办”）每月进行一次现场调度，要求召集主要建设单位、设计单位、施工单位和监理单位参加现场调度会，协调解决海绵城市试点建设项目的工程进度、工程质量、设计调整、工程整改、群众意见等相关问题。

图 10-17 《鹰潭市海绵城市建设项目现场督导工作管理办法》

10.2.14 《鹰潭市建设项目海绵城市施工和竣工验收管理办法》

为进一步推进鹰潭市海绵城市建设工作，全面落实海绵城市建设要求，加强建设项目海绵城市施工及竣工验收管理工作，市住建局印发了《鹰潭市建设项目海绵城市施工和竣工验收管理办法》（鹰建字〔2022〕38 号）（图 10-18），要求所有含有海绵城市建设内容的项目应组织海绵城市专项验收。

海绵城市专项工程完成后，在监理单位检验合格基础上，由建设单位组织设计、监理、施工等单位项目负责人进行海绵城市专项验收的预验收，并编制海绵城市自评估报告，邀请相关海绵城市专家对海绵建设技术指标进行复核，并参与项目的工程质量验收工作。海绵专项验收通过后，项目方可进行整体验收工作。

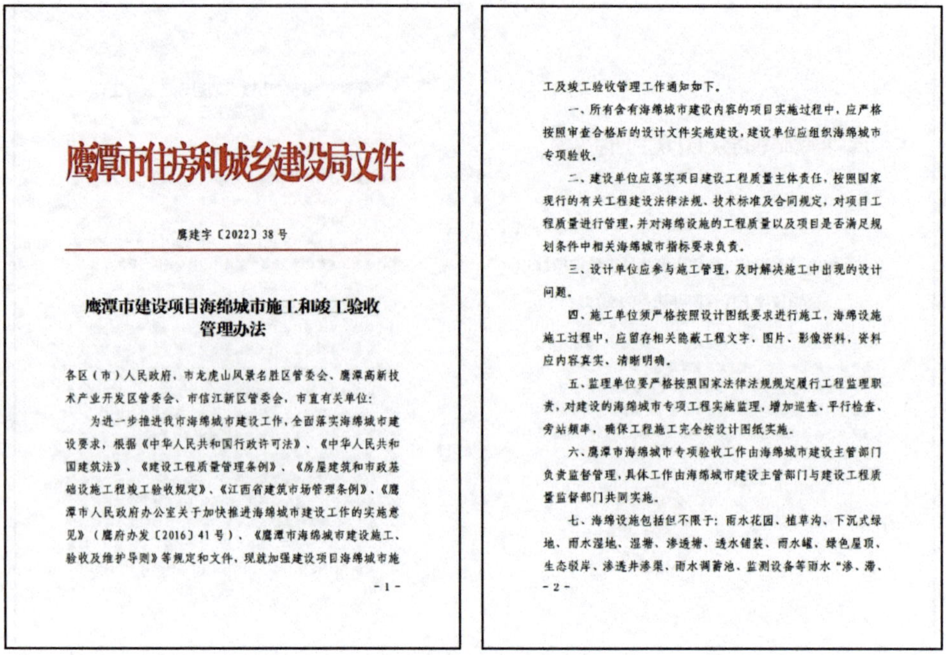

鹰潭市住房和城乡建设局文件

鹰建字〔2022〕38号

鹰潭市建设项目海绵城市施工和竣工验收管理办法

各区（市）人民政府、市龙虎山风景名胜区管委会、鹰潭高新技术产业开发区管委会、市信江新区管委会，市直有关单位：

为进一步推进我市海绵城市建设工作，全面落实海绵城市建设要求，根据《中华人民共和国行政许可法》、《中华人民共和国建筑法》、《建设工程质量管理条例》、《房屋建筑和市政基础设施工程竣工验收规定》、《江西省建筑市场管理条例》、《鹰潭市人民政府办公室关于加快推进海绵城市建设工作的实施意见》（鹰府办发〔2016〕41号）、《鹰潭市海绵城市建设施工、验收及维护导则》等规定和文件，现就加强建设项目海绵城市施

- 1 -

工及竣工验收管理工作通知如下。

一、所有含有海绵城市建设内容的项目实施过程中，应严格按照审查合格后的设计文件实施建设，建设单位应组织海绵城市专项验收。

二、建设单位应落实项目建设工程质量主体责任，按照国家现行的有关工程建设法律法规、技术标准及合同规定，对项目工程质量进行管理，并对海绵设施的工程质量以及项目是否满足规划条件中相关海绵城市指标要求负责。

三、设计单位应参与施工管理，及时解决施工中出现的设计问题。

四、施工单位须严格按照设计图纸要求进行施工，海绵设施施工过程中，应留存相关隐蔽工程文字、图片、影像资料，资料应内容真实、清晰明确。

五、监理单位要严格按照国家法律法规规定履行工程监理职责，对建设的海绵城市专项工程实施监理，增加巡查、平行检查、旁站频率，确保工程施工完全按设计图纸实施。

六、鹰潭市海绵城市专项验收工作由海绵城市建设主管部门负责监督管理，具体工作由海绵城市建设主管部门与建设工程质量监督部门共同实施。

七、海绵设施包括但不限于：雨水花园、植草沟、下沉式绿地、雨水湿地、湿塘、渗透塘、透水铺装、雨水罐、绿色屋顶、生态驳岸、渗透井渗渠、雨水调蓄池、监测设备等雨水“渗、滞、

- 2 -

图 10-18《鹰潭市建设项目海绵城市施工和竣工验收管理办法》

第 11 章

多层级技术标准体系

11.1　上位规划及指标体系

11.1.1　总体规划

2023 年 12 月，《鹰潭市国土空间总体规划（2021—2035 年）》获得省政府批复同意，鹰潭市在国土空间总体规划中设置了海绵专篇，指导全市海绵城市建设。

《总体规划》在第十章“强化设施支撑能力，完善基础设施体系”中明确，要“优化市政基础设施布局，完善综合防灾体系，建设海绵城市，打造绿色低碳、韧性安全的现代化城市”。在第十章设置了海绵专篇“第五节 系统推进，建设海绵城市示范”。该节明确了海绵城市的建设目标、建设策略和建设规划协调。

鹰潭市海绵城市建设目标：综合采用“渗、滞、蓄、净、用、排”等措施，最大限度地减少城市开发建设对生态环境的影响。通过海绵城市建设，70% 的雨水得到就地消纳和利用。到 2035 年，城市建成区 85% 以上的面积达到海绵城市建设要求。

鹰潭市海绵城市建设策略：海绵城市建设从“末端”治理向“源头削减、过程控制、系统治理”转变。

源头削减。通过建设绿色屋顶、渗透式弃流井、透水铺装、雨水花园、高端生态型小区等方式加强对径流及污染的控制与削减。

过程控制。通过建设下凹式道路隔离、透水性人行道、下凹式绿地、广场等方式完成对雨水迁移过程中的径流削减和径流污染削减。

系统治理。通过维持原有水系，或优化水系布局，建设城市湿地公园、大型连绵的生态绿地或林地等方式，调蓄雨水径流，完成对雨水径流的存蓄与削减。

鹰潭市海绵城市建设规划协调：为落实各项指标，在海绵城市建设总体原则下，应统筹协调自然资源、排水、道路、交通、园林、水利等职能部门，在法定规划编制过程中，落实海绵城市的建设内容。其中，总体规划负责顶层设计，提出海绵城市建设相关的目标、路径和原则；专项规划展开具体研究，在海绵城市建设理念下，构建新型的水系、绿地、道路和排水防涝建设体系；详细规划负责具体落实，将控制指标分解。

此外，在排水工程规划中明确，落实海绵城市建设理念，规划控制雨水径流系数，对新建区域实施低影响开发模式，实施雨水生态化收集利用。雨水系统规划与城镇防洪排涝规划相衔接，遵循“高水高排、低水低排、分散就近排放”的原则，尽量采用重力流自然排放至就近水系；结合市域水系规划，整治疏浚现有渠道溪流，打造通畅的排水通道。

在用地布局中明确，建设城乡公园体系，增加绿化开敞空间，强化绿地均衡化供给，加快城市海绵水系绿廊建设，有序推进城市“河湖水网”的交织联通，促进“蓝绿”空间交融。

在排涝工程规划中明确，内涝防治应采取工程性和非工程性相结合的综合控制措施，基本形成“源头减排、管网排放、蓄排并举、超标应急”的城市排水防涝工程体系。同步实施低影响开发，建设海绵城区。

11.1.2 专项规划

随着鹰潭市城市建设的不断推进，对城市水资源、水环境、水安全、水生态等提出了更高的要求。因此，鹰潭市城乡规划局组织编制了《鹰潭市中心城区海绵城市专项规划（2016—2030）》，解决鹰潭市面临的风险和问题，从而保证鹰潭市的健康可持续发展。

《专项规划》的编制范围与《鹰潭市城乡总体规划（2015—2030）》保持一致，为中心城区约 151km^2 范围。

《专项规划》通过海绵系统的构建，改善鹰潭中心城区的水生态系统，提升鹰潭的生态本底容量。推动雨水资源化利用，提升可利用水资源总量，优化水资源供需平衡关系。同时综合考虑生态环境现状，加强对于雨水径流污染控制，削减面源污染物，整治溢流污染，改善水环境质量，修复中心城区的水环境，完善排水管网系统，提高排水管道标准和强排设施能力，增加调蓄设施规模，降低内涝风险。

《专项规划》以“全域系统、蓄排并举、污涝同治、智慧管控”为总体思路，确立了“优化城市生态格局，提升城市韧性，补齐治理短板，以生态、安全、活力、智慧的海绵城市建设塑造鹰潭城市新形象，实现‘城水空间融合、洪涝韧性应对、城市水质提升、水资源综合利用’，助力打造‘智铜道合、强富美优’新鹰潭，建设‘有品质、有品位、有模式’的‘长江中下游丘陵多雨地区水城相融海绵城市建设样板’”的总体目标。

11.1.3　指标体系

为确保对地块及道路等项目的海绵城市建设进行有效管控，按《江西省海绵城市建设技术导则（试行）》要求，在鹰潭市中心城区现行法定控制性详细规划基础上，编制了《鹰潭市中心城区海绵城市建设管控指标体系》。基于控规的用地性质及开发强度指标，将海绵城市建设管控分区的指标分解到各地块和道路，为后续项目开展海绵城市建设提供规划依据。

指标体系对下垫面及相关参数进行了分析，结合已出让地块的海绵城市指标，根据系统性和因地制宜的规划原则，明确了地块及道路项目的低影响开发规划指引，并将关键指标细化分解，构建地块和道路的控制指标体系。

11.2　海绵城市设计文件编制内容及方案审查要点

为进一步强化鹰潭市海绵城市建设技术标准体系，规范鹰潭市海绵城市建设管理，指导建设项目海绵城市的设计、审查工作，明确设计、审查内容，统一设计、审查标准，科学引导建设项目综合采取“渗、滞、蓄、净、用、排”等措施，2022 年 12 月，鹰潭市住房和城乡建设局联合自然资源局，印发了《鹰潭市海绵城市设计文件编制内容及审查要点（试行）》。

《审查要点》适用于鹰潭市城市开发边界范围内新建、改建、扩建项目的海绵城市设计文件编制和技术审查，主要包括总则、术语、基本规定、建设标准、海绵城市设计文件编制内容及深度要求、建设项目方案设计文件审查要点、建设项目初步设计文件审查要点、海绵城市施工图设计审查要点、附件。

《审查要点》对海绵城市设计文件编制内容及深度提出以下要求。

鹰潭市建设项目海绵城市方案（可研）设计文件、初步设计文件设计说明书应包含设计依据、项目概况、项目与上位规划及有关海绵城市建设政策要求衔接情况、项目海绵城市建设本底分析及评价、项目与邻近海绵体的衔接、主要设计内容等，并对各部分内容的深度提出了具体要求。

鹰潭市建设项目海绵城市施工图设计说明书内容应包含设计依据、项目概况、主要设计内容、新技术、新材料、新工艺、施工安装、运营、工程量、计算成果表及其他内容等，并对各部分内容的深度提出了具体要求。

鹰潭市建设项目海绵城市方案设计图纸、初步设计图纸应包含下垫面分析、排水分区、雨水径流组织和溢流排放、海绵设施总平面布置、竖向设计、海绵设施设计、雨水回用系统平面及工艺流程、海绵设施种植设计、标准横断面设计、监测设施等，并对各部分内容的深度提出了具体要求。

鹰潭市建设项目海绵城市施工图设计图纸应包含下垫面分析、排水分区、雨水径流组织和溢流排放、海绵设施总平面布置、竖向设计、海绵设施设计、雨水回用系统平面、工艺流程及回用管网、工艺设备安装、海绵设施种植设计总平面、标准横断面设计、监测设施等，并对各部分内容的深度提出了具体要求。

鹰潭市建设项目海绵城市方案设计文件的主要审查内容包括：

① 设计依据是否齐全、是否有效。

② 设计是否符合国家和地方工程建设相关政策、规范和标准。

③ 设计是否可行、经济、合理和安全。重点审查径流组织是否合理，海绵设

施服务范围是否可达，海绵城市设施调蓄深度是否有效。

④ 设计是否符合公众利益和公共安全的要求。

《审查要点》对方案阶段、初步设计阶段和施工图阶段的市政道路、公园绿地、建筑与小区、城市水系等不同类型项目提出了明确的审查要求，并在附件中明确了海绵城市方案设计内容指引，便于设计单位查阅。

11.3　海绵城市建设标准图集

为进一步强化鹰潭市海绵城市建设技术标准体系，加快海绵城市设计与施工速度，提高设计与施工的质量，加快新技术的普及应用，节省建设投资、降低运行成本，使海绵城市建设更加符合鹰潭实际，2022 年 1 月，鹰潭市住房和城乡建设局印发了《鹰潭市海绵城市建设标准图集（试行)》，用以指导全市海绵城市建设。

《标准图集》适用于鹰潭行政辖区范围内城镇和产业园区、建筑与小区、城市道路与广场、城市公园与绿地、城市水系等新、改、扩建项目的海绵城市建设工程，用于指导相关设计人员进行低影响开发雨水系统工程设计，指导相关施工人员进行低影响设施施工。

《标准图集》分为建筑与小区、城市道路与广场、城市绿地、城市水系等四个分册，明确了各类项目的建设指引，并明确了各类设施的具体做法。

11.4　海绵城市建设施工、验收及运维导则

为进一步强化鹰潭市海绵城市建设技术标准体系，加强海绵城市建设工程的施工、竣工与验收以及运行与维护管理工作，确保海绵城市建设工程质量，提高运行效率，延长海绵城市设施的使用寿命，统一指导海绵城市建设的施工、竣工与验收以及运行与维护，2022 年 12 月，鹰潭市住房和城乡建设局联合鹰潭市城市管理局，印发了《鹰潭市海绵城市建设施工、验收及维护导则》。

《导则》主要包括总则、术语、基本规定、材料与部件、施工准备与测量、施工与安装、质量检验与验收和维护管理等 8 个方面，适用于鹰潭市全域范围内所有新建、改建及扩建项目海绵城市建设工程的施工、竣工与验收、运行与维护的监督和管理。要求全市全域范围内所有新建、改建、扩建建设项目设计应包括海绵城市建设的内容，海绵城市建设各类设施应与项目主体工程同时设计、同时施工、同时投入使用。

第 12 章

多维度绩效考核动力保障

为提高海绵城市建设工作效率及质量，鹰潭市明确将海绵城市建设示范工作纳入各单位及各区的年度绩效考核指标。对各区的考核，重点工作任务包含了海绵城市建设示范工作，考核分值设置为 10 分，由海绵办负责牵头考核。海绵办制定考评办法及评分标准，落实到各责任单位，并按照人社局提供的考核评价标准对各责任单位进行评价。市绩效办在年终考核时核定后结合市海绵办提供的考核结果得出最终考核分值。

12.1　考核流程

① 确定指标任务：年中市委综合考核办一般会通知各考核单位日常工作履职目标设置的报送工作，各考核单位结合本单位履行主责主业和其他重点工作任务等情况制定日常工作履责任务目标，填写日常履责任务表报送给市人社局。

② 指标评审和市领导审定：各绩效管理对象填报的指标体系由市绩效办组织进行指标审核，通过后由绩效管理对象分别送分管市领导审定后，盖章报市绩效办。

③ 察访核验和指标完成节点核查。市绩效办根据市委、市政府督查办提供的督查通报，对重点工作、履职履责情况和指标节点完成情况的真实性、准确性进

行核验。

④ 市人社局根据各考核单位填写的任务目标制定考核办法和考核实施意见。年初市人社局发布年度考核通知，在市委综合考核委统一领导下进行，由市委综合考核办统筹协调市人社局牵头推进、各考核评价部门组织实施。

⑤ 市海绵办收到通知后，开始准备“海绵城市建设示范工作”这一指标的考核工作，制定具体评分细则、操作办法并印发给考核对象，同时报市委综合考核办备案。

⑥ 海绵城市建设考核指标评分阶段。市海绵办结合工作实际，分别采取“正向打分、反向扣分”等方式进行评分，指标得分换算后经主要领导签字报考核牵头部门（市人社局）。

⑦ 汇总研判阶段。考核牵头部门（市人社局）对指标得分进行复核并按照服务高质量跨越式发展成效考核计分方法计算最终得分，报市委综合考核办。

12.2 考核细则

（1）考核对象

对海绵城市示范建设相关责任单位项目建设情况和工作推进情况的考核，考核对象分为区（市）类和市属类。区（市）类为 6 个区（市），市属类为市属 19 个单位，根据考核依据对市属单位进行分类，一类考核单位为海绵城市建设工作重点责任单位，共计 13 个；其余 6 个责任单位为二类考核单位。

（2）考核标准

考核总分 100 分，日常考核得分占比 60%，年度任务考核得分占比 40%，日常考核以 1000 分为基础分，实行扣分制，年度任务考核根据每年的《鹰潭市系统化推进海绵城市建设示范工作实施方案》给考核单位制定相应的考评内容和评价方法。

（3）日常考核细则

① 日常项目督查。市委、市政府、市海绵办布置的有关工作和考核办法所列

文件内容为日常（专项）督查内容，由市海绵办督查组负责核查、统计、汇总。

各区（市）、市直有关单位承担主责的事宜: a. 项目进度，含项目开工度、施工进展、项目完工度。b. 项目品质，含海绵指标、项目质量、运维管理项目功效、项目美观。c. 项目管控。d. 项目资料，含项目报建审批资料。先发清单，不扣分，没有完成的发白单，每个白单扣 4 分，在限期内未整改到位下发黄单加扣 4 分，整改后又出现反弹下发红单的再加扣 8 分。根据任务清单未完成情况发黄单，每一点位未按期整治到位的扣 20 分。

各区（市）发现的问题如涉及市直有关单位责任范畴的，同步按照各区（市）已扣分值数的 50%，扣除市直有关责任单位的分值，反之亦然。属市直有关责任单位承担主责的问题，按上款进行扣分，其工作配合单位按照已扣分值数的 50% 进行扣除。

② 资料审查。按照考核依据要求，对佐证资料审查考核，由市海绵办项目组负责核查、统计、汇总。主要包括: a. 规划文件。专项规划、控制性规划、系统化实施方案。b. 管控文件。立项、土地出让、规划许可证、施工许可证、竣工验收、运维管理等全过程管控文件及落实情况。c. 项目文件。项目立项、施工许可证、合同等施工手续海绵设施工程计量单等工程量资料，拨付凭证、拨款凭证等资金资料。

凡是未按照市海绵办要求及时上报考核材料或上报材料未达标的区（市）、责任单位，第一次市海绵办口头通知提醒，口头通知提醒无效的，市海绵办下达整改通知书责令整改，同一问题（或事项、指标）两次下达整改通知书仍然不到位或不达标的扣除 50 分。

③ 上级反馈问题整改。市海绵办对省厅、部委发现或反馈的问题追根溯源，落实责任单位、责任人、整改时限，对负主要责任的各相关区（市）和市直有关单位一个问题扣 100 分；对负次要责任的各相关区（市）和市直有关单位一个问题扣除 50 分。该项考核由市海绵办综合组负责核查、统计、汇总。

④ 负面清单。市海绵办将海绵城市建设内容负面清单纳入考核管理，主要包括中央补助资金使用规范、项目安全施工、海绵设施材料质量等内容。受到惩戒的，根据情节严重性，责任单位分别扣 100 分、200 分、300 分。重大违法、违

纪的，主要责任单位扣 1000 分，次要责任单位扣 300 分。该项考核每年由纪检、监察、财政、审计、市场监督、住建等部门向市海绵办综合组报送情况。

⑤ 工作执行力。市海绵城市建设工作领导小组及市海绵办安排的相关工作（除日常督查）不落实的，每项工作扣除 50 分；落实不力，拖拉逾期的扣除 30 分；落实后不汇报、不反馈或反馈不实的每项工作扣 20 分。相关工作落实有困难，但制定了后续计划，并作出客观说明，暂不予扣分，如未按计划落实，每项工作扣除 50 分。该项考核由市海绵办综合组负责核查、统计、汇总。

12.3 考核结果应用

市海绵办将各区（市）政府（管委会）考核结果应用于各地海绵城市补助资金拨付中，对没有完成任务的单位，市海绵办将缓拨、扣拨海绵城市补助资金并向市委、市政府报告。同时市海绵办将海绵城市考核结果报送人社局，由人社局组织后续考核并将考核结果报送市委综合考核办，考核结果会作为领导干部选拔任用、职级晋升、调整交流、年度优先的重要参考。

第 13 章

多渠道建立资金保障

13.1　中央资金的使用

13.1.1　使用办法

鹰潭市对于中央资金进行报告备案并专款专用，确保资金使用合理合规、落到实处，提高了财政资金的使用效益。

2022 年 7 月，为促进鹰潭市海绵城市示范建设，规范和加强海绵城市示范建设专项资金管理，提高财政资金使用效益，鹰潭市财政局印发了《鹰潭市海绵城市示范建设专项资金补助及管理办法》（鹰财建〔2022〕4 号），要求专项资金实行专款专用，专项管理，并明确了专项资金的使用范围及拨付程序。

《管理办法》明确，专项资金原则上用于《鹰潭市系统化全域推进海绵城市建设示范城市实施方案》明确的建设任务和项目清单中建成区范围内实施低影响开发的项目，其中，中央补助资金主要支撑城市建成区范围内的与海绵城市建设直接相关的各类项目建设。中央补助资金不得用于规划编制、方案制定、人员经费、日常运维等方面的支出。

《管理办法》明确，对市本级采用 PPP 模式的建设项目、市本级政府和市属国有企业投资的建设项目、各区（市）建设项目及被评为市级以上优秀示范项目的市本级社会资本投资的建设项目予以不同程度的补助。

《管理办法》明确，专项资金必须专款专用，任何单位和个人不得套取、截留、挪用。市财政局、市审计局对专项资金使用情况进行监督检查，市海绵办对专项资金使用进行绩效评价。

13.1.2 制定分配方案

鹰潭市根据省财政厅《关于下达 2021 年城市管网及污水处理补助资金预算的通知》（赣财建指〔2021〕65 号）精神，按照《城市管网及污水处理补助资金管理办法》（财建〔2021〕144 号）有关规定，结合鹰潭市海绵城市建设示范工作进展情况，报鹰潭市海绵城市建设示范工作领导小组同意，制定鹰潭市各年度海绵城市建设示范补助资金安排方案，上报省财政厅、省住房和城乡建设厅、省水利厅。方案中明确了市本级示范项目、区（市）示范项目分配补助资金的额度。

为进一步合理分配中央补助资金，市海绵办每年度组织各建设单位梳理在拟建项目，填报项目建设类别，包括项目类型、建设内容、开完工时间、建设状态、总投资及海绵投资（包含海绵相关工程建设费用）。根据这些内容，由市海绵办组织开展项目审核工作，统筹考虑鹰潭市规划建设布局和城市发展方向，从海绵项目的可落地性、目标可达性和系统性出发，筛选出实行补助的市级海绵城市示范建设项目，编制年度海绵城市项目实施计划，报领导小组审核同意后，向市财政局提出用款计划，再按相关规定实行国库集中支付。

13.1.3 分配流程

市海绵办依据各建设单位年度预计完成海绵项目投资总额，按照各区（市）项目进度情况分两笔预拨补助资金，进度最快的按本年度分配金额的 70%，进度一般的按本年度分配金额的 50% 进行分配。

13.1.4 资金拨付

各项目业主单位根据需求及时向市海绵城市建设领导小组提出资金拨付

申请，申请同意后，由市海绵办根据资金分配方案及项目业主海绵城市建设专项资金拨付的申请报告办理拨款审批，按规定及时将资金拨付到项目建设单位。

13.2　投融资保障

13.2.1　建立投融资机制

鹰潭市充分发挥开发性金融对海绵城市建设的支持作用，建立了投融资保障制度，大力支撑海绵城市建设工作。

鹰潭市印发了《关于推进开发性金融支持海绵城市建设的通知》（鹰府金办字〔2019〕7 号），文件明确加大对海绵城市建设项目的信贷支持力度，建立高效顺畅的工作协调机制，加强海绵城市建设的资金保障。

同时，为规范和加强海绵城市项目建设资金的筹措及管理，提高资金使用效益，鹰潭市相继于 2016 年至 2022 年制定了《关于转发〈城市管网专项资金管理暂行办法〉的通知》（鹰财建〔2015〕26 号）、《鹰潭市人民政府办公室关于进一步加强 PPP 项目推进工作的实施意见》（鹰府办发〔2020〕30 号）等政策制度文件，提出了积极筹措资金、建立融资机制、加强资金监管的各项制度，从而保障鹰潭市海绵城市项目建设科学、稳步推进。

13.2.2　落实多渠道投融资

鹰潭市积极按方案筹集资金，由政府投资“单打独斗”转向与社会资本“合作共赢”、以“时间换空间”，积极推行 PPP 合作、地方政府专项债券等模式，拓宽项目资金来源渠道，推进海绵城市建设。

13.2.2.1　PPP 运营模式

鹰潭市以城市内涝治理、城市水环境治理、污水系统提质增效等为着力点，采用“片区打包、按效付费”模式，分别开展了信江新区、高桥片区 2

个 PPP 项目。PPP 项目按照“2 年建设期 +18 年运维”的建管养一体化运营模式，一方面推动从政府既当“裁判员”又做“运动员”转向“专业人做专业事”，推诿扯皮不见踪影；另一方面推动从按工程进度付费转向按效付费，促使项目建设提质增效。同时鹰潭市深入贯彻落实中央、江西省关于 PPP 模式项目推进要求，聘请咨询单位编制 PPP 项目“两评一案”，参照《政府方和社会资本合作（PPP）项目绩效管理操作指引》（财金〔2020〕13 号）分别设计项目建设期、运营期绩效评价办法，并在 PPP 项目的招标文件、PPP 项目合同条款中进一步细化评价内容和指标，执行“按效付费”，确保项目合法合规执行。

为实现海绵设施的全周期投资建设维护和绩效考核，鹰潭市 PPP 项目建设期、运营期评价指标概述如下：建设期评价采用日常监督评价、半年度评价、年度评价等多种方式（具体以实际操作为准），对建设期的产出、效果、管理等方面进行绩效评价。项目产出主要为项目建设工程相关内容，项目效果主要为社会影响、生态影响等，项目管理主要为项目合作期各项管理工作。建设期绩效评价实行百分制，其中：项目产出 50 分（主要包括是否一次性通过验收），项目效果 20 分（主要包括建设活动的社会影响、生态影响、可持续性、满意度等内容），项目管理 30 分（主要包括组织管理、资金管理、档案管理、信息公开等内容）。

运营期绩效评价可采取日常监督评价、半年度评价、年度评价等形式进行（具体以实际操作为准），实行百分制，其中：项目产出 80 分（主要包括项目运营及维护效果、项目成本效益、安全保障等内容），项目效果 15 分（主要包括经济影响、社会影响、生态影响、可持续性、满意度等内容），项目管理 5 分（组织管理、财务管理、制度管理、档案管理、信息公开等内容）。

13.2.2.2 用好用实专项债资金

鹰潭市积极采用省级、地方专项债资金用于支持片区开发、道路建设、社区改造提升、水环境整治、雨污分流改造等项目。示范期建设以来，鹰潭市海绵城市建设涉及使用专项债的项目 31 个，全部按照《江西省政府专项债项目资金绩效管理暂行办法》要求，填报地方财政专项债券申报项目事前绩效目标表和地方政府专项债项目绩效目标表，逐个落实项目资金绩效目标以及项目数量指标、质量指标、时效指标、成本指标、成果指标、经济效益、社会效益、生态效益、服务满意度等相关二级指标。

第 14 章　多途径开展宣传培训

14.1　考察学习

为提升海绵城市建设水平，深入了解其他城市在海绵城市建设方面的成功经验和先进做法，发现和解决鹰潭市在海绵城市建设过程中存在的问题，加强城市间的合作与交流，推动海绵城市建设的共同发展，示范期内，由鹰潭市海绵办第一副主任带队，与海绵办综合组、项目组、督察组、资金组成员代表赴泸州、内江、昆山等地进行考察交流，学习兄弟城市建设经验，拓宽了视野和思路，提升了相关部门人员的专业素养和能力水平。

2023 年 11 月 24 日，全国海绵城市建设示范城市工作座谈会在苏州昆山举行。会议深入学习贯彻习近平总书记关于海绵城市建设的重要指示精神，总结交流推广海绵示范城市建设经验，进一步部署推动海绵城市建设工作。住建部城建司司长胡子健、一级巡视员邢海峰出席会议。鹰潭市海绵办第一副主任，市住建局党组书记、局长王富生参加会议并作为示范城市代表交流发言（详见图 14-1）。王富生在交流发言时介绍，鹰潭突出示范建设“头等性”，党政齐抓强推进，始终坚持党建引领，形成“党委领导、政府主导、部门统筹、区（市）联动、群众参与”的工作格局，强化“常态督查”；突出示范建设“全域性”，下好全市一盘棋，始终坚持实事求是、一切从实际出发，做到以点带面、分类施策、全域推进，把海绵理念融入城市建设发展的全过程、各领域；突出示范建设“创新性”，释放改革新活力，始终坚持把环境得提升、群众得实惠、地方得发展、经验可借鉴作为出发点，把可复制、能推广、利修法作为落脚点，大胆探索、稳慎推进；突出示范建设“群众性”，群众事情群众办，始终坚持群众主体地位，发挥群众主体作用。

图 14-1 鹰潭市海绵办第一副主任参加全国海绵城市建设示范城市工作座谈会并发言

2024 年 4 月 15 日至 21 日，“中国城镇供水排水协会 2024 年会暨城镇水务技术与产品展示”在山东省青岛市召开。会议由住房和城乡建设部、山东省住房和城乡建设厅指导，中国城镇供水排水协会主办。鹰潭市海绵办第一副主任王富生受邀出席会议，并就系统化全域推进海绵城市建设示范作典型发言（详见图 14-2）。王富生介绍了鹰潭市在海绵城市建设方面取得的成绩与经验，强调海绵城市建设应注重解决老百姓急难愁盼问题，以满足人民群众对美好生活的向往为出发点，在力量依靠上，领导高位推动、部门协同、群众参与，形成合力推进的工作格局；在价值取向上，注重内外兼修、“显”“潜”并重，追求实效与尊重民意相结合；在路径选择上，结合问题导向和目标导向，全域推进与局部建设并行，强化日常督查与年度考核，同时注重精美呈现与节约集约；在目标实现上，坚持精致建设、长效管护、制度保障和过程管控，使海绵城市理念成为城市建设标配，把好各个环节，注重每个细节，切实保障海绵要求落地。

图 14-2　鹰潭市海绵办第一副主任参加中国城镇供水排水协会年会并发言

此外，贵州安顺、安徽六安、河北秦皇岛、广东广州、宁夏银川、广东中山以及江西南昌、九江、上饶、吉安等兄弟城市先后来鹰潭市学习考察（详见图 14-3）。通过现场踏勘和座谈交流，双方取长补短，共享成功的案例和做法。鹰潭市对比了与其他城市的区别，正视差距，将其他城市好的经验做法与本地实际情况相结合，努力提升本市建设水平。

图 14-3　兄弟城市来鹰潭市考察调研

14.2　交流培训

示范期内，鹰潭市共开展 1 次省级专题培训、6 次市级培训、60 余次设计单位培训和 120 余次现场培训，受训人员近 1800 人次，使相关市直单位工作人员、建设单位、设计单位、施工单位及监理单位相关从业人员对海绵城市理念的认知获得了进一步提升。

2023 年 6 月 15 日，为进一步贯彻落实海绵城市建设理念，准确把握海绵城市建设内涵，形成全域推进海绵城市建设共识共举，鹰潭市召开了海绵城市建设专题培训会。会议由副市长毛建华主持，邀请了中国城镇供水排水协会会长、住房城乡建设部科技委城镇水务专委会副主任章林伟进行授课，各区（市）、市海绵城市建设工作领导小组成员单位主要领导、分管领导等约 300 人参加会议，详见图 14-4。

图 14-4　2023 年鹰潭市海绵城市专题培训现场图

章会长以《海绵城市——新时期城市建设“标配”》为题进行授课，总结分析了城市发展和规划建设中普遍存在的问题，从中央和国家政策导向、海绵城市建设理念、生态与安全关系协调等多个维度向大家讲解了全域推进海绵城市建设的必要性和重要性，从全域、系统两大方面详细阐述了推进海绵城市建设的要求，并提出了多项宝贵建议。授课内容丰富、观点鲜明，既有理论高度，又有实践深度，对全市上下做好系统化全域推进海绵城市建设工作具有很强的针对性、指导性。

为深入学习贯彻党的二十大精神，通过观摩、交流、学习，进一步深刻理解海绵城市建设的理念，科学准确把握海绵城市建设的内涵，以更高标准、更大力度系统化全域推进海绵城市建设，2023 年 3 月 2 日至 3 日，全省系统化全域推进海绵城市建设工作培训会在鹰潭市召开（详见图 14-5）。省住建厅党组书记李绪先出席并讲话，市政府副市长、市海绵办主任李小平致辞，省住建厅副厅长熊春华主持会议。会议邀请了住房城乡建设部海绵城市建设技术指导专家委员会委员、中规院（北京）规划设计公司生态市政院院长王家卓作海绵城市建设专题讲座，讲解《对“海绵 20 条”理解认识与系统推进海绵城市建设的建议》，对全省相关部门工作人员就“海绵二十条”进行解读，并对海绵城市建设理念、建设思路及建设要点进行培训。与会人数超过 300 人。

图 14-5 全省系统化全域推进海绵城市建设工作培训会现场照片

2022 年 5 月 10 日，为解读住房和城乡建设部办公厅《关于进一步明确海绵城市建设工作有关要求的通知》（建办城〔2022〕17 号）文件，明确二十条要求，召开了关于该文件的解读培训会议，此次培训会内容包括对二十条的总体解读和逐条解释，受疫情影响，本次培训会采用“线上 + 线下”模式，市直各部门、各区市共 30 余人到现场参会，线上参会人数 70 余人，详见图 14-6。

图 14-6　2022 年 5 月 10 日鹰潭市海绵城市专题培训现场图

2022 年 1 月 6 日，为加强对各区市工作指导，鹰潭市海绵办组织“海绵城市建设培训”，此次培训会内容包括各区市体制机制建设要求和思路、海绵城市设计和施工中常见问题等，各区市住建局、水利局、自然资源局等有关单位共 80 余人参加培训，详见图 14-7。

图 14-7　2022 年 1 月 6 日鹰潭市海绵城市专题培训现场图

2021 年 12 月 30 日，鹰潭市海绵办邀请海绵城市技术专家针对《系统化全域推进“十四五”期间海绵城市建设的理念与要求》进行专题培训辅导，各区市政府、各市直部门、市委有关部门、市直有关单位、条管单位等主要领导共 150

余人参加培训，详见图 14-8。

图 14-8　2021 年 12 月 30 日鹰潭市海绵城市专题培训现场图

2021 年 10 月 12 日，市海绵办组织了“海绵城市建设施工技术培训会”，受训范围包括市直各部门、各区市、各设计单位、施工单位的技术和管理人员 100 余人，详见图 14-9。此次培训会主讲内容包括海绵城市基本理念及建设思路、海绵城市建设报批报建流程、海绵城市建设项目施工要点等主要内容。

图 14-9　2021 年 10 月 12 日鹰潭市海绵城市专题培训现场图

示范期内，鹰潭市组织召开设计人员培训会 60 余次，培训对象主要为各项目设计单位和建设单位，总计受训人数百余人，详见图 14-10。会上主要对如何编制海绵方案进行培训，并针对设计方案中存在的问题和不足提出意见建议。该项培训是根据各项目海绵城市设计方案质量开展的针对性、指导性、实用性较强的培训。通过培训，各相关单位加深了对海绵城市理念的理解，对规范海绵城市建设方案设计内容、提升海绵城市方案设计质量具有重要意义。

图 14-10　鹰潭市海绵办组织设计单位一对一培训

示范期内，鹰潭市组织召开施工现场培训会 150 余次。技术单位深入施工现场，对施工员、监理、业主等进行指导培训，培训主要内容为海绵设施施工程序、常见的问题及解决措施、注意事项等。通过现场培训会，施工管理人员对海绵城市建设有了更深入的了解，人员整体素质提高，工程建设质量得到有效保障。

14.3　宣传科普

2023 年 4 月，鹰潭市海绵办印发了《鹰潭市系统化全域推进海绵城市建设示范宣传工作实施方案》（鹰海绵字〔2023〕9 号），要求一方面开展海绵城市知识科普进社区、进机关、进课堂，在施工围挡、重要路口、公共场所张挂宣传画（海报）、播放海绵城市动漫视频，营造浓厚的氛围（图 14-11、图

14-12)；另一方面，组织国内知名媒体开展“海绵城市建设看鹰潭”采风活动，中国建设报（图 14-13）、光明日报（图 14-14）、中国日报、科技日报（图 14-15）、国际在线、求是小康杂志、江西日报（图 14-16）、江西广播电视台网络中心等 10 家媒体的 20 多名记者来到鹰潭，对鹰潭市海绵城市建设进行了采风报道。

图 14-11 工地外围设置的关于海绵城市建设的施工围挡

图 14-12 项目宣传展板

图 14-13　中国建设报对鹰潭市海绵城市建设情况进行报道（2022.12.29）

图 14-14　光明日报对鹰潭市海绵城市建设情况进行报道（2023.05.11）

科技日报 区域 2023年5月15日 星期一 7

科技出力，帮农产品涨了“身价”

陇原大地春潮涌，科技奏响“致富曲”

地方动态

海绵城市建设 让江西鹰潭无惧洪涝

宁夏：专家送技到村里 农民的苗来“赶集”

海绵城市建设 让江西鹰潭无惧洪涝

科技日报讯（记者魏依晨）“家门口的臭水沟变成了景观河，咱们可以舒舒服服出来遛弯了。”5月9日傍晚，家住江西省鹰潭市信江新区龙潭湖附近的市民吴大妈和老伴慢悠悠地沿河散步，植被的清新代替了污水的恶臭，干爽的步道取代了积水的坑洼。随着鹰潭市信江新区厂网河湖园一体化海绵城市建设PPP项目落地实施，越来越多的鹰潭百姓实实在在享受到了海绵城市建设带来的生态红利。

5月5日，鹰潭海绵城市建设在住房和城乡建设部、水利部、财政部联合开展的海绵城市建设绩效评估中，获评最高等级A档，位居全国前列，海绵城市建设成效初显。

由于鹰潭市部分基建老化、城市规划更迭，管网破漏、错接混接破坏了水体环境，内涝、溢流挑战着人水和谐，开展海绵城市建设尤为迫切。

据项目实施方中国铁工投资集团介绍，鹰潭市信江新区厂网河湖园一体化海绵城市建设PPP项目的投资、建设和运营，以“蓝灰绿”系统协同发力，统筹实施蓝色系统的水系连通及河湖生态修复工程、灰色系统的雨污管网修复及提质增效工程、绿色系统的源头海绵化改造工程，实现“洪水不侵城、涝水不淹路、雨水不进厂、污水不入河”建设愿景。

记者了解到，该项目以海绵城市建设为统领，按照“多元治水、生态柔水、智慧管水”的系统思路，依托鹰潭自身湖库水系和生态基底，连接厂网河湖园，生态修复6条河道、7个湖泊，海绵化改造36个居民小区、20个公共建筑区域（学校、市民广场等场所），为鹰潭海绵城市建设植入“生态绿芯”。

“信江新区、鹰东、鹰西三大片区14条主要河道水系全部连通，天然水域面积提升达10.2%，城区水体岸线生态化率达86%。”鹰潭市海绵城市建设工作领导小组办公室督查科科长郑炜说，项目结合物联网、云计算、大数据等信息技术手段，加快实现智慧排水、雨量监测、管网堵塞在线监测等智能化海绵管控。

“我们在河湖水系连通的基础上，深入贯彻海绵城市理念，系统构建‘源头—过程—末端’海绵体系，通过植入透水铺装、雨水花园、生态植草沟、下凹式绿地搭建末端水生态系统，让城市像海绵一样‘呼吸吐纳’。”中国铁工投资鹰潭项目公司总经理王立介绍。随着鹰潭市信江新区厂网河湖园一体化海绵城市建设PPP项目的建设实施，生态河湖公园为“绿芯”，道路沿线绿地为“绿脉”，社区绿地为“绿点”的城市生态系统基本建成。到2023年底，将实现“污水进厂、雨水进河、各行其道”。截至目前，绿色系统已完成4条道路海绵，城市内涝防治标准达到20年一遇，城市防洪总体达到50年一遇，年雨水资源利用量210.21万吨、再生水利用率达到5.08%，海绵型社区、公园、道路、水系已初具规模。

图14-15 科技日报对鹰潭市海绵城市建设情况进行报道（2023.05.15）

8 江西日报 JIANGXI DAILY 视线 News 2022年12月6日 星期二 ■ 责任编辑 杨学文 兰春玉

打开城市“毛孔” 告别大雨“看海”

——鹰潭推进海绵城市建设的生动实践

本报全媒体记者 祝学庆 周桐

一条条透水路、一个个雨水花园、一块块下沉式绿地……处处诠释着鹰潭海绵城市建设的匠心。去年5月，鹰潭市成功申报国家海绵城市建设示范城市（全国仅20个城市入选）。11月29日，记者走进鹰潭的大街小巷、老旧小区、公园绿地，实地探访该市推进海绵城市建设的探索和实践。

全域系统推进让城市会“呼吸”

“海绵城市是通过加强城市规划建设管理，充分发挥建筑、道路和绿地、水系等生态系统对雨水的吸纳、蓄渗和缓释作用，有效控制雨水径流，实现自然积存、自然渗透、自然净化的城市发展方式。”鹰潭市住建局城建科负责人何泽民说。近年来，随着城市化进程加快，很多城市被钢筋混凝土包裹“身躯”，“毛孔”被堵塞，普遍存在“逢雨必涝、雨后即旱”的现象，开展海绵城市建设尤为迫切。

目前，鹰潭正按照“全域系统、蓄排并举、污涝同治、智慧管控”的总体思路快速推进海绵城市建设。“鹰潭被确定为国家海绵城市建设示范城市以来，先后印发了《鹰潭市系统化全域推进海绵城市建设实施方案》《鹰潭市海绵城市建设示范工作行动方案》等，并成立了以市委书记、市长担任双组长的海绵城市建设工作领导小组，设立了海绵城市建设领导小组办公室（以下简称‘海绵办’）作为推进海绵城市建设的专班。”鹰潭市海绵办副主任彭勇辉说，鹰潭作为国家海绵城市建设示范城市，不但要解决城市大雨内涝问题，还要系统化、全域推进海绵城市建设，实现城市水环境改善、水资源综合利用、水生态修复等综合目标。全域系统推进顾名思义即在全市范围内，包括所辖区（市）推进海绵城市建设，同时系统考虑“污水厂—地下管网—河—湖—公园”等一体化治理，告别“头痛医头、脚痛医脚”。

11月18日，一场降雨过后，在鹰潭信江新区玉清路街头绿地，市民刘阿姨正带着小孙子出来溜达。“以前这是一块拆迁后的空地，经过简单平整后成了一个小广场，遇到下雨天，到处积水，无法行走。”刘阿姨说，经过海绵化改造后，下大雨也不见积水。如今的玉清路街头绿地，已成为附近居民首选的散步休闲地。何泽民告诉记者：“去年12月，鹰潭市住建部门对该块绿地进行了海绵化改造，通过建设植草沟、下沉式绿地、雨水花园等，使雨水能够迅速渗透，在提升景观效果的同时，满足了‘小雨不湿鞋，大雨不内涝’的要求。”

目前，鹰潭全市所辖区（市）正如火如荼地推进海绵城市建设，涵盖了河流、市政道路、公园等一体化的海绵化改造。位于信江新区的石鼓渡河，河岸经过海绵化改造利用后，实现了雨水的渗透、调蓄、净化、利用和排放；贵溪市平澜公园经过海绵化改造后，储水能力大大提升，原来公园内的积水问题得到缓解；5月7日，信江新区的滨江路、香樟路、规划二路等7条道路改造项目已全面完工，这是鹰潭市成为国家海绵城市建设示范城市以来，按照海绵城市理念同步设计、同步施工、同步完工的首批市政道路；余江区城东新区白塔东路经过海绵化改造后，实现了雨水的渗透、净化和排放。目前，鹰潭已完成海绵设计专项审查项目155个，16.52平方公里实现了海绵化。不仅如此，该市海绵化面积还在逐年递增，城市被堵塞的“毛孔”正一步步被打开，城市“呼吸”更顺畅了。

海绵化改造让老旧小区更有“里子”

在推进海绵城市建设中，鹰潭结合城市功能与品质提升、城镇老旧小区改造、城市内涝治理、城市水环境改善等工作，将“海绵”理念系统性融入其中，走出了一条具有鹰潭特色的海绵城市建设之路。

“今年鹰潭市计划实施203个海绵项目，其中有12个老旧小区海绵化改造项目。”彭勇辉说，鹰潭不断探索完善海绵城市建设体系，将海绵城市规划建设管理要求纳入法治体系。同时，印发了《鹰潭市海绵城市建设标准图集（试行）》《鹰潭市海绵设施维护管理办法（试行）》等技术标准和规范，将新建、改建和扩建项目从立项、设计到施工、竣工验收、运维管理等全过程进行闭环式管控，杜绝海绵城市建设在施工过程“变形走样”。

走进鹰潭市月湖区雅典城小区，居民休闲小广场上，三五成群的孩子们正在透水沥青的道路上追逐。“雅典城小区于2002年建成，是鹰潭典型的老旧小区，过去小区基础设施薄弱，地下管网老化，雨季一来，‘小区看海’成了逃避不了的‘景观’。”雅典城业主委员会主任王春胜说，小区于去年11月进行了海绵城市提档升级改造，今年4月完成。此次改造不仅实施了雨污分流，还因地制宜通过铺装透水砖、修建生态植草沟、打造下沉式绿地等，有效解决了小区积水问题，使老旧小区既有“面子”，更有“里子”，居民们非常满意。

信江新区信江大市场小区曾是一个建成十多年的老旧小区，如今步入小区大门，却见路面干净整洁。这是该小区经过海绵提升综合改造后呈现的新面貌。提起改造前的小区，在此居住了十年的黄先生不禁皱眉：“以前小区地下管网纵横错乱，雨水管、污水管混接。地面凹凸不平，雨天路面积水，地下管道‘返水’是常有的事。”如今，该小区已对地下管网、楼房外立面、路灯、大门等配套设施进行了翻新建设。

雅典城小区、信江大市场小区是鹰潭开展海绵城市建设的一个缩影。“鹰潭积极探索推进海绵城市建设，特别是今年以来，鹰潭市加快实施并完成了一批老旧小区海绵化建设项目。”彭勇辉说，目前已完成雅典城等7个老旧小区海绵化改造，计划再完成4个老旧小区精品海绵工程建设。

打造产业创新『舰队』

——江西组建24个科技创新联合体透视

本报全媒体记者 齐美煜

11月19日，在于都举行的2022江西纺织服装周暨江西（赣州）纺织服装产业博览会开幕式上，江西省纺织服装产业科技创新联合体揭牌成立。至此，江西聚焦6大优势产业，在14个产业链分批组建的24个科技创新联合体全部揭牌成立。

组建科技创新联合体，这是江西围绕产业链布局创新链，打造高效协同创新体系的重要行动。产业链与创新链“双向奔赴”，会碰撞出什么样的火花？近日，记者对此展开采访。

梳理问题清单 变“无处下手”为“有的放矢”

种子是农业的“芯片”。江西在现代农业发展方面具有不可替代的地缘优势、资源优势、区位优势，但种业科技创新仍存在差距。现代作物种业科技创新联合体着眼当前最紧急、最紧迫问题，梳理了涉及产业链上中下游及延伸环节存在的主要问题。“这些问题并不是拍脑袋想出来的。组建前期，我们就广泛征集政府、企业、行业等方面的技术需求。”现代作物种业科技创新联合体负责人、江西农业大学副校长贺浩华教授说。

以“国家所需、江西所能、未来所向”为导向，各科技创新联合体围绕“产业链发展现状是什么样？科技创新联合体与产业链的关系是什么样？科技创新联合体如何通过技术创新促进产业发展？科技创新联合体如何构建对产业的技术支撑体系？科技创新联合体如何构建产业促进体系？”等五个核心问题，梳理成员单位国内对标企业清单、省内外优势研发团队清单、产业链各环节关键技术清单、江西在产业链各环节存在的问题清单等四项清单，并进一步明确研发方向，相应的技术支撑单位及产业促进单位。截至目前，各科技创新联合体共梳理问题清单300余项。

图14-16 江西日报对鹰潭市海绵城市建设情况进行报道（2022.12.06）

鹰潭市充分利用各种各样的宣传形式和手段，如新闻、报纸、公众号、动画视频、展板等等，向人民群众宣传海绵城市这一理念（表 14-1）。鹰潭市 2 个案例入选 2022 年度中国“全域海绵”典范项目，并获中国美丽城市典范称号，详见图 14-17、图 14-18。

表 14-1 鹰潭市海绵城市宣传情况一览表

序号	宣传类型	次数（覆盖面）
1	媒体	央视《新闻直播间》1 次、央视《朝闻天下》1 次、中国建设报 1 次、江西日报 3 次、中国日报网 1 次、中国新闻网 1 次、光明日报 1 次、科技日报 1 次、江西新闻客户端 3 次、鹰潭日报及鹰潭电视台 20 余次
2	公众号	各大公众号订阅用户总计超千人，每篇阅读量约 400+
3	动画视频	5 个科普视频在各大平台播放量总计 5 万 +
4	施工现场海绵宣传展板、围挡、视频	落实到 80% 的海绵项目建设工地
5	项目公示	落实到所有项目

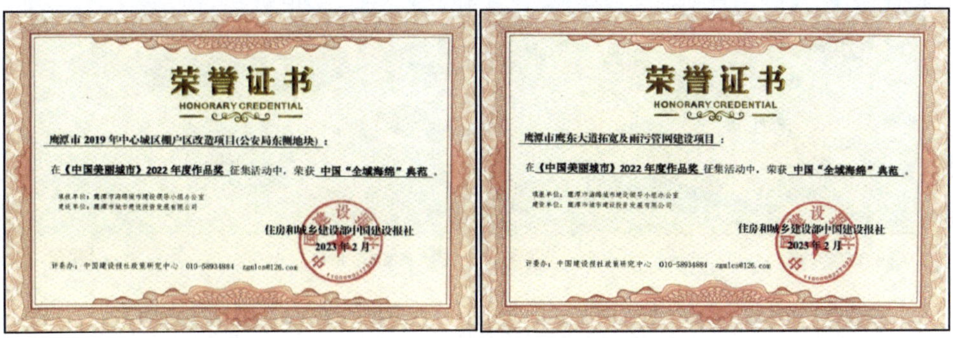

图 14-17 鹰潭市 2 个案例入选 2022 年度中国“全域海绵”典范项目

为了更加生动形象地向市民宣传鹰潭市海绵城市建设，鹰潭制作了海绵城市动画科普小视频，在学习强国上投放（图 14-19），同时创作了两个海绵宝宝形象（图 14-20）。鹰潭市海绵办积极投放至各大媒体，截至 2024 年 6 月，各个平台播放量达 5 万余次。将海绵城市建设以动画的形式展现出来，不仅有效降低了受众获取知识的门槛，让海绵理念的解析变得好玩，不再艰涩，还将海绵城市知识广泛普及至所有年龄段的市民。

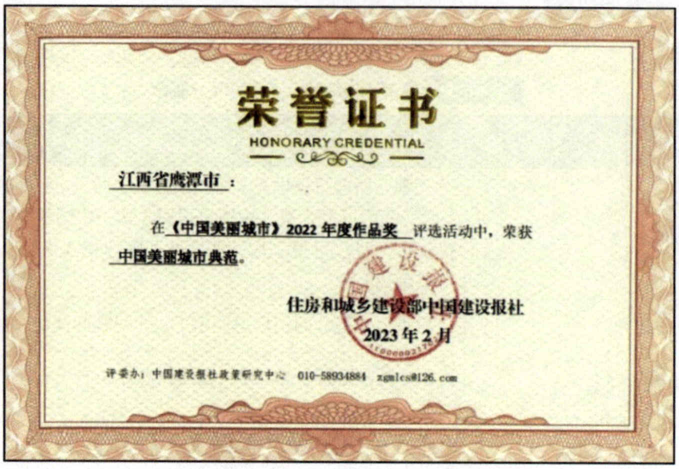

图 14-18　鹰潭市获中国美丽城市典范

图 14-19　海绵城市动画科普视频在学习强国上投放截图

图 14-20　两个海绵宝宝形象

14.4　公众参与

一是强化事前评议。邀请居委会代表、人大代表、政协委员、居民代表等参加海绵项目前期规划座谈会，广泛征求群众改造意见，公示海绵项目建设规划，形成民事民议、民事民办、民事民管的工作格局，充分激发了群众建设美好家园的内生动力。

二是强化过程监督。建立海绵项目建设社会监督小组，通过实地查看、媒体报道等方式对建设施工、项目验收进行全过程监督，确保做到“建什么、怎样建、建得怎么样”群众心中都有数，详见图 14-21。

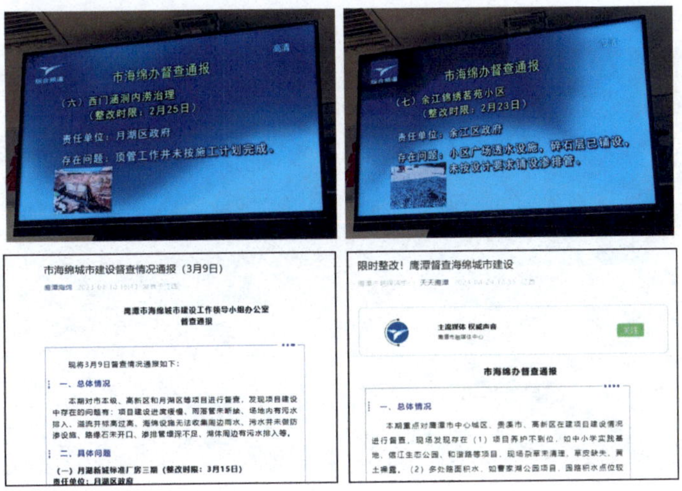

图 14-21　邀请居民督导施工现场，将市海绵办督查情况通过媒体向广大人民群众公示

三是强化成果共享。项目完工后通过回访征求群众满意度方式查漏补缺，整改达标，使居住小区基础设施进一步完善、管理进一步规范；以群众需求为导向对白露河、东川河进行改造，新建鹰西湿地公园二期、曹家湖公园等多个城市公园、口袋公园，为居民提供了宜乐、宜游的生态空间。小区及公园改造效果详见图 14-22、图 14-23。

图 14-22 老旧小区海绵化改造

图 14-23 公园海绵化改造

第四篇

鹰潭经验总结

第15章 示范城市建设典型案例

15.1 片区综合整治项目

15.1.1 信江新区厂网河湖园PPP项目

15.1.1.1 项目摘要

对信江新区范围内进行厂网河湖园一体化整治，项目以海绵城市建设为统领，统筹实施水系连通、城市排涝设施建设、城市水环境治理、污水系统提质增效等，项目分为3大板块113个工程子项。其中，水系连通及河湖整治工程17个子项、管网修复及污水提质增效工程77个子项、源头海绵化微改造工程19个子项。项目采用DBFOT模式实施，总投资近10亿元，合同期为“2年建设期+18年运营期”。

15.1.1.2 建设背景

项目建设前，信江新区主要存在五个方面的问题。一是水系未连通、行泄通道不畅，排涝能力不足。信江新区范围内有7个湖泊，但进水通道未连通，涝水难以进入排涝湖体，调蓄功能未充分发挥；刘家湖强排区排涝能力不满足20年一遇标准，涝水量1.9万m^3，排涝泵站功能不足。二是污水系统收集效能差。信江新区进厂污染物浓度及集中收集率低，是环保督察重点关注对象。排查全区地下管网 479km，发现问题点 48611 处，排水管网缺陷多。2021 年污水处理厂进厂 BOD 平均浓度为 40mg/L，B/C=0.25 ～ 0.27，进厂污水可生化性较差，外水入流入渗明显。三是虎岭湖、龙潭湖等生活区水体水质较差，局部点位呈现劣Ⅴ类，点源污染突出。四是秋冬季节降雨量少，河道无其他补水水源，河道干涸断流，景观效果差。如石鼓渡河、潭头河、夏家河、后源畈河等。五是源头地块人居环境差、休闲活动空间不足、雨天出行蹚水湿鞋体验差。部分地块径流控制措施不足，初期雨水污染控制及降雨削峰滞蓄能力弱，管网混错接严重，需进一步整改，以提升环境品质。

15.1.1.3　建设方案

（1）项目设计目标

到示范期末，实现信江新区“水安全有保障、水环境有改善、水生态有提升”的总体目标，打造“碧水相连、水城相融、人水相依”的生态海绵样板区，提升群众的获得感和幸福感。

从水安全、水环境、水生态三个维度确定具体目标，详见表 15-1。

表 15-1　项目建设具体目标表

指标类别	具体指标	建设目标
水安全	城市内涝防治标准	20 年一遇
	内涝积水区段消除比例	100%
水环境	污水集中收集率	≥ 60%
	污水集中处理率	≥ 95%
	信江新区污水处理厂进厂浓度	≥ 60mg/L（晴天 BOD_5 浓度）
水生态	年径流总量控制率	≥ 70%
	生态岸线比例	稳中有升
	天然水域面积	稳中有升

（2）设计方案

统筹实施信江新区城市防洪排涝设施建设、城市水环境治理和老旧小区改造等，从流域、区域、城市、社区系统化全域推进海绵城市建设。

一是源头截污，实施地块排水管网修复及完善工程。系统划分排水单元，针对已建成小区、公共建筑、商业综合体等77个排水单元，按照“一单元一策”的要求，制定完全雨污分流改造方案。改造内容包括排水立管、埋地管道混错接改造，缺陷管道、检查井修复，共修复改造管网81.2km，检查井1852座。

二是过程控制，实施市政道路管网、泵站修复及完善工程。对信江新区范围内31条市政排水管网系统进行排查整治，主要整治内容包括整改错混接点、消除外水入侵接入点、补充空缺的雨污管道、提高重要区域排水管道设计标准，消除积水点、管道清淤、修复污水管道缺陷点位、修复结构性缺陷的雨水管等，共修复雨水管道6.40km、污水管道12.54km，新建雨水管道11.90km、污水管道23.20km。此外，对4座污水泵站进行维护更换。

三是末端治理，实施水系连通及河湖生态修复工程。对龙潭湖、虎岭湖进行清淤、排口整治及岸线生态化改造，提升水体水环境，消除劣V类水体。同时，开展河道的拓宽和清淤疏浚工作，加强水系之间的连通，打通雨水行泄通道，并挖深湖泊、扩建刘家排涝泵站至4.11m^3/s，提高雨水滞蓄、排涝能力，系统提升片区排涝能力至20年一遇。水系连通布局详见图15-1，水系连通及河湖生态修复主要工程内容详见表15-2。

表15-2 水系连通及河湖生态修复主要工程内容表

序号	水系名称	规模	工程内容
1	龙潭湖	—	清淤、排口及岸线整治
2	虎岭湖	—	清淤、排口及岸线整治
3	夏家河	5.4km	拓宽和清淤疏浚
4	后源畈河	2.69km	拓宽和清淤疏浚
5	潭头河	2.52km	新建连通管，河道疏拓、新建护岸
6	石鼓渡河	3.77km	拓宽和清淤疏浚、新建护岸、水闸等
7	生态湖西南渠	1.55km	新建连通管、水闸等
8	德政连通管	0.53km	新建连通管、水闸等
9	娄家塘至夏家河河道	0.836km	拓宽和清淤疏浚

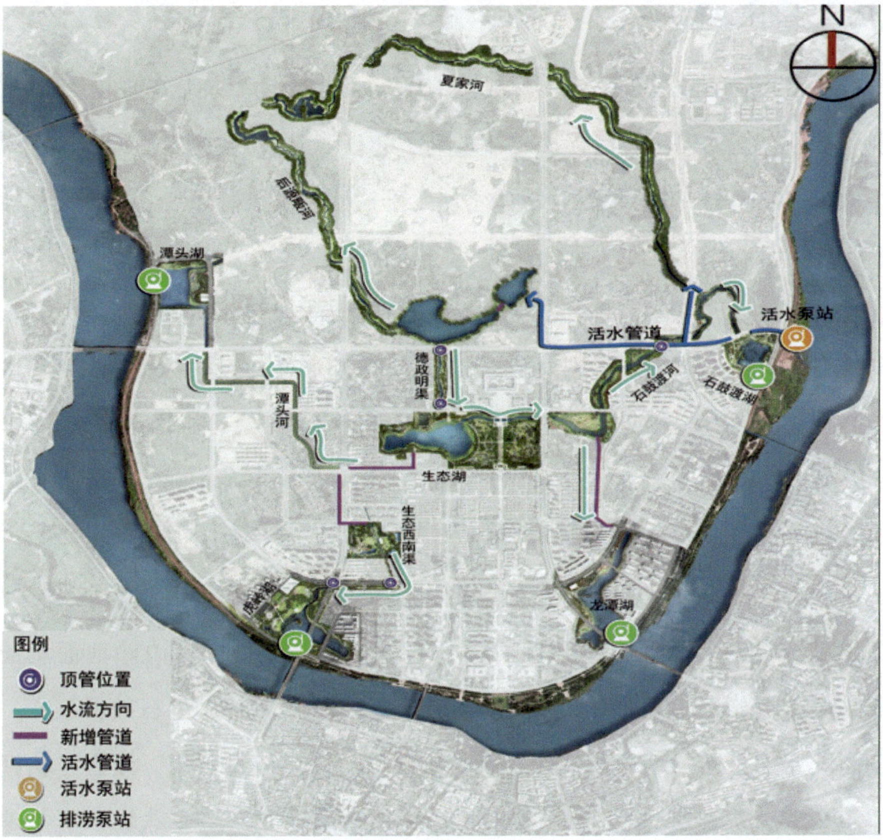

图 15-1　水系连通布局示意图

四是源头径流控制，实施源头海绵化微改造工程。紧扣海绵要求，建设了玉清路、旺埠路和龙虎山北大道等 13 个线性海绵工程；改造了流洪社区、民悦家园等 5 个老旧小区，新建透水铺装、植草沟、雨水花园等海绵设施，净化初期雨水，削减入河入湖污染物。

五是增加水体流动性，实施活水系统及中水回用工程。为实现信江新区河湖旱季有水，一方面，新建活水泵站（$2.5m^3/s$）及管网系统，在旱季将信江水提升至片区最高点的娄家塘水库，后通过重力流引至各河湖水系，配合水闸等措施，确保河道旱季的生态基流；另一方面，开展中水利用工程，新建潭头湖湿地处理信江新区污水处理厂尾水，处理后用于河湖补水，处理规模为 44 万 t/a。

15.1.1.4 实施成效

水系连通后，信江新区总调蓄规模 101.1 万 m^3，排涝泵站总规模 20.3m^3/s，实现了蓄排平衡，内涝防治标准总体达到了 20 年一遇，城区内涝积水点消除比例 100%。城区内“六河七湖”水体水质全部消除劣Ⅴ类。通过活水及再生水补水系统，实现了旱时补水、活水润城的新格局。

2023 年 10 月主体工程完工后，污水提质增效取得重大成效。2023 年 11 月至 2024 年 3 月较上个同期对比，信江新区污水处理厂进水 COD 平均浓度从 79.76mg/L 提升至 203.56mg/L，BOD_5（五日生化需氧量）平均浓度从 31.9mg/L 提升至 111.96mg/L，污水集中收集率从 17.13% 上升到 71.5%，污水处理率 100%。

完善市政基础设施，补齐了麒麟西大道、余信贵大道、龙虎山北大道等 7 条道路缺失的人行道铺装 70314m^2，非机动车道 45582m^2；消除地面坑洼积水点 152 处，修复道路病害 2300m^2。提升公园品质，新建了石鼓渡河一、二期公园，增加公园绿地面积 25.9hm^2；结合群众体育健身需求，改造了信江生态体育公园、虎岭公园，新建健身步道 1532m，足球场、篮球场、羽毛球场等各类球场 18 个；结合群众休闲娱乐需求，提升了龙潭公园、北站公园配套设施，增设绿道 4954m^2，儿童乐园 1862m^2，极大地提升了市民的幸福感和获得感。

15.1.1.5 经验做法总结

（1）坚持蓄排并举，推动全域河湖水系连通

梳理水系骨架。对夏家河、石鼓渡河、潭头河、后源畈河等 14.56km 河道全面清淤疏浚，恢复既有河道水系，优化雨水行泄通道。对龙潭湖、虎岭湖 17 个排水口进行源头截污，清淤 148452m^3，解决污水入湖问题，消除了劣Ⅴ类水质。对刘家电排站进行提标改造，规模从 1.57m^3/s 提升至 4.11m^3/s，强排能力大幅提升。

构建活水系统。新建规模 2.5m^3/s 的石鼓渡活水泵站，从信江河取水，经两路分别输送至娄家塘水库和夏家河城区两个最高点，对下游河湖水体进行旱季补

水。新建德政连通管和龙潭湖连通管，清理疏通西南渠，串联凌江水库、中央生态湖、龙潭湖和虎岭湖。安装 13 个自动闸门，实行智慧管控和联排联调，构建了蓄排平衡体系，重塑了河湖生态。

（2）坚持污涝同治，推动雨水污水各行其道

为坚决扛起治污管污的政治责任，在工作思路上，坚持厂网河湖园一体化系统治理，挤外水和收污水分类施策，改管网和修井室并重，市政道路和源头小区一体推进。在推进路径上，充分发挥项目“主力军”作用，修复改造和平路、幸福路等 29 条市政管网 41.2km，龙腾滨江、鹰潭一中等 48 个小区公建管网 81.2km，检查井 1852 座，提标改造了 4 个污水泵站；按照“政府制定目标、单位自行整改、部门监督验收”的方式，分两批组织动员天虹商场、星海湾等 29 个社会资本项目自行改造问题点 7623 处。在技术手段上，广泛使用球墨铸铁管、克拉管、一体式检查井等高强耐用新材料，推广运用非开挖管道修复、微型顶管、检查井聚脲喷涂修复等新技术，创新井内“连通管”新方法，攻克了管网改造施工技术性难题。在工作举措上，组建污水提质增效工作专班，分析问题，把脉方向，督促进度，严控质量；制定出台了《鹰潭市中心城区排水与污水处理管理办法（暂行）》，实现治水管水常态长效。

（3）坚持源头整治，推动城市功能品质提升

系统构建“源头 - 过程 - 末端”海绵设施体系，把源头海绵建设与补齐城市基础设施短板、提升城市功能品质有机结合，既重示范性，更重民生性，打造一批实用且具特色的源头海绵项目。

突出目标导向。紧扣海绵要求，建设了玉清路、旺埠路和龙虎山北大道等 13 个线性海绵工程；改造了流洪社区、民悦家园等 5 个源头小区，新建的透水铺装、雨水花园等海绵设施，实现了雨水的自然积存、渗透和净化，重塑了海绵生态基底，提高了城市韧性。

突出民生导向。按照“缺什么补什么，什么弱改什么”的原则，将项目建设与群众需求紧密结合。重点完善城市基础设施，修补路面坑洼点、补齐透水人行道、增加绿道及市民休闲活动空间，提升市民获得感与幸福感。

（4）坚持多措并举，建立健全项目推进机制

高位推动、协同联动是项目成功的前提。项目开工以来，鹰潭市委、市政府主要领导亲自谋划、亲自部署。分管副市长担任项目指挥长，每周召开会议调度进度、审定方案，经常深入一线解决问题。组建了由县级干部担任组长的四个专班，全程负责程序办理、工程推进、统筹协调。参建单位主动作为、靠前服务，采取“5+2、白 + 黑、雨 + 晴”工作模式，坚持“清单式”管理、“挂图式”作战，保障了项目高效有序推进。

系统施策、绩效考核是项目成效的保证。秉承“不唯海绵而海绵”的理念，既重“面子”，更重“里子”，既重当前，更重长远。以“污水怎么排、内涝怎么治、河湖怎么净”为导向，坚持厂网河湖园一体化系统治理。建立了绩效考核体系，实行按效付费，同时对每个施工班组实行考核，严格兑现奖惩，压实了各方责任。

群众参与、广泛监督是项目顺利的保障。在源头小区改造前，邀请辖区办事处、社区、物业及住户代表召开对接会，重点宣传“为什么改，怎么改”。改造中主动接受居民代表、人大代表和政协委员的监督，对指出的问题立说立改，把改造施工对市民正常生活影响降至最低，以务实管用的举措赢得市民的大力支持。

15.1.2 高桥片区海绵城市建设 PPP 项目

15.1.2.1 项目摘要

本次工程范围为鹰潭市高桥片区，北至浙赣线、东至赣厦线、南至320国道、西至白露河，片区面积共计约 $4.5km^2$，主要工程内容是高桥片区排水管网系统的雨污分流改造和东川河水环境综合治理工程。

15.1.2.2 项目背景

城南污水处理厂进水量及浓度波动大，运行不够稳定。高桥片区污水管网以混凝土管为主，年代久远，且污水管网的建设相对滞后，污水收集系统不完善，污水存在直排现象；整个排水系统基本为合流制，错接乱接现象严重，造成污水收集率低，大部分污水直接或者间接排放至水体。根据最新的管网普查及物探资料，鹰潭市的污水混凝土管大多存在管道淤积、破损和渗漏现象严重的问题。此外，由于区域建设的不平衡发展，存在一定程度的管网混接、管道过流能力不足、雨天溢流污染严重等问题。

15.1.2.3 建设方案

（1）项目设计目标

以达到《江西省城镇生活污水处理提质增效攻坚行动方案 (2022—2025 年)》中要求为总体目标，片区城市生活污水集中收集率力争达到 70%，片区末端污水井（污水泵站前池）进水 BOD 浓度≥ 100mg/L。

白马水库消除劣Ⅴ类水体，水环境彻底改善，水质指标达到《地表水环境质量标准》（GB 3838—2002）Ⅴ类水标准。本项目范围内东川河沿线旱季污水零排放，河道水质稳中有升，达到Ⅴ类水质标准。

（2）设计方案

本工程建设内容为高桥片区排水系统提升改造工程，东川河整治工程，白马水库整治工程，道路、小区及公建海绵化改造工程，共 4 个部分。

① 高桥片区排水系统提升改造工程。包括市政污水系统完善，雨水系统完善，小区源头化雨污分流改造，混接点改造及管道修复，实现高桥片区排水系统的整体升级。

a. 污水系统完善。该片区以东川河为界，分为东川河以北片区和东川河以南片区。东川河北片区以城中村及老旧小区为主，建设年代久远，排水系统复杂，片区常住人口数量少，因此本次方案设计中主要对南片区进行调整。针对东川河南片区，通过对污水管网系统梳理发现，存在污水管网空白区，本次工程新增五条市政污水管道：龙虎山中大道（东川河—天洁东路），新建 DN400 ～ DN600 污水管道，长度约 1132m；体育馆东路（体育馆路—320 国道），新建 DN400 污水管道，长度约 513m；320 国道（南站路—龙虎山中大道），新建 DN400 污水管道，长度约 725m；白露河截污干管，新建 DN600 污水管，长度约 201m；东川河截污干管，新建 DN1000 污水管，长度约 2561m，详见图 15-2。

图 15-2　高桥片区市政污水管网改造示意图

b. 小区源头化雨污分流改造。根据旧居住住宅小区、城中村、新居住住宅小区、学校文化体育区和商业公共服务区对片区内小区进行划分，根据小区内排水管网普查资料，对小区排水管网系统进行雨污分流改造。片区内共选择水岸华府、奥林山水、康桥铭居等 7 个居住小区及公建进行源头雨污分流改造及污水管道修复，对其余部分小区排水管网混接、错接点进行改造，实现雨污分流。

c. 混错接点改造。根据片区排水管网普查资料，本次工程设计对市政排水管网混接、错接点进行改造，彻底实现雨污分流。

d. 管道修复。根据检测结果选择合适的排水管道修复方案。本次修复针对管径≥ DN200 的污水管进行修复。

② 东川河整治工程。根据东川河 DN1000 截污干管排查及 CCTV 检测结果，管线难以修复利用，进行废除搬迁上岸，沿东川河南侧的天洁东路新建 DN1000 污水干管。

③ 白马水库整治工程。在水岸华府完全雨污分流改造的基础上，对内湖进行整治，采用“控源截污 - 内源治理 - 生态修复”的治理方案，详见图 15-3。

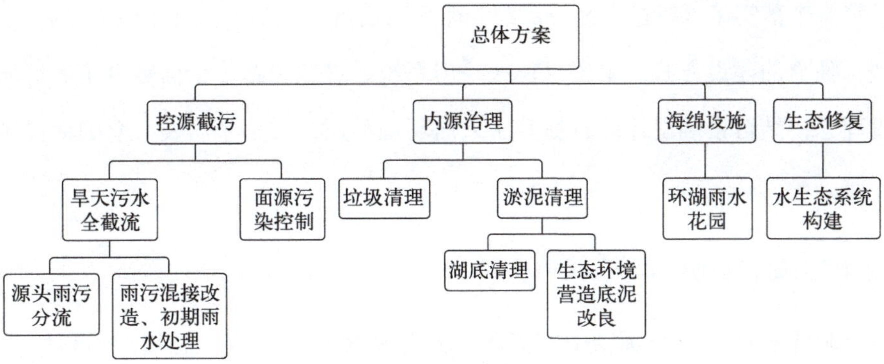

图 15-3 白马水库整治方案

a. 控源截污。在岸上进行雨污分流改造。同时在水库进水端设置人工湿地，净化上游来水。

b. 内源治理。通过湖泊清淤，逐渐恢复和提升湖泊水生态环境，提升景观品质。

c. 生态修复。生态修复种植面积约 1.8 万 m^2。生态修复方案：构建生物缓冲滞留带，利用底质微生物活化剂、锁磷剂进行底泥原位修复及水生态系统构建。

④ 道路、小区及公建海绵化改造工程。海绵型停车场改造：根据现场调研结果，本项目实施范围内的龙虎山大道、体育馆路和体育馆东路等沿线人行道及停车位区域的铺装存在不同程度的裂痕、起伏、破损等问题，且透水性能较差，降雨期间容易出现局部积水现象。结合落实海绵城市建设理念的要求，实现城市道路品质提升，在上述三条道路区域实施透水改造，改造形式包括建设透水混凝土，减少径流雨水量，建设面积约为 10100m^2，共改造停车位 388 个。

15.2 建筑与社区类项目

15.2.1 一阳湾

15.2.1.1 项目摘要

一阳湾小区项目是鹰潭市自入选系统化全域推进海绵城市建设示范城市以

来，第一个落实了“新建小区＋海绵”理念的项目。区别于前几年海绵设施零散、分散、独立的建设方式，本项目首次采用系统建设的思路，全面融合了海绵城市建设理念，结合景观设计综合提升了人居环境品质，增强了居民群众的幸福感和获得感。

15.2.1.2 项目概况

一阳湾小区位于鹰潭市信江新区，毗邻鹰潭市公安局。总用地面积约 13.3 万 m^2，其中绿化带及河道用地面积为 4.4 万 m^2。为新建地块配套建设海绵城市设施。

15.2.1.3 建设方案

（1）项目设计目标

依据上位规划要求及相关标准，本项目年径流总量控制率目标 75%，对应设计降雨量为 29.6mm，年径流污染物总量（SS 计）削减不少于 60%。

（2）设计方案

本项目根据区域内竖向、排水流向及管网敷设情况，共划分为 6 个汇水分区，每个分区因地制宜设置了海绵设施。根据不同区域的下垫面类型指标，计算得出每个汇水分区所需调蓄的雨水量，进而设计各区所需的下沉式绿地及雨水花园的面积。

小区路面、广场、园路雨水：一方面设置透水铺装，通过入渗降低雨水径流量，另一方面通过开口路缘石、自然找坡或植草沟的转输，将雨水引入下沉式绿地等低影响开发设施中进行净化处理后，再排入小区市政雨水管网。

屋面雨水：在雨落管底部断接，断接后经过植草沟转输，屋面雨水进入下沉式绿地、雨水花园、生物滞留池等海绵设施中，经滞蓄和净化后排入小区内市政管网，最终排入临近的石鼓渡河。

小区内雨水径流组织详见图 15-4。

图 15-4 小区内雨水径流组织图

15.2.1.4 实施成效

项目实施后，场地内下沉式绿地、雨水花园、生态植草沟等海绵设施能有效地净化雨水，削减径流污染，有效解决了区域内面源污染的问题；石鼓河作为场地天然的调蓄池，发挥着末端净化调蓄的处理功能，项目建成后，石鼓河内的水体水质也得到了显著的改善。项目建设后现场情况详见图 15-5。

图 15-5 项目建设后现场情况

海绵城市建设是城镇化绿色发展的重要方式，本项目的建设，落实了海绵城市设计的理念，控制径流量，削减入河污染量。同时，海绵城市的建设结合景观设计综合考虑，在下沉式绿地、雨水花园中将水生植物与景观种植进行搭配，使海绵城市与景观融为一体，提高海绵城市建设成效和展示度，提升了小区的整体品质。项目建成后，产生了明显的功能变化，如下雨时小区园路透水铺装路面不积水，小区绿化养护浇水减少，植物长势茂盛；暴雨天气不会发生内涝现象，业主对建设海绵设施非常满意；对提升小区的生态功能和宜居环境具有良好的示范参考作用，并成功入选了 2022 年度中国“全域海绵”典范项目。

15.2.1.5　经验做法总结

① 利用场地内现有河道进行整体规划设计，亲水步道采用透水材料，既能满足功能需求，又能落实海绵城市理念。同时，将透水园路下的渗排管引入河道，实现了雨水的良性循环。

② 海绵设施区域的绿化种植与景观设计相结合，水生植物与景观绿化相搭配，组成多层次的绿化空间。下凹的海绵设施与景观种植的微地形相结合，营造出高低起伏的竖向空间节奏感。

③ 对项目建设效果进行在线监测，通过实时水量数据反映一阳湾小区海绵系统的整体作用，为全市海绵建设成效的评估提供了数据支撑。

④ 在小区内设置项目海绵系统图和科普展示牌，提升了小区居民对海绵城市建设的了解与认知，真正做到让海绵城市建设成为惠民工程、民心工程。

15.2.2　雅典城

15.2.2.1　项目摘要

鹰潭市雅典城老旧小区海绵改造工程是“老旧小区 + 海绵”项目，项目位于亚热带湿润季风气候区，地形平坦，绿地空间充足，地表土壤多系红壤土，土壤整体渗透性欠佳，项目整体改造条件一般。本项目因地制宜，以问题为导向进行海绵城市改造，重点解决项目区的内涝积水、面源污染、居住环境不佳等问题，合理利用地形，综合雨水花园等源头减排措施与管网改造，“灰 - 绿”结合，实现年径流总量控制率达 80%，SS 削减率超过 50%，老旧小区雨水控制能力得到提升，人居环境得到改善，居民生活水平得到提升。

15.2.2.2 项目概况

（1）项目基本情况

雅典城小区位于月湖区老城区，南临天洁东路，东靠南站路，总用地面积为 3.96hm^2，其中建筑占地面积 1.4hm^2，在繁华的老城区中，交通十分发达，但由于年限久远，基础设施陈旧，为月湖区 2020 年度老旧小区改造项目。小区下垫面分为建筑、广场铺装、公共绿地、停车场、宅间道路、车行道路等类型，以居住用地为主。建筑主要为 6 ～ 7 层的多层居民楼，绿地率 24.63%。

（2）项目存在问题

① 小区路面铺装破损严重，绿化杂乱无章，雨天时，道路存在积水现象，绿化易招蚊虫蛇蝇，影响居民生活。

② 小区排水体制为雨污合流制排水，部分建筑雨落管存在居民私接入生活污水的情况，导致雨污分流改造难度增大。晴天时雨水口处常有恶臭散出。

15.2.2.3 建设方案

（1）项目设计目标

依据《鹰潭市中心城区海绵城市专项规划（2016—2030）》及相关标准要求，雅典城老旧小区改造项目年径流总量控制率需达到 50% 以上，对应设计降雨量为 13.4mm，年径流污染物总量（SS 计）削减不少于 40%，小区内实现雨污分流，并提升人居环境。

（2）设计方案

结合老旧小区改造，同步落实海绵城市建设理念。

① 总体设计。本次设计结合源头设施完善排水系统，进行彻底雨污分流改造，将原合流立管改造作为污水立管，改造接入污水管内，另新建雨水立管，并末端断接。

对小区内现有的绿地进行改造，设置植草沟、雨水花园、下沉式绿地等设施。屋面雨水经雨落管断接消能后引入建筑周边的海绵设施中；车行道设置开口路缘石，将路面雨水导入海绵设施；园路、广场及停车位采取透水铺装形式，渗滞雨水。径流雨水经过下沉式绿地或生物滞留池的滞蓄、净化处理后通过溢流井排入市政雨水管网中。海绵化改造技术路线图详见图 15-6。

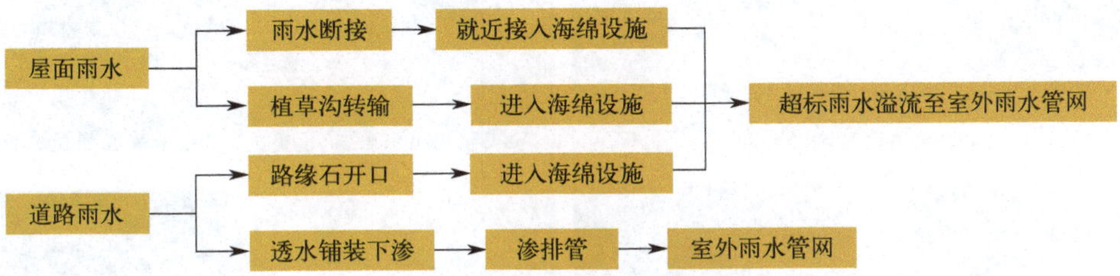

图 15-6　海绵化改造技术路线图

② 细节设计。雅典城生物滞留池设计调蓄深度 0.15m，植物种植土层 0.6m，土壤渗透系数在 10 ～ 360mm/h 之间，保证停雨后收集的雨水在 6 ～ 24h 内完成下渗。

雅典城小区透水铺装采用了透水混凝土、透水砖及生态嵌草砖等形式。透水铺装下渗排管排入海绵设施中。

对于外排雨落管有阳台废水混接的建筑，需新建排水管与屋面雨水分离，独立设立排水系统，并将阳台废水接入小区污水管线。将雅典城小区雨落管进行断接处理，将原本接入雨水管道的雨水引入建筑周边的下沉式绿地、生物滞留池、植草沟等生态设施内，断接位置设置消能设施，防止对绿地造成冲蚀。

15.2.2.4　实施成效

（1）数据佐证

雅典城小区海绵改造实施后，年径流总量控制率达到 51.32%，高于 50% 的目标值，SS 去除率达到 41.056%，高于 40% 的目标值，满足海绵城市建设要求。

（2）对比照片

雅典城改造前后对比照片详见图 15-7。

图 15-7 雅典城改造前（左）、后（右）对比照片

（3）社会影响

雅典城老旧小区海绵改造工程属于鹰潭市海绵城市建设的重点项目，具有可推广性以及示范性，可作为老旧小区改造的样板工程。通过该项目的示范，对综合解决老旧小区雨天积水问题、提升小区景观环境、削减径流污染、提升居民生活便利性和安全性具有重要作用，同时也可使居民深入了解海绵城市建设过程及意义，促进海绵城市建设项目的推广。

工程竣工后，多次迎接国家部委、江西省住建厅、鹰潭市各级领导的检查工作，获得了重点表彰，同时提升了居民生活环境，提高了居民幸福感及获得感。

15.2.2.5 经验做法总结

雅典城海绵化改造项目是鹰潭在探索城市老旧小区改造新模式“老旧小区 +

海绵”中最为成功的一个项目，可为其他“老旧小区 + 海绵”如何融入海绵城市的建设理念提供有价值参考。

① 本项目根据实际改造条件选择相应改造模式。老旧小区在进行海绵城市改造时可主要分为两大类，一类是整体改造条件较好，可以海绵城市改造目标为导向的小区，另一类是整体改造条件一般或较差，在进行海绵城市改造时需要因地制宜，以突出问题为导向的小区。有关单位在下达老旧改项目海绵指标时，可以雅典城老旧小区项目作为参考，合理下达海绵指标。

② 由于老旧小区建筑年代较久远，屋顶满足不了土壤及植物的荷载，且屋顶抗渗能力较差，不宜进行屋顶绿化改造。其他老旧小区改造项目可借鉴本项目改造的经验，采用强化径流消纳和增强污染削减两种方式进行改造。

③ 雅典城海绵化改造项目于 2020 年实施，雨污分流改造和道路系统改造结合老旧小区其他改造工作同步推进，减少了路面开挖频率，其施工过程发现的问题和教训为后期老旧小区海绵化改造项目提供了良好的经验借鉴，可作为样板指导该区域和附近片区相关老旧小区海绵改造的施工和后期维护运营。

15.2.3　中兆壹号院

15.2.3.1　项目摘要

中兆壹号院项目位于信江新区 S2 排水分区，为新建海绵型建筑与社区项目，项目总用地面积约为 11.07 万 m^2。项目在建设初期将海绵城市理念融入建筑及景观设计中，通过营造空间布局上的高差，实现雨水随地形自然汇集。采用下沉式绿地，生物滞留池、垂直绿化和透水铺装，实现雨水的源头控制，构建集中与分散相结合、美观与功能相协调、绿色与灰色设施联动的小区海绵体系，体现了人与自然和谐共处的精神，提升了人居环境品质。

15.2.3.2　项目概况

项目位置西临信江大道，北临铜兴路，西北角为新建住宅小区，东南面为麒麟东大道。整体地势较平坦，设计标高为 28.7 ～ 31.2m，主要采用下沉式绿地、生物滞留池、透水铺装等低影响开发设施来实现源头径流削减和面源污染控制。

15.2.3.3 建设方案

(1) 项目设计目标

根据鹰潭市海绵城市专项规划及相关标准，确定该项目年径流总量控制率目标为 70%，对应设计降雨量为 25.1mm；年径流污染削减率为 60%（以 SS 计）。

(2) 项目方案

① 对小区周边道路及周边绿地进行初期雨水收集，通过植草沟或者排水沟转输引入场地内的下沉式绿地和生物滞留池。超过径流控制的雨水再通过溢流井进入雨水管网，雨水径流组织详见图 15-8。

② 建筑外围设计散水沟，收集屋面雨水。屋面雨水立管全部断接，经过消能后进入散水沟，散水沟再通过排水管转输进入下沉式绿地和生物滞留池进行渗透、净化和调蓄，雨水径流组织详见图 15-8。

图 15-8　雨水径流组织图

③ 在景观种植的设计上，与常规绿地统筹整合，在植物选型上海绵设施内主要以耐水湿的花灌木草本植物为主，再搭配一些景石，提升整体景观效果。

本项目汇水面积为 11.07 万 m^2，地块综合径流系数为 0.467，可透水地面面积比例约为 52.60%。建设后年径流总量控制率为 70.04%，对应设计降雨量为 25.2mm，年径流污染物总量削减率（以 SS 计）为 60.52%。

15.2.3.4 实施成效

通过建设下沉式绿地、生物滞留池、生态植草沟等海绵设施净化雨水，削减径流污染，有效解决了区域内面源污染问题，系统提升片区水环境，使整个片区的人居环境得到极大改善。

在项目设计过程中，设计单位重视小区绿化系统的构建，结合小区整体规划设计、绿地面积以及景观设计等，确保小区绿化系统建设的观赏性与艺术性，同时绿化系统设计积极响应海绵城市规划，合理设置海绵措施，对雨水进行有效控制，加强小区绿化系统的实用性，打造符合海绵城市理念的住宅小区。中兆壹号院作为鹰潭市海绵型建筑与社区类的示范项目之一，具有可推广性。项目建成后效果详见图 15-9。

图 15-9 项目建成后效果照片

15.2.3.5　经验做法总结

① 采用散水沟统一收集屋面雨水，汇流后通过排水管导入海绵设施，合理解决了部分无绿化区域的立管断接问题，为屋面径流控制提供了合理性指导。

② 通过排水边沟转输道路雨水，横向间隔设置过水管将雨水引至海绵设施内，管道设置在绿化相对隐蔽处，实现雨水径流转输目标的同时美化环境。

③ 部分高层南面的下沉式绿地位于组团绿化后方，下凹感不突兀，整体美观性好，植物生长长势好，功能性佳，达到径流要求的同时，不影响景观视线。

15.2.4　北区城中村

15.2.4.1　项目摘要

北区城中村位于鹰潭市信江新区，包括三个地块，总用地面积 98749.64m^2。本项目是鹰潭安置小区类海绵项目，综合采用“渗、蓄、滞、净、用、排”等低影响开发措施，对雨水进行滞蓄、净化后排放，提升排水能力的同时，提高了小区的人居环境。

15.2.4.2　项目概况

鹰潭市信江新区棚户区改造（北区城中村）项目位于守一路以南、龙虎山北大道以西、规划一路以东。项目总用地面积为 98749.64m^2，其中 01-C-13 地块、01-C-16 地块总用地面积为 61491.06m^2，绿地率 39.98%；07-C-12-2 地块总用地面积 37258.58m^2，绿地率 43.61%。景观设计面积 82566.24m^2，绿化面积为 40015m^2，通过设置下沉式绿地、雨水花园、植草沟、透水铺装等低影响开发设施，对雨水进行收集、净化。

15.2.4.3　建设方案

（1）项目设计目标

根据鹰潭市海绵城市专项规划及相关标准，确定该项目年径流总量控制率需达到 85% 以上，年径流污染削减率达到 70% 以上（以 SS 计），对应设计降雨量为 41.9mm。

（2）项目方案

对于屋面雨水，本项目采取雨落管底部断接等处理方式，通过绿地自然坡度或设置植草沟转输，将屋面雨水引入下沉式绿地、雨水花园等设施，经下渗、调蓄、净化后排放。

对于路面雨水，一方面小区园路设置透水铺装，使雨水快速下渗，雨量较大时，通过透水铺装下埋设的渗排管转输至雨水系统排放；另一方面，在道路两侧设置开口路缘石，使路面雨水从开口路缘石处，经绿地自然坡度或设置植草沟转输，将雨水引入下沉式绿地、雨水花园等设施，经下渗、调蓄、净化后排放。项目雨水径流组织详见图 15-10。

本项目共设置雨水花园总面积为 8711m^2，下沉绿地面积为 3649m^2，透水铺装面积为 18858.6m^2。

图 15-10 项目雨水径流组织图

15.2.4.4 实施成效

通过设置各类低影响开发设施，对雨水径流进行控制，起到降雨削峰、错峰、滞峰的作用，同时去除初期雨水中携带的大量颗粒物、污染物，在一定程度上削减面源污染。项目完成后，能有效调蓄雨水 2389m^3，在年降雨厚度为 56.61mm 以内时，不产生外排雨水流入小区市政雨水管网。小区年径流总量控制率达到 88.94%，年径流污染物 SS 去除率达到 71.15%，能有效满足海绵城市建设指标要求。

项目将海绵城市的建设搭配景观设计综合考虑，使海绵城市与景观融合一体，提高了海绵城市建设成效，提升了小区的整体品质，为小区居民提供了更加舒适的居住环境。项目建成后效果详见图 15-11。

图 15-11

图 15-11 项目建成效果照片

15.2.4.5 经验做法总结

① 充分合理利用场地高差，将设施布置于相对低点，周边雨水通过自然坡度汇流至海绵设施，经设施下渗、滞蓄、净化后排放。

② 采用“应断尽断”的形式，将建筑周围立管底部断接，经消能池消能后，由植草沟转输或自然坡度汇流至海绵设施中。

③ 小区园路和广场采用透水铺装，使雨水充分下渗，减少雨水径流，做到“小雨不湿鞋，大雨不淹路”，优化居民雨天出行体验，改善小区整体环境。

15.3 道路与广场类项目

15.3.1 和谐路

15.3.1.1 项目摘要

本项目为高新区市政道路海绵化改造品质提升工程的子工程，建设内容包括绿地海绵化改造、人行道海绵化改造、雨污混接点改造等工程。本项目为“城市绿道景观提升 + 海绵”项目，采用源头削减分散式措施，结合自身基底条件，新建了植草沟、雨水花园、生态树池、透水路面等海绵设施，有效削减了路面雨水的径流污染。本项目的建设坚持以人为本的发展思想，在“上班的路”和“回家的路”上呈现更多绿水青山，让人们出行步步皆风景。本项目改善了城市生态，优化了居住环境，进一步增强了市民的幸福感和获得感。

15.3.1.2　项目概况

（1）项目基本情况

和谐路位于鹰潭市高新区，南接天洁路，北连万宝至路，是改造类海绵型道路与广场项目。和谐路为城市主干道，红线宽度 30m。

（2）建设前存在问题

项目改造前，和谐路存在雨水管网不完善、人行道破损严重、部分路段有积水风险等问题，给周边居民、工业企业员工的出行带来了较大的不便。由于靠近工业园区，路面灰尘较多，下雨天径流污染严重，雨水携带大量污染物直接排放到河流湖泊中，破坏城市水环境，项目改造前现场情况详见图 15-12。

图 15-12　项目改造前现场情况图

15.3.1.3　建设方案

本项目改造分为地下、地上两部分，技术路线详见图 15-13。

（1）地下部分

对于市政雨污混接点进行改造，完善市政雨污水管道，确保片区雨污分流。

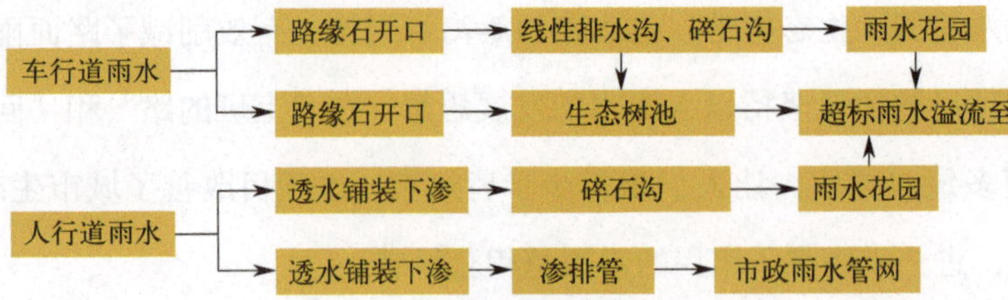

图 15-13 技术路线图

（2）地上部分

①沿人行道内侧绿化带上设置一条卵石沟，人行道上的雨水可通过卵石沟过滤、净化后排入雨水花园内；②人行道采用透水铺装，通过入渗降低径流量，并在路缘石处设置开口，开口路缘石内部设置小型卵石消能池，路面的雨水通过消能、过滤后，经自然找坡或过水通道的转输，将雨水引入生态树池、雨水花园中；③绿化带内设置雨水花园对雨水进行渗透、净化，有效地收集、调蓄周边地块雨水，将区域内的雨水有组织、有计划地排放，海绵设施布置及径流组织详见图 15-14。

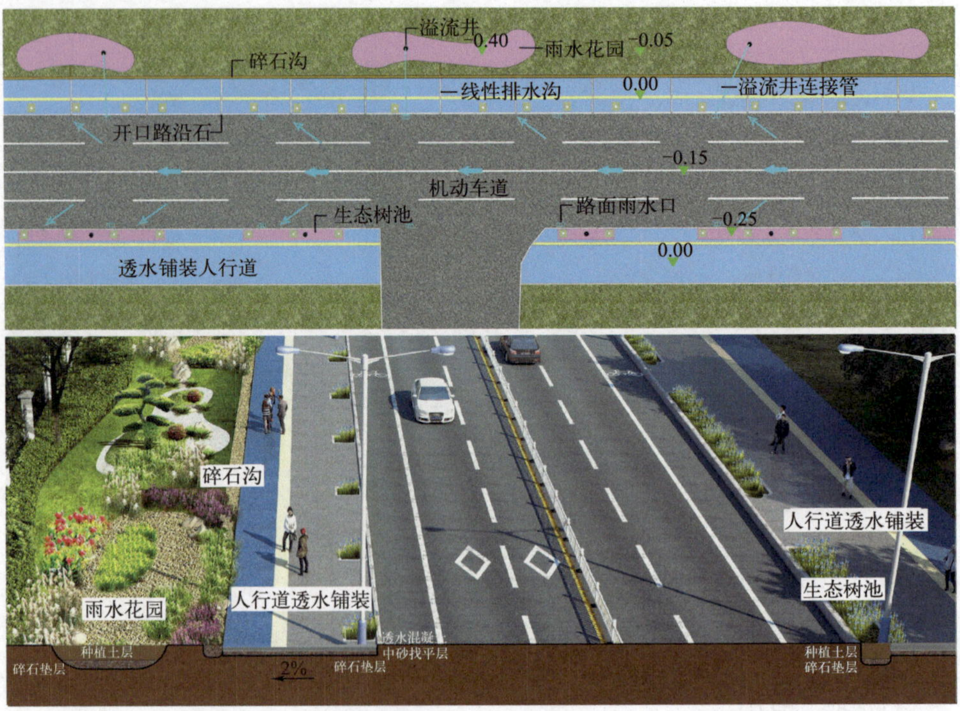

图 15-14 海绵设施布置及径流组织图

15.3.1.4 实施成效

经核算，本项目实施后和谐路的年径流总量控制率可达 46.17%，年径流污染削减率可达 36.94%（以 TSS 计）。

通过建设下沉式绿地、雨水花园、生态树池等海绵设施净化雨水，削减径流污染，有效解决区域内面源污染问题，使整个片区的人居环境得到极大改善，提高了居民的幸福感和获得感。本项目展示度较高，受到当地居民的好评，是鹰潭市海绵型道路广场改造项目的示范项目之一，具有可推广性。

本项目将景观建设与海绵理念充分结合，通过植物的合理配置和地形的优化设计，提高了市政道路后排绿地的景观效果和生态效益，改善了道路环境质量，为全市海绵型道路的建设提供了优秀示范。项目建成后效果详见图 15-15。

图 15-15

图 15-15　和谐路改造后景观

15.3.1.5　经验做法总结

① 从实际出发，因地制宜布置海绵设施。和谐路北段东侧后排绿地具有良好的改造条件，布置了雨水花园对雨水进行调蓄净化，但北段西侧和南段后排绿地原本的绿化较为完好，在保持原有绿化的基础上，通过在侧分带布置连通树池收集路面雨水。

② 从问题出发，实事求是解决问题。和谐路原有人行道破损严重，给周边居民出行带来不便，本项目将人行道改造为透水铺装，在方便居民出行的同时，通过透水铺装使雨水迅速渗透、排放，便于居民雨天出行。

③ 从人文出发，以人为本提升城市环境。和谐路的建设，通过起伏的草地、乔灌木来营造开放的景观，为市民提供舒适、有活力的现代化城市带状绿地空间，在海绵化改造的同时充分考虑群众的需求，提升了道路品质和城市环境。

15.3.2　玉清路

15.3.2.1　项目摘要

玉清路为双向四车道，道路两边分别设置了非机动车道和人行道。项目场地以平坦草地为主，城市绿道景观提升改造面积约为 11190m^2。通过将机动车道雨水引入道路绿化带中生物滞留池、下沉式树池等功能性景观处理，实现年径流总量控制率达到 79.64%，污染物去除效果，SS 削减率达 61.54%。同时起伏的草地、高大的乔木和舒适的步道营造的开放景观空间，为市民提供了现代、活力和舒适的城市休闲绿地空间。

15.3.2.2　项目概况

（1）项目基本情况

玉清路位于鹰潭市信江新区，是连接幸福路与滨江中路的次干道，全长 0.77km，为双向四车道，道路两边分别设置了非机动车道和人行道，非机动车道为沥青路面，人行道为普通混凝土砖砌路面，右侧人行道边缘有 15m 宽的绿地，为道路海绵化改造项目，玉清路横断面详见图 15-16。

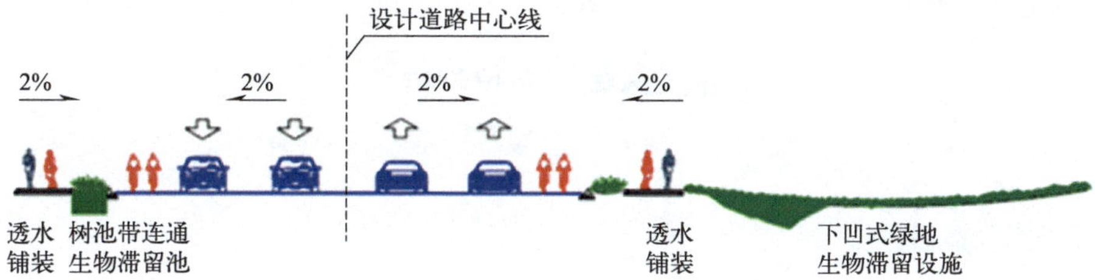

图 15-16　玉清路横断面图

（2）改造前存在问题

① 玉清路道路建设和交通流量的快速增长导致由轮胎磨损、沥青路面表面沥出物、汽油润滑油泄漏、制动部件磨损等带来的雨水径流污染大幅增长，污染物随雨水径流进入水体，对城市水环境构成一定威胁。

② 玉清路在项目建设之初，缺乏百姓活动空间，存在大面积的硬质路面，由于年代久远，局部路面已经出现破损、凹陷等问题，市民反馈下雨时局部存在积水，详见图 15-17。

图 15-17 改造前存在问题

15.3.2.3 建设方案

（1）项目设计目标

按照海绵城市专项规划及相关标准，利用水处理型生态景观，有效控制道路雨水径流污染，年 SS 总量去除率达到 60%，打造可持续自然积存、渗透、净化的健康生态系统。建立生态型雨水蓄滞系统，有效控制雨水径流，道路年径流总量控制率达到 75%，对应设计降雨量为 28.5mm。结合绿色海绵设施的应用，将绿色景观功能化，以较低成本丰富城市景观形态及生态多样性。

（2）设计方案

根据区域及项目的问题与需求分析，以削减径流污染为主要目标，应选择生物滞留池、下沉式树池等以净化功能为主的技术。根据项目建设条件分析，项目所在区域土壤渗透性较差，原土自然下渗难度较大，应通过介质层填料配比优化措施加强雨水的渗透。综合以上因素，本项目主要采用生物滞留池、下沉式连通树池等海绵措施进行雨水的滞蓄、净化处理，详见图 15-18。

图 15-18　生物滞留池（左）、下沉式连通树池（右）

构建微地块自然净化调蓄体，调整竖向关系，优化地块排水线路，合理布置各项海绵设施，将人行道盖板沟、植草沟、雨水花园等建设元素串联，引导雨水自然流入到绿地中的雨水花园中进行调蓄净化。海绵设施布置详见图 15-19。

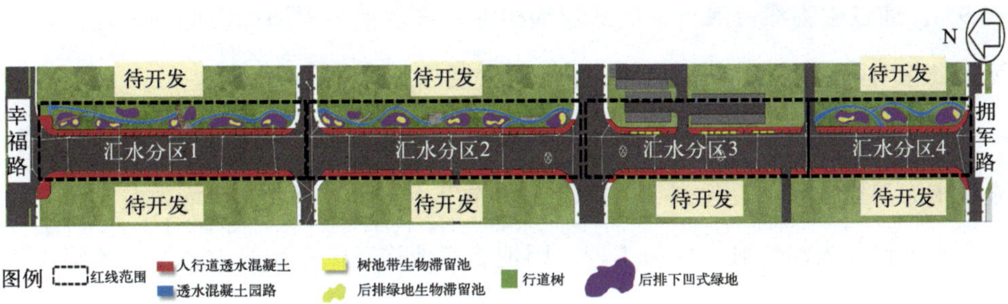

图 15-19　海绵设施布置图

本项目人行道采用了透水铺装、雨水通过铺装内部的孔隙下渗，雨量较大时，下渗不及时的雨水可以通过设置在碎石层的渗排管快速排至市政管道。绿地内建设有生物滞留池和下沉式绿地，车行道上雨水通过设置在人行道下方的过水通道进入雨水花园进行调蓄净化；在线性排水沟的进水口处还设置有格栅，将路面上的一些垃圾和落叶截流住，避免堵塞，导致排水不畅；超过了雨水花园下渗能力和调蓄容积的雨水则通过溢流井溢流排入市政管网；街边公园内部的雨水通过植草沟转输至雨水花园。玉清路雨水径流组织详见图 15-20。

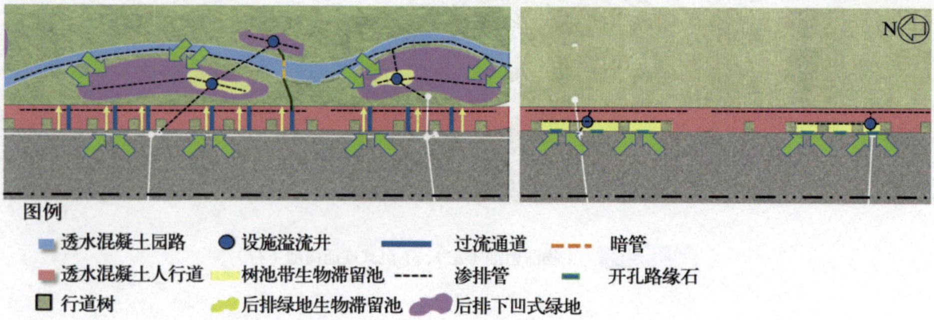

图 15-20 玉清路雨水径流组织图

15.3.2.4 实施成效

项目建成后，海绵设施调蓄雨水量共 518m³，年径流总量的控制率可达到 76.9%，通过生物滞留池、下沉式连通树池、透水铺装等海绵设施的处理，径流污染去除率可达 61.5%，满足海绵城市建设要求。

本工程建成后取得了良好的示范效果，其节能环保、绿色生态的设计理念对鹰潭市海绵城市的建设起到了以点带面的作用，产生了巨大的环境效益和社会效益。本项目作为海绵城市样板工程，因地制宜地构建低影响开发体系，收集净化雨水的同时把景观设计、绿化栽植等方面有机结合起来，在海绵城市建设与生态环境修复方面发挥了重要作用，为鹰潭后续海绵城市改造提供了经验和参考，促进了鹰潭市海绵城市建设发展。

工程建成过程中和建成后已多次迎接住建部、省住建厅领导的督查获得了一致好评。开放景观空间为市民提供了现代、活力和舒适的城市休闲绿地空间，旧貌换新颜，玉清路建设以来，周边老百姓满意度持续提升，海绵城市建设获得市民好评。玉清路改造后实景详见图 15-21。

图 15-21　玉清路改造后实景

15.3.2.5　经验做法总结

① 本项目所在区域土壤渗透性较差，原土自然下渗难度较大，在建设中通过介质层填料配比优化措施加强雨水的渗透。

② 本项目根据鹰潭市的气候、降雨和土壤类型及海绵设施的滞蓄深度、种植土性状等条件，选择了蒲苇、松红梅、南天竹、金钱蒲、狐尾天门冬和旱伞草等耐旱、耐淹、抗逆性强、景观价值高的植物，建设完成后，无论是在旱季还是雨季，都能产生生长良好、层次分明、色相丰富、四季有景的效果。玉清路在植物选型、搭配等方面可为其他建设条件相似的项目提供可借鉴的经验。

③ 本项目充分合理地利用树池及人行道后排绿地，将人行道与车行道雨水引入设施进行调蓄净化，打破了以往道路改造类项目只进行人行道透水铺装改造，不与周边绿地联动的局限，为鹰潭市其他道路改造项目落实海绵城市理念打开了新的思路。

15.3.3　鹰东大道

15.3.3.1　项目摘要

鹰东大道位于鹰潭市信江新区，道路全长约 4.3km，是展示鹰潭市城市形象的门户大道，因此道路的景观排水标准高、要求严，要求该项目力争构建城市“大海绵体”。该项目建设意义重大，是鹰潭市第一条对车行道雨水进行控制和净化的道路，为鹰潭市其他新建道路落实海绵城市理念打开了新的思路。一是通过统筹协调道路布局和竖向，合理组织地表径流。二是运用人行道透水铺装、下沉式绿地及排水通道等海绵设施，实现了对机动车道、非机动车道、侧分带、人行道及外侧绿化带的全断面径流管控。三是建立绿地生态型排水系统，外侧绿化带中海绵设施与周边地块排水设施相结合，承接并消纳了相当部分的雨水，实现了道路海绵设施与周边地块的结合与联动，增强了海绵设施的系统性。

15.3.3.2 项目概况

鹰东大道起点接龙虎山大道，终点与鹰东大桥北侧桥头顺接，为南北走向。道路全长约 4.3km，道路红线宽 24 ～ 55m，双向六车道，按城市主干道标准设计，并对道路红线外 15m 内的景观绿化进行提升，绿地面积约 13.3 万 m^2，属于海绵型道路广场新建类项目。鹰东大道建设前照片详见图 15-22。

图 15-22 鹰东大道建设前道路及边沟照片

15.3.3.3 建设方案

（1）项目设计目标

根据鹰潭市海绵城市示范建设项目建设技术要求，本项目设计年径流总量控制率不小于 55%，对应设计降雨量为 15.4mm，年径流污染物总量（SS 计）削减不少于 45%。

（2）技术路线

鹰东大道海绵化改造技术路线详见图 15-23。

① 机动车道径流控制：在侧分带设置下沉式绿地，将车行道内雨水通过开口路缘石引入，经净化、滞蓄后，溢流排入雨水管网。

② 非机动车道径流控制：在人行道下设置过水通道，将非机动车道雨水引入人行道外侧下沉式绿地内，经净化、滞蓄后，溢流排入雨水管网。

③ 人行道径流控制：人行道采用透水铺装，人行道雨水经透水混凝土后进入渗排管，排入雨水管网。

④ 绿化带径流控制：道路红线范围外绿化带内设置下沉式绿地等海绵设施，收集非机动车道及绿化带内雨水，净化、滞蓄后排入雨水管网。

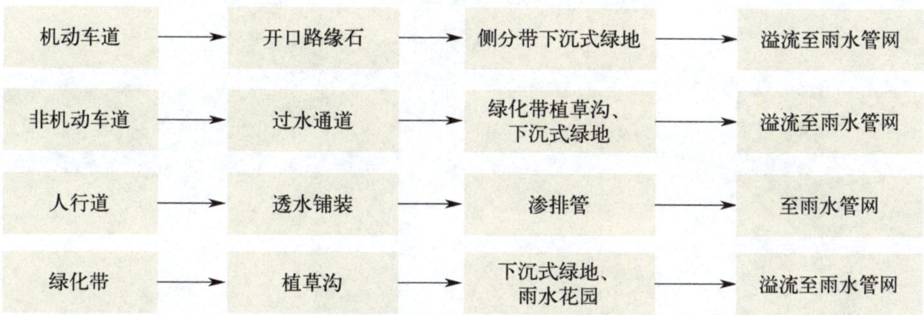

图 15-23　海绵化改造技术路线图

（3）设计方案

道路分为三个不同的典型断面，侧分带宽度各不相同。针对不同的道路断面形式，分别设计相对应的海绵设施。

① 龙虎山大道—余信贵大道段。道路宽度 55m，其中侧分带宽 4m，在侧分带内设置下沉式绿地，收集车行道雨水。非机动车道通过过水通道排入外侧绿化带内植草沟及下沉式绿地；人行道采用透水铺装；外侧绿化带设置植草沟及下沉式绿地，收集周边地块及非机动车道雨水。

设施布置横断面及大样图详见图 15-24、图 15-25。

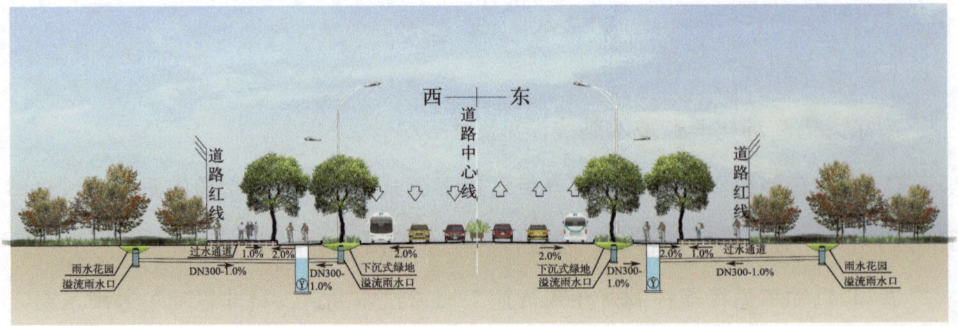

图 15-24 道路海绵设施布置横断图（4m 宽侧分带）

图 15-25 半幅道路海绵设施布置效果图（4m 宽侧分带）

② 余信贵大道—麒麟东大道段。道路宽度 40m，其中侧分带宽 2m，香樟树及电力电缆位于侧分带下，在侧分带内布置海绵设施空间不足，因此，本段侧分带内不做海绵设施，车行道雨水通过雨水口进入管道排放。其余位置海绵设施不变。外侧绿化带收集消纳地块雨水过程详见图 15-26。

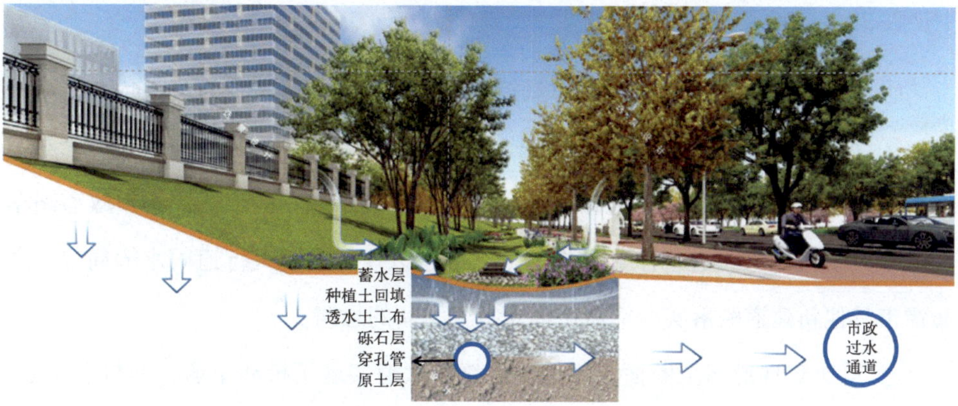

图 15-26　外侧绿化带收集消纳地块雨水示意图

③ 麒麟东大道—鹰东桥头段。道路宽度 24m，无侧分带及非机动车道，人行道采用透水铺装，渗排管接入雨水管道，道路外侧绿化带内设置海绵设施，与周边地块排水设施相结合。道路海绵设施横断面布置详见图 15-27。

图 15-27　道路海绵设施横断面布置图（无侧分带及非机动车道）

15.3.3.4 实施成效

① 鹰东大道改造后的年径流总量控制率为 82.8%、SS 去除率为 74.5%。

② 对机动车道雨水控制的先行先试。鹰东大道拓宽工程是鹰潭市第一个对车行道雨水进行控制和净化的道路。第一次通过开口路缘石的形式，将市政道路车行道雨水引入侧分带进行净化与控制，突破了以往只控制人行道雨水的局限。为鹰潭市其他新建道路落实海绵城市理念打开了新的思路。

③ 首次实现道路全断面雨水控制。鹰东大道实现了机动车道、非机动车道、侧分带、人行道及外侧绿化带全断面的径流控制，各断面间的控制措施相互连接、利用，提高了海绵设施利用效率。

④ 探索道路绿化带承接消纳周边地块排水。外侧绿化带中海绵设施与周边地块排水设施相结合，承接并消纳了相当部分的雨水，实现了道路海绵设施与周边地块的结合与联动，增强了海绵设施的系统性。

⑤ 解决了改造道路原有行道树保留难题。本项目最大的难点就是保留原有香樟树，在海绵城市设计过程中，充分考虑了原有行道树的生活习性，在设计细节上进行结合，充分保障行道树的生存条件。实现了海绵城市与现实建设需求的双赢。鹰东大道建设完成后实景详见图 15-28。

图 15-28 鹰东大道建设完成后实景

15.3.3.5　经验做法总结

本项目为拓宽改造道路，为了保留道路两侧原有的香樟树，将原树池位置设计为侧分带。

香樟树为樟目、樟科、樟属，常绿大乔木，为亚热带常绿阔叶树种。樟树多喜光，稍耐阴，喜温暖湿润气候，耐寒性不强，主根发达，具有深根性，能抗风，对土壤要求不严，但水涝易导致烂根缺氧死亡，且不耐干旱，瘠薄和盐碱土适应性差。

故项目难点在于下沉式绿地范围内如何尽最大可能保障香樟树的存活率。项目实施前香樟树根部标高高于道路面，下沉式绿地设计会导致香樟根部外露，影响存活率；雨期下沉式绿地排水不及时，香樟根部易缺氧烂根；香樟规格较大，下沉式绿地换填容易伤害香樟根部，影响存活率。

经过多方讨论研究发现，2m 宽侧分带处空间狭窄，再加上路缘石靠背、电力线缆、路灯基础等设施，导致一方面下沉式绿地建设空间不足，另一方面在下沉式绿地施工过程中不能保证香樟树的生存空间，因此，综合考虑保留 4m 宽侧分带内下沉式绿地设计，取消 2m 宽侧分带内下沉式绿地设计。项目实施过程中，保护香樟树根部，避免根部受伤及外露，断根处做好防腐、促发根措施，树根部尽量推高，做好根部周边的雨水渗排措施，增加对香樟树的保护。

15.4　公园与绿地类项目

15.4.1　北站公园

15.4.1.1　项目摘要

本项目位于鹰潭市龙虎山北大道以南，信江北大道以东、以西地块，毗邻高铁北站，总占地面积约 15.3hm^2，以信江北大道为界，分为东西两块区域，西侧面积约 6hm^2，东侧面积约 9.3hm^2。该地块地理位置优越，场地水系景观资源丰富，具有打造成鹰潭特色海绵型绿地公园的优越条件。

15.4.1.2 设计目标

本项目以恢复公园自然生态系统为主旨，遵循功能安全、生态优先、统筹兼顾、因地制宜、综合治理的原则，实现水的自然积存、自然渗透、自然净化。从基底条件出发，以问题为导向，采用雨水花园、下沉式绿地、生态旱溪、植草沟、人工湖、透水铺装等方式，解决场地内雨水径流污染、积水、生态环境等问题，打造永续生长的绿色门户，构建娱乐休闲、生态健康的城市公园，展现鹰潭现代、简洁、大气的文化脉络。

15.4.1.3 建设方案

以问题为导向，将“微创式”海绵设计手法融入公园中，遵循场地自然地形地貌条件，组织雨水径流；对水塘清淤增加调蓄能力；栽植水生植物净化初期径流；将公园内原有的雨水排水沟、排水管等收集的雨水汇流至海绵设施内；结合场地竖向，建设旱溪（300m^2）收集龙虎山大道道路径流，雨水通过旱溪转输至下沉式绿地内，溢流排入雨水管网，控制场地降雨径流量，削减面源污染；超标雨水溢流排放至中心水体，以降低市政管网负荷，减少洪涝风险，同时储存起来的雨水供公园内绿化养护临时取水用。

15.4.1.4 建设成果

在公园内建设生态旱溪，并布置水生植物对雨水进行净化，雨水通过旱溪径流排入地势低洼处的生物滞留设施内，溢流雨水最终排入市政雨水管网。在场地最低处结合现有水体设置生态湿地；通过生态湿地净化后的雨水溢流进入现有水体。

项目采用透水铺装、雨水花园等海绵设施消纳周边径流，同时结合 LID 措施设置园路和休憩广场，达到海绵理念与景观营造的良好结合。

该项目的实施，将雨洪集蓄，有效控制了雨水径流量，解决了场地内积水问题，同时起到水土保持的作用；昔日城市绿地成为广大市民群众运动健身、休闲娱乐的理想场所，为市民构建了一处城市高质量活动区间，是城市的天然“绿肺”和生态“氧吧”，对改善生态环境、促进水循环等方面具有十分重要的意义，必将产生良好的生态效益、经济效益和社会效益。北站公园建成后实景详见图 15-29。

图 15-29 北站公园建成后实景图

15.4.2 鹰西湿地公园二期

15.4.2.1 项目摘要

鹰西湿地公园二期位于高新区鹰西片区，建设面积约 46.50hm^2，为充分落实海绵城市建设理念，采用了“防洪排涝 + 系统治理 + 湿地景观”的设计思路实施建设。本项目利用鹰西湿地作为鹰西片区与白露科技园区部分区域排水末端的优势，充分发挥区域防洪、雨水调蓄及净化、中水利用等作用，综合水安全、水环境、水资源和水生态建设体系，为市民提供了一处集“生态野趣、科普教育、休闲交流、健身运动、户外体验、文化记忆”为一体的海绵城市湿地公园。

15.4.2.2 问题及需求分析

本项目建设前场地为养殖场、水面等，周边环境较差。项目建设前现场情况详见图 15-30。

图 15-30 项目建设前现场情况图

① 水安全问题：该区域是鹰西区重要的防治内涝区，防洪堤围成的湖区是鹰西片区胜利西路以南片区中地势最低位置，承接周边洪涝水的排放任务，有一定的洪涝风险。

② 水环境问题：周边地块及道路雨水未经净化处理直接排入湖区，造成初期雨水污染，同时水体受城南污水厂尾水排放以及水产养殖污水排入的影响，项目建设前水质不佳，伴有腥味。

③ 水生态问题：除天然雨水补水外无其他水源，湖中水体流动性差。水中未形成稳定的生态系统，水生动植物较少，水体自净能力弱。

15.4.2.3　建设方案

(1) 设计目标

依据上位规划要求及相关标准，本项目年径流总量控制率需达到 90% 以上，防洪标准达到 50 年一遇，有效应对 20 年一遇的暴雨，生态岸线率达到 100%。通过海绵城市改造，全面保障水安全、改善水环境、修复水生态、利用水资源。

(2) 设计方案

鹰西湿地公园处于鹰西片区东南、白露片区东北位置，东侧与月湖区老区相接，是这三个片区的中心位置，对此，该项目的设计思路及路线如下。

① 整体建设思路。在原有防洪堤围合而成的艾家湖中，保留 50 年一遇防洪标准的水安全要求，将艾家湖及周边淤积的绿地改造为湿地公园。对湖底、河滩进行清淤，内部防涝标准为 20 年一遇，通过潜流湿地、雨水湿塘、生态驳岸、生态滞留设施、植草沟、雨水花园、下沉式绿地、透水铺装等海绵设施，达到雨水收集、净化的目的，同时湖水可为公园绿化及高新片区市政洒水车提供浇灌用水，提高雨水资源利用率。

② 技术路线。根据竖向高低不同设计不同路线：对于建筑屋面雨水，先引入下沉式绿地、植草沟、生态滞留设施后再进入湿地水域（艾家湖）；对于城市道路市政管网雨水，先进入潜流湿地、生态滞留设施净化后，再进入湿地水域（艾家湖）；对于场地内车行道、人行道、非机动车停车场、集散广场等的雨水，先通过透水铺装进行渗透、滞留，多余的雨水经下沉式绿地、生态滞留设施净化后，再进入湿地水域（艾家湖）。在白露河枯水期，可由位于岗上堤位置的排口对白露河补水。

③ 调蓄排涝。项目汇水片区西至 206 国道（金田路），南至天洁西路，面积

约 150.94hm^2（图 15-31），片区雨水通过地表径流、雨水管汇入艾家湖。艾家湖常水位面积约 23.68hm^2，平均水深约 2m，调蓄水容量 61.5 万 m^3。常态时，艾家湖比白露河水位高，汇水经水体调蓄后重力流排入白露河；汛期时，白露河水位超过艾家湖水位，通过电排站强排水。

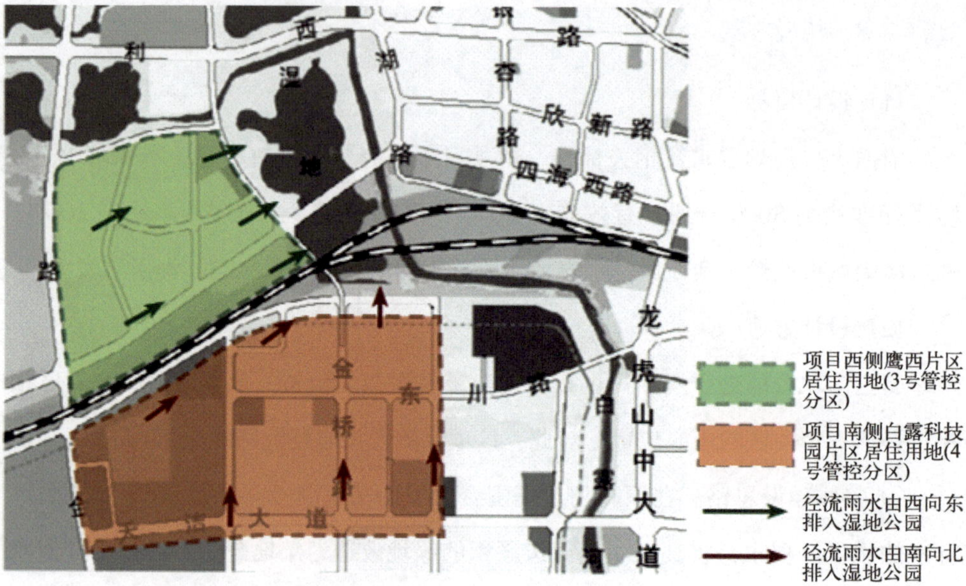

图 15-31　鹰西湿地二期汇水范围图

④ 非常规水资源利用。城南污水厂处理后的出水排入潜流湿地，通过沉砂池、厌氧池、填料池多级处理后排入前置塘，经前置塘进一步净化后为艾家湖补水，作为再生水景观环境用水。同时，在艾家湖水面设置 2 个取水点，浇洒公园内的绿地，并为市政洒水车提供绿化浇灌用水。

15.4.2.4　建设效果

本项目建成后有效增加了艾家湖南侧淤积滩涂作为可利用的水域面积，总常水位面积约为 30.78 万 m^2，调蓄水容量为 61.5 万 m^3。本项目实施后，年径流总量控制率可达 94.0%，年径流污染控制率可达 78.96%，均可达到目标要求。

本项目通过生态滞留设施、下沉式绿地、雨水花园、植草沟、生态驳岸、雨水湿塘、透水铺装等海绵设施滞留、下渗、净化雨水，削减径流污染，发挥湿地末端净化雨水的功能，系统治理，提升了片区水生态环境；将建设前的劣Ⅴ类水质提升到Ⅳ类，有效改善了水质，构成了“水清、岸绿、景美”的湿地景观。

本项目全面提升了周边区域的生态环境质量。项目建成后，湿地周边人居环境良好，吸引了大批市民到公园内散步、游玩，为市民提供了一处集“生态野趣、科普教育、休闲交流、健身运动、户外体验、文化记忆”于一体的海绵城市湿地公园，获得了居民的一致好评，是鹰潭市海绵型建设项目的示范项目之一。鹰西湿地公园二期建设成效详见图 15-32。

图 15-32　鹰西湿地公园二期建设成效图

15.4.2.5 经验做法总结

① 水环境治理与人文关怀相结合。对湖底以及积淤滩涂部分进行清淤处理，增加水域面积及生态岸线长度。新建水岸做缓坡入水，设置自然的松木桩护岸，并在安全水岸线内种植水生植物，提升驳岸亲水性和观赏性。

② 水安全保障与原有景观相结合。有效利用原有自然生态的人工湖，在雨季时通过系统布置的海绵设施（透水铺装、下沉式绿地、雨水花园、雨水湿塘、生态驳岸、生态滞留设施、植草沟等）滞留、收集、净化雨水，将雨水汇入到艾家湖，起到区域调蓄雨水的作用。

③ 水资源利用与污水处理相结合。对城南污水处理厂中水加以利用，将中水通过自然生态的方式处理后对鹰西湿地公园二期以及白露河下游在枯水期进行补水。

④ 水生态修复与提升人居环境相结合。对周边相邻地块进行系统考虑，实现鹰西湿地公园二期生态修复的同时，改善周边小区、村庄的人居环境，提升居民的幸福感和满意度。

15.4.3 曹家湖公园

15.4.3.1 项目摘要

曹家湖公园位于贵溪市城南雄石街道，周边围绕四条主干道，北侧为四中大道、南侧为曹家湖路、西侧为沙井路、东侧为复兴路。总占地面积为 36438m^2，绿地面积为 16372.5m^2，绿化率 44.93%，水域面积为 10470.4m^2，水域占比 28.73%，建筑面积为 96.4m^2。

15.4.3.2 项目概况

曹家湖公园项目共建设雨水花园 1204m^2，占比 7.36%；下沉式绿地 3575m^2，下沉式绿地率为 20.59%；透水铺装（透水砖及透水混凝土）4355m^2，透水铺装率为 49.80%；海绵设施蓄水容量可以达到 956.06m^3。水域岸线全部采用生态岸线，水域面积 8963.9m^2，常水位的围合面积约为 7000m^2，常水位深度约为 1.5m，湖体的蓄水容积为 10500m^3。本项目周边道路约 9820m^2 汇水面积的雨水经过路边横穿人行道的过水管道的收集进入海绵设施，最终汇入水体。

15.4.3.3　问题及需求分析

公园改造前场地多为菜地田圃，杂乱无章，场地与周边道路存在高差，居民出入不方便。驳岸沿线生活垃圾、农业垃圾、建筑垃圾堆放，雨季时，周边雨水汇入湖体，导致水质恶化。另一方面，由于缺乏雨水溢流调蓄设施，雨水无法及时外排，水位上涨，地势低洼处容易产生内涝风险，影响周边群众出行安全。曹家湖公园改造前现场情况详见图 15-33。

图 15-33　曹家湖公园改造前现场情况

15.4.3.4　海绵控制指标

曹家湖公园位于《贵溪市海绵城市建设专项规划 2022—2035》01 号管控分区，按照要求，本项目年径流总量控制率需达到 90.3%，对应设计降雨量为 52.0mm，SS 去除率 75.3%，生态岸线率 100%。

15.4.3.5 总体方案

根据曹家湖公园的特点及存在的问题，综合考虑海绵城市建设，总体实施方案详见图 15-34。

① 按照海绵城市专项规划的地块指标要求，合理地配置海绵设施，满足规划条件。

② 利用海绵设施及水体的调蓄容积，缓解周边市政管网的排水压力。

③ 水体东北角布置溢流口，连通市政管网，调蓄控制公园湖体雨水。

④ 雨水通过“路面—过水通道—下沉式绿地—雨水花园—室外管网—水体”的技术路线，得到有效的净化，从而缓解水体水质污染。

⑤ 充分落实海绵理念，合理搭配植物，打造景观优美、展示公共空间风貌的休闲娱乐公园。

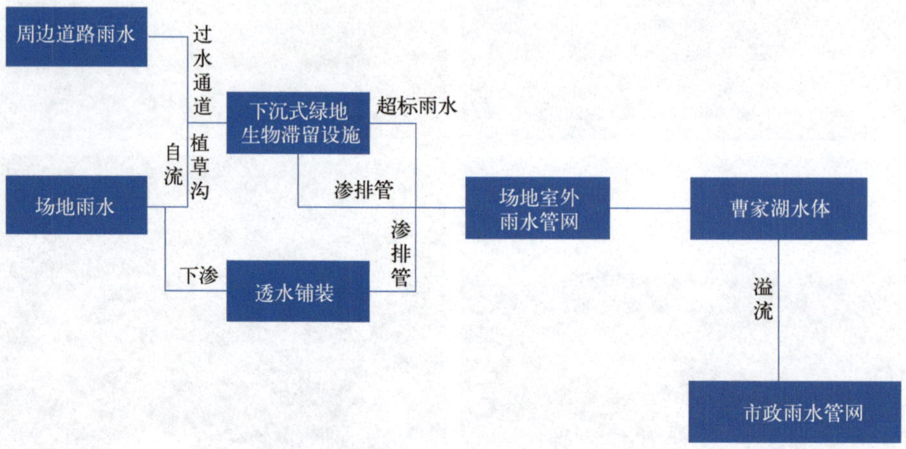

图 15-34 实施方案

15.4.3.6 汇水分区

根据曹家湖公园场地竖向关系及雨水管网走向，可将公园划分为 5 个汇水分区，通过设置透水铺装、雨水花园、下沉式绿地、植草沟等海绵设施，增大下垫面的透水面积，场地内雨水能够有效地收集、下渗、滞蓄，从而减少地面径流，同时周边地块径流雨水经过海绵设施滞蓄净化后流入曹家湖中，可削减对公园的水源污染。

15.4.3.7　建设效果

曹家湖公园的建设是贵溪市的一项重要的民生项目，结合海绵城市设计理念，搭配休闲娱乐的设施，以其独特的设计和多功能性，赢得了周边居民、学校学生及医院病友们的广泛喜爱与高度满意。项目建成后，年径流总量控制率达到91.8%，SS 去除率达到 76.7%。曹家湖公园可以涵养水源、净化水质，维护城市生态平衡；同时，与片区防涝治理、面源污染控制、污水防治相结合，营造生态优美的城市环境，成为贵溪市水系治理与海绵城市建设理念相结合的典型项目。曹家湖公园改造后实景详见图 15-35。

图 15-35　曹家湖公园改造后效果图

15.5　水系类项目

15.5.1　信江干堤治理

15.5.1.1　项目摘要

鹰潭市信江干流已形成较为完善的城市防洪工程体系，但仍存在不少薄弱环节。本项目旨在解决信江干流城区段存在的薄弱环节，特别是河道“U”形结构导致的冲刷问题和堤防管理标准化不足的问题，以进一步提升城市防洪能力。

15.5.1.2 项目概况

（1）项目基本情况

本工程整治范围为信江干流鹰潭城区段，起点为干流信江村处，终点为下游沪昆高速公路处，整治河长 16km（图 15-36）。本工程主要内容包括崩岸治理工程、堤防标准化工程两部分内容。崩岸治理工程内容为新建护岸长度 9.27km，其中北岸 5.35km，南岸 3.92km；堤防标准化工程的堤防标准化长度为 32km，包括布置界桩（牌）32km、标识标牌堤防长度 32km，堤顶路硬化 3.33km，草皮修复堤防长度 6.11km（破损草皮修复 3.02km，堤后低洼地海绵化改造 3.09km）。

图 15-36 项目区位图

（2）建设前存在问题

一是信江鹰潭段河道呈“U”形状，部分岸坡为土质边坡，抗冲刷能力差。局部河段受河流侧蚀作用，存在河岸崩塌现象，危及堤防工程安全，详见图 15-37。

图 15-37　土质边坡无护脚（左）、岸坡垮塌（右）

二是已建堤防在管理范围界定化、管理运行安全化、管理过程信息化等方面与堤防标准化管理存在较大差距，详见图 15-38。

图 15-38　堤防无管理范围线界桩、标识牌（左），防汛道路不满足要求

15.5.1.3　建设方案

（1）护岸设计

① 新建护岸段设计：护脚根据河道水力条件及岸坡条件采用抛石护脚及土工布软体排压抛石两种护脚方案（图 15-39）。对于河道顶冲段岸坡陡于 1∶2.5 段，护脚采用抛石护脚，抛石顶宽 3.0m，抛石坡度采用 1∶2.5，在抛石坡脚处多抛水平长度 5m 用以填补预估冲刷坑坡面使之稳定，防止继续下切。对于河道非顶冲段岸坡缓于 1∶2.5 段，护脚采用土工布软体排压抛石进行防护。充沙管袋以框格形缝制在复合土工布上。在铺设土工布软体排之后再压抛石进行防护，抛石厚度 0.8 ～ 1.0m，在抛石坡脚处多抛水平长度 5m 用以填补预估冲刷坑坡面使之

稳定，防止继续下切。抛石顶与滩地或坡脚高程采用 1∶3 放坡进行衔接，坡面用0.5m厚干砌石进行防护，干砌石下部用0.2m碎石砂垫层，垫层后铺设土工布，干砌石坡脚采用 0.6m×0.8m C25 混凝土进行压脚。

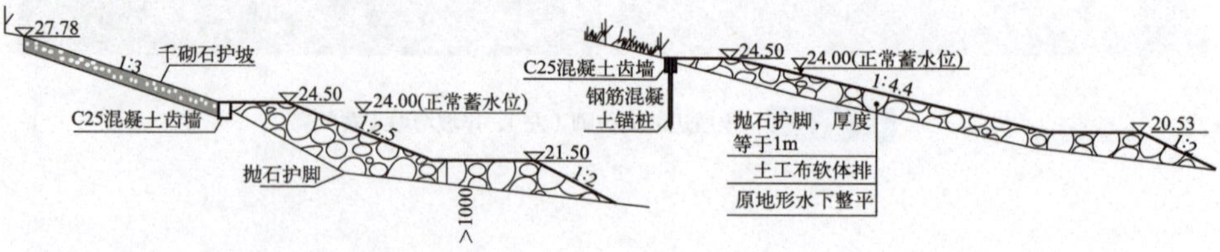

图 15-39 抛石护脚典型断面（左）、土工布软体排压抛石护脚典型断面（右）

② 北岸护岸加固设计：已垮塌护岸段岸坡较陡，护脚采用抛石护脚，抛石顶宽 3.0m，抛石坡度采用 1∶2.5，在抛石坡脚处多抛水平长度 5m 用以填补预估冲刷坑坡面使之稳定，防止继续下切。采用 C25 混凝土护岸挡墙进行岸坡的防护，墙底坐落于抛石护脚上挡墙顶，与公园平台或步道顶齐平，详见图 15-40。

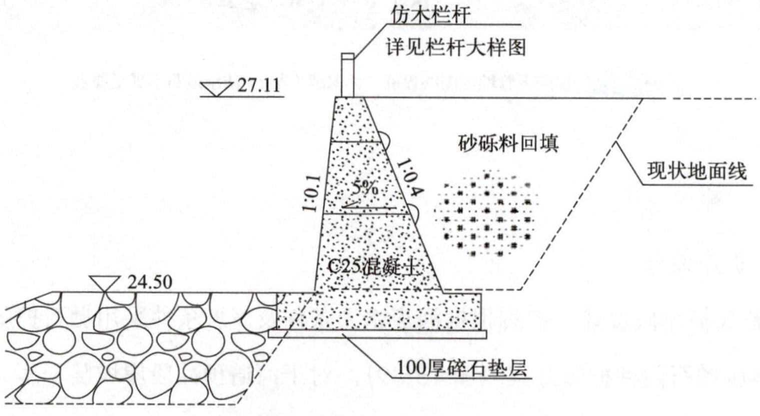

图 15-40 北岸护岸加固设计典型断面

③ 南岸挡墙修复设计：南岸垮塌段护岸底部护脚完好，仅为护脚以上的护岸挡墙垮塌，本次修复设计为在硬质的护脚上新建 C25 混凝土护岸挡墙进行防护。

护岸挡墙修复典型断面和新建护岸平面布置详见图 15-41、图 15-42。

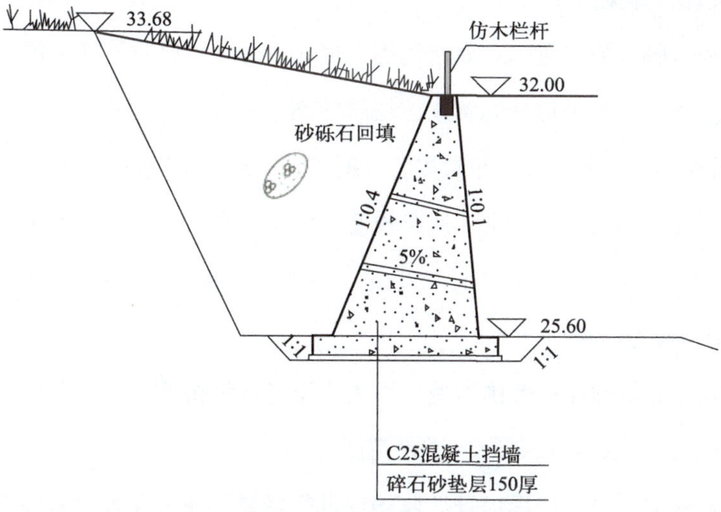

图 15-41　南岸护岸挡墙修复典型断面

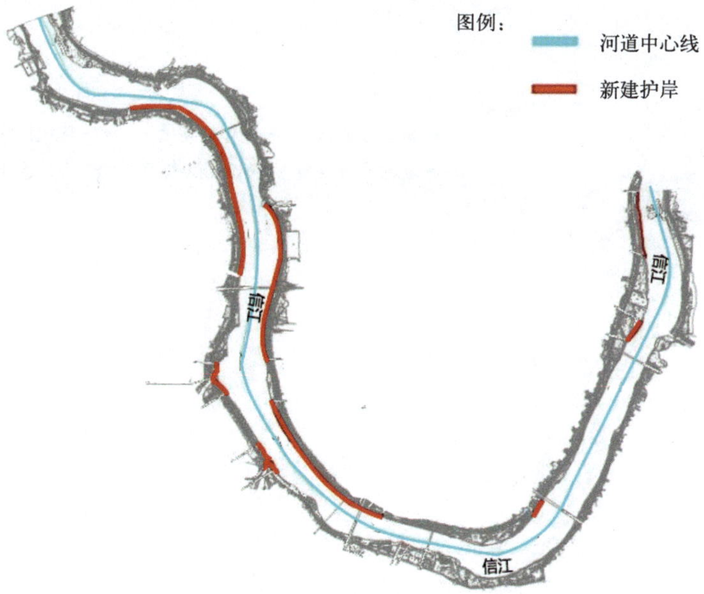

图 15-42　新建护岸平面布置图

（2）堤防标准化设计

本工程堤防标准化工程包括布置界桩（牌）、标识标牌，堤顶道路的硬化、草皮修复设计，详见图 15-43。

① 界桩（牌）的布置：对此段河道长度 16km 已建堤防管理范围线全段布置界桩（牌），河道管理范围线为背水侧堤脚外不小于 30m，本次界桩（或界牌）岸背水侧堤脚外 30m，其中北岸布置堤防长度 15.11km，南岸布置堤防 16.78km。

② 标识标牌：对此段 16km 河道长度左右两岸堤防，除北岸鹰东大桥以上夏埠堤外的全部布置，其中北岸 15.27km，南岸 16.78km，包括公告类、名称类、警示类、指引类等四种。

③ 堤顶道路的硬化：范围为龙虎山大道至鹰西大桥北岸，堤顶硬化道路采用沥青混凝土，硬化长度 3.33km，道路宽度 6m。

④ 草皮修复：对港口堤堤身护坡草皮进行修复，在土堤表面喷播固土能力强和景观效果较好的狗牙根，草皮护坡长度 3.02km；本段已建堤防与市政道路之间存在较大裸露低洼地，不利于堤防安全及标准化管理，对此段低洼地进行回填海绵化改造及绿化，改造长度 3.09km。

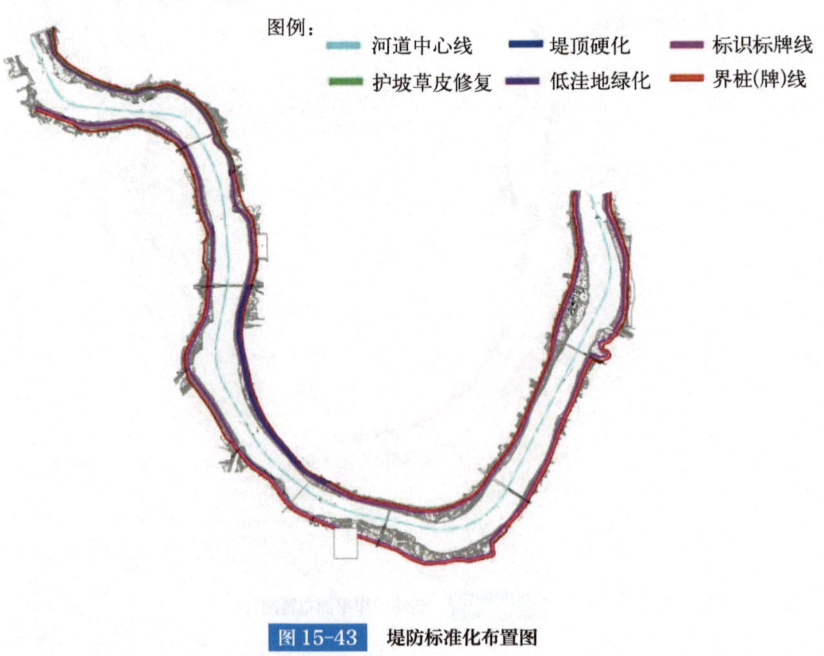

图 15-43 堤防标准化布置图

15.5.1.4　实施成效

项目实施后，信江两岸岸坡稳定性得到提高，减轻了由于通航对信江两岸造成的岸坡影响，防洪体系得到全面巩固，鹰潭市防洪标准总体达到 50 年一遇。工程完工后，信江公园（信江右岸）水毁木栈道全面修复，相关配套设施得到完善，人居环境得到有效提升，项目建成后实景详见图 15-44。

图 15-44　信江两岸建设效果

15.5.1.5　经验做法总结

① 创新建设工艺，保证河道长期稳定。首次在鹰潭采用了软体排护岸工艺。软体排铺设作为护岸工程建设的一道重要工序，具有整体性较好、适应河床变形

和抗冲刷能力较强等优点。它覆盖在有水流冲刷处，既能削减冲击能量，又可利用土工织物的反滤作用，使覆盖面下的土粒不被水流冲走，可以有效抑制水流冲刷，起到稳定河床的作用。

② 宣传水文化，全民普及水利知识。结合原有的部分景观绿化，进行河长制、科普元素植入，设置宣传标牌、雨水花园、地表铺装、步道等，打造集休闲、赏景、科普等功能于一体的河长制主题公园。把河长制从纸上搬到现实，让广大群众看得见、摸得着，在家门口就可以立体化感受深厚的水文化底蕴及治水历史。河长制主题公园的建设不仅可以作为市民休闲游憩的场所，还能通过科普宣传水利知识，传递爱河护河的重要性，进一步提升广大市民的知水、爱水、护水、惜水意识。

③ 建设“幸福河湖”，贯通修复信江北岸巡检慢行步道，建设补全公共配套设施，全面改善周边人居环境。修复及新建了鹰东大桥至鹰西大桥段巡检慢行步道4.35km，对原有的巡检通道进行拓宽，破损的路面重新进行铺装。步道贯通信江公园、虎岭公园、河长制主题公园。巡检通道与休闲慢行步道相结合，不仅为城市河岸堤坡巡检、水环境日常检查提供便利，也为市民打造了一个静谧、绿色、舒适的亲水空间，助力营造“河畅水清、岸绿景美、人水和谐”的氛围，显著提升市民幸福感。

15.5.2 港口水闸项目

15.5.2.1 项目概况

港口水闸位于江西省鹰潭市信江新区，坐落于港口堤信江与硬石河交接处（图15-45）。距梨温高速公路约2.2km，距沪昆高速铁路约0.1km。水闸控制流域面积126.5km^2，最大下泄流量为628m^3/s，是一座以排涝、防洪为主，兼顾蓄水灌溉等综合效益的水闸工程。为解决原港口水闸过流能力不足，设备老化等问题，确保水闸的安全运行和正常效益的发挥，本工程将港口水闸拆除重建，在原址将老闸挖除，重新布置泄洪闸。

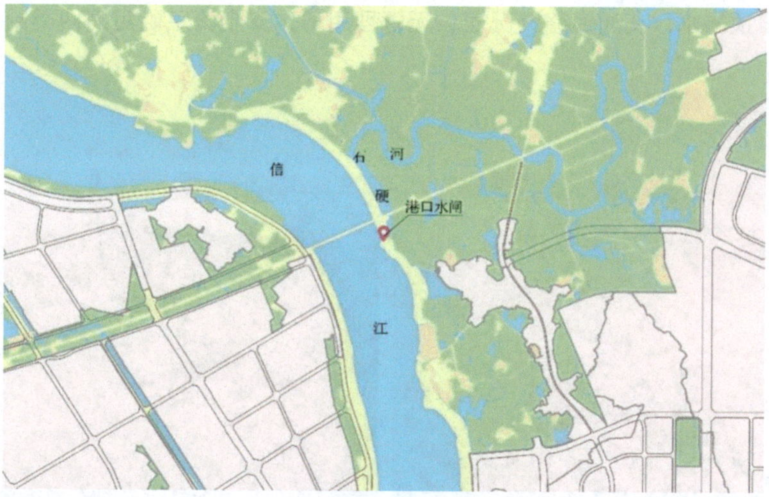

图 15-45　项目位置

15.5.2.2　建设前存在问题

港口水闸作为鹰潭重要的水利设施，自 1969 年投入运行以来，在防洪、排涝及蓄水灌溉等方面发挥了关键作用。然而，随着时间的推移和运营环境的变化，港口水闸逐渐暴露出一系列亟待解决的问题。原港口水闸实景详见图 15-46。

① 港口水闸在设计时未能充分考虑硬石河泄洪及水闸防洪能力的需求，导致在硬石河流量大时，水闸无法及时宣泄洪水，造成两岸农田和村庄遭受淹没，引发严重损失；

② 闸室在弱风化泥质粉砂岩内开挖，部分闸室未衬护，岩石存在风化掉块现象；

③ 浆砌条石闸墩风化严重；

④ 部分启闭工作梁老化破损变形弯曲；

⑤ 闸后未设消能设施，冲刷严重，淘刷右边堤脚，不满足安全要求；

⑥ 平面钢闸门锈蚀严重钢筋混凝土闸门老化严重，局部有裂缝，闸门止水失效；

⑦ 部分启闭机弯曲变形，供电线路老化，无备用电源；

⑧ 工程管理、通信设施简陋，启闭房为红条石砌筑而成，墙体开裂，房梁有

裂缝，房顶漏水，交通道路路况差，无管理用房，安全鉴定确定为四类闸。

图 15-46 原港口水闸实景照片

15.5.2.3 建设方案

（1）项目设计目标

本工程属中型工程，等别为Ⅲ等，设计防洪标准为 20 年一遇，相应过闸流量为 511m^3/s；校核防洪标准为 50 年一遇，相应过闸流量为 628m^3/s，下游消能防冲按 20 年一遇防洪标准设计。

（2）设计方案

本工程主要建设内容：拆除重建泄洪闸；更新金属结构及电气设备；增设工程监测设施，完善工程管理设施等。

综合考虑投资、施工条件、地质条件等方面的因素，本工程采用原址拆除重建的加固方案。在原址将老闸挖除，重新布置泄洪闸，其主要建筑物由进口段、闸室段、出口段组成，所有建筑物均坐落在细砂岩上。具体结构布置如下。

结合上游河道情况，河底清淤高程 19.6m，采用 C20 混凝土护底，护底高程为 20.0m。顺水流方向长 15.0m，底板厚 0.4m。右岸采用重力式混凝土挡墙，左岸利用现有边墙，缺少部分采用重力式混凝土挡墙补齐。

泄洪闸采用箱涵式水闸，闸孔出流，闸底板高程 20.0m，闸室段由闸首段和箱涵段组成。闸首段长 5.86m，5 孔，单孔孔口尺寸为 6.0m×6.0m（宽 × 高），闸底板高程为 20.0m，闸墩顶高程 29.6m，闸顶布置启闭机房和交通桥，箱涵段顺水流方向长 13.14m，5 孔，单孔尺寸为 6.0m×6.0m，箱涵上部采用均质土填筑至堤顶高程。

闸室下游布置消力池，采用底流效能方式，消力池池长 12.0m。闸室与消力池之间的连接段底板边坡为 1：4，长 2.0m。

15.5.2.4　实施成效

项目建设完成后，解决了原港口水闸存在的安全隐患，提高了水闸的防洪能力和运行效率，为区域经济发展和人民生命财产安全提供了有力保障。港口水闸重建后效果详见图 15-47。

图 15-47　港口水闸重建后效果图

15.5.3　龙潭湖治理项目

15.5.3.1　项目概况

龙潭湖位于鹰潭市信江新区东侧，是老城通往信江新区的门户，信江大桥、麒麟西大道等主干道绕湖而过（图 15-48）。龙潭湖汇水面积约 2.744km^2。本项目改造范围约 259070m^2，其中水体面积 116217m^2，陆地面积 142853m^2。项目通过龙潭湖周边小区雨污分流改造、内源污染治理、源头道路小区海绵化治理、水生态系统重建、活水补充等系统化改造，改善龙潭湖水环境。

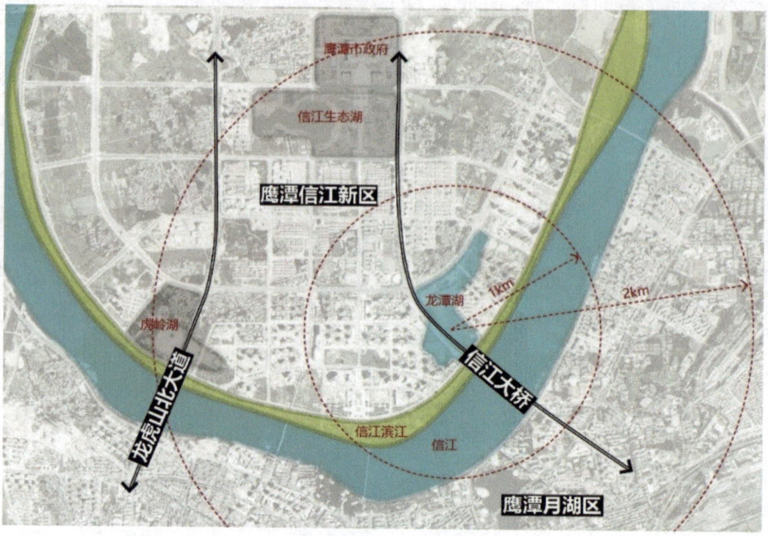

图 15-48 项目位置

15.5.3.2 治理前存在问题

① 水体水质不佳，无新鲜补水，湖泊底泥淤积，水质劣Ⅴ类，总氮、总磷、氨氮超标严重，详见图 15-49。

图 15-49 改造前龙潭湖水质不佳

② 周边小区开发密度大，通过前期管网排查，市政排水管网、小区排水管网存在大量的私接、混接、错接、乱接现象，导致旱季有污水通过雨水排口直接排入龙潭湖，对龙潭湖水环境造成严重污染。

③ 河湖碎片化，调蓄能力偏弱，排涝未达到 20 年一遇标准。刘家泵站抽排流量为 1.57m^3/s，按照 20 年一遇排涝标准，刘家排涝泵站无法满足排涝要求。

④ 景观品质较差。缺乏活动功能空间植入；滨水空间因未考虑水位变化，长期浸泡导致破损；未形成环形步道体系，部分道路未建成，详见图 15-50。

图 15-50 滨水空间长期被水淹没（左）、未环通园路（右）

⑤ 周边开发建设密度大，硬质化地面比例高，雨季地表径流冲刷带来的污染在水体中聚集加剧，初期雨水中的污染较为严重，详见图 15-51。

图 15-51 大面积非透水铺装（左）、雨水排口未做生态净化处理（右）

15.5.3.3 建设方案

（1）项目设计目标

打造海绵城市示范中的示范，内湖海绵的标杆，使水质指标达到国家《地表水环境质量标准》（GB 3838—2002）Ⅴ类，排涝标准达20年一遇，将龙潭湖公园打造成“全龄活动＋休闲观赏”的环湖公园。

（2）设计方案

① 扩容刘家泵站：排涝设计标准为20年一遇，24h暴雨24h末排至不淹重要建筑物。项目充分利用泵站原有结构及设备基础，在刘家泵站的南北两侧新建堰门、泵室及流道，将两侧新增的流道通过开洞与原有流道相通，新增两台700QZB-100G-110kW潜水轴流泵，改造后总流量达4.13m^3/s，总装机容量为370kW，满足20年一遇排涝要求。

② 龙潭湖水质治理：龙潭湖水环境综合整治按照“控源截污、内源治理、生态修复、活水提质”的基本技术路线实施，详见图15-52。

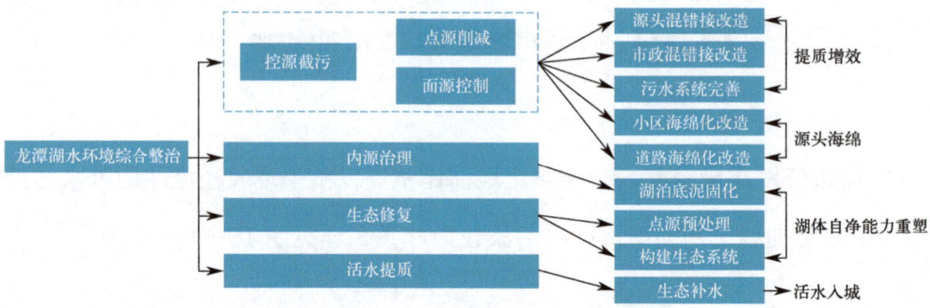

图15-52 龙潭湖水环境综合整治技术路线

a. 对龙潭湖周边小区、市政道路进行雨污分流改造。

b. 源头道路小区海绵化治理。

c. 内源治理：湖底清淤，针对湖底淤泥淤积量大问题，开展湖底清淤，总计清淤量4.5万m^3；底泥原位修复，底泥消毒活化，投加脱氮、除磷材料，吸收湖水和底泥中的氮磷物质，同时抑制总氮总磷的释放，提升水质。

d. 生态修复：利用生物基净化技术对截留不尽残留点源及外源污染交汇处进行外水预处理；在湖区与陆区的过渡区域设置漫滤系统，提高水体自净能力；水生态系统构建，在浅水区种植耐旱矮生苦草约 5.7 万 m^3，形成水下草坪，在深水区种植马来眼子菜和刺苦草约 2.4 万 m^3，形成水下森林；微生物系统构建，采用菌种进行水质调控，综合降解有机物，也可唤醒或激活原位水体中功能被抑制的微生物功能菌。

e. 落实海绵理念：建设透水铺装，包括透水沥青、透水砖，减少地表径流；与景观打造相融合，建设雨水花园，调蓄净化雨水。龙潭湖公园海绵设施平面布置详见图 15-53。

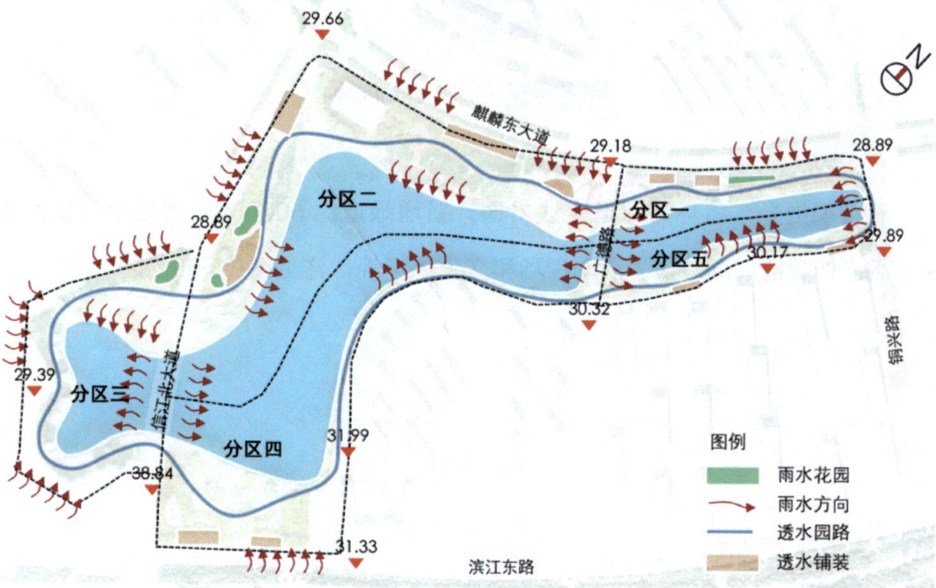

图 15-53　龙潭湖公园海绵设施平面布置图

f. 活水提质：水系连通，在龙潭湖北侧新建控制门口，承接石鼓渡湖来水。水系连通平面示意详见图 15-54。

图 15-54　水系连通平面示意

g. 景观提升：将环湖绿道全线贯通，新增绿道约 6000m；增设全年龄段休闲节点，如轮滑广场、亲子活动广场和文化广场等，详见图 15-55。

图 15-55　景观提升总平面图

15.5.3.4　实施成效

通过本项目的实施，龙潭湖的水质得到显著改善，达到Ⅴ类水质标准。同时，公园的排涝能力提升至 20 年一遇，有效降低了内涝风险。此外，景观品质的大幅提升，为市民提供了更多休闲活动空间，提升了居民的幸福感和满意度。龙潭湖治理后实景详见图 15-56。

图 15-56　龙潭湖治理后效果

15.6　内涝整治类项目

15.6.1　西门涵洞内涝治理

15.6.1.1　项目摘要

鹰潭市西门涵洞内涝点整治工程位于江西省鹰潭市主城区，是鹰潭市海绵城市建设的重要项目，隶属南湖片区海绵分区。西门涵洞为下穿铁路桥洞，为周边地势相对低点，是鹰潭市中心城区最严重的两处内涝点之一，内涝问题久治不绝。本次项目以解决西门涵洞内涝问题为核心，将西门涵洞内涝整治及南湖水环境整治工程相结合，通过“上收”“中梳”“下蓄”的技术路线，借助打通行泄通道及南湖调蓄结合的系统措施，进行雨水系统的梳理和改造，彻底消除了内涝点，经受住了台风“杜苏芮”的考验，工程效果达到了 20 年一遇排涝标准。同时，完成沿湖截污管的敷设，削减入湖污染物，改善了南湖水质，提升了南湖景观风貌。

15.6.1.2 建设目标

根据上位规划要求，鹰潭市中心城区排涝标准为 20 年一遇（247mm/24h），海绵城市示范建设期内消除全部十五处历史内涝点。西门涵洞是十五处历史内涝点之一，消除该内涝点，片区达到 20 年一遇排涝标准；南湖水质达到《地表水环境质量标准》（GB 3838—2002）Ⅴ类水标准，消除南湖返黑返臭隐患、消除南湖污水直排口；改善南湖景观风貌，是响应国家相关政策的需要，是达到相关规划建设目标及海绵城市示范建设的需要，更是保障市民生命财产安全、满足出行需求、提升市民幸福感的需要，项目建设势在必行。

15.6.1.3 问题与需求分析

西门涵洞为严重内涝点（图 15-57），2021 年发生 3 次较严重的积水，积水深度 0.25 ～ 1.3m，积水面积 0.34hm^2。原泵房设计规模仅 0.28m^3/s，水泵已严重损坏且集水池容积较小，无法利用。西门涵洞原下游排水通道，即 1600mm×2000mm 箱涵 DN1000 排水管存在逆坡，且由于管涵标高过高，其有效过水高度仅 0.5 ～ 0.8m，可通过流量不足 0.6m^3/s，远远达不到西门涵洞雨水排放要求。加之排水路径长，下游湖体未发挥良好的调蓄功能。

图 15-57 西门涵洞历史积水照片

另外，南湖周边以城中村、农田为主，还存在南湖水环境及景观风貌差问题。

15.6.1.4　设计方案

（1）“上收”——新增、修复收水设施，保障雨水入口

沿岱宝山路新增横截沟、边沟等收水设施，重建旧有破损收水设施，同时改造部分原混凝土盖板为螺栓锚固铸铁盖板，增大收水量，详见图 15-58。

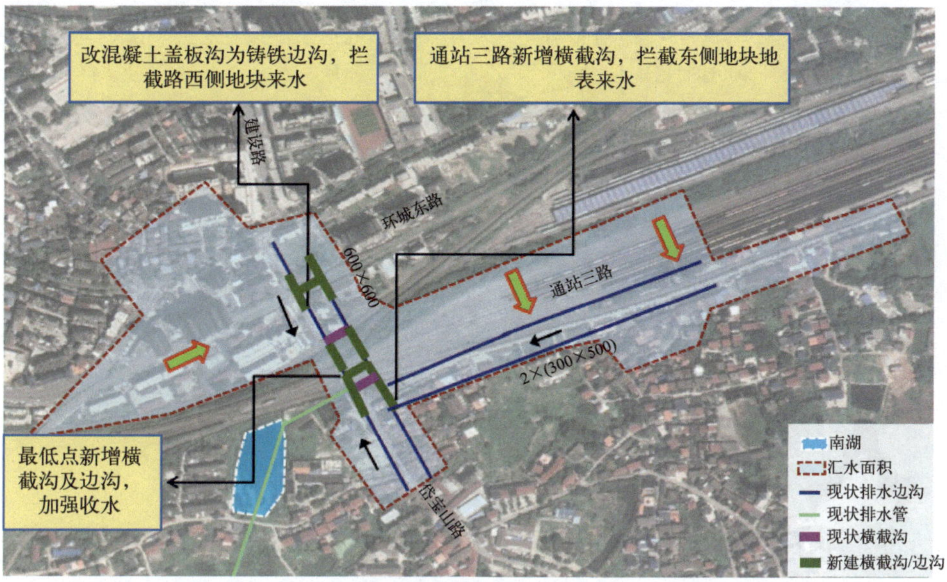

图 15-58　收水设施布置图

（2）“中梳”——理顺西门涵洞下游雨水通道

本工程考虑直接将西门涵洞雨水改接入南湖，但是南湖湖底标高高于西门涵洞最低点地面标高，需通过设置泵站（泵排）或下挖南湖（重力流排放）的方式解决高差问题。经充分方案比选，为降低后期养护难度及成本，确定通过新建下游管道，下挖南湖的方式打通下游排水通道。西门涵洞下泄通道平面示意详见图 15-59。

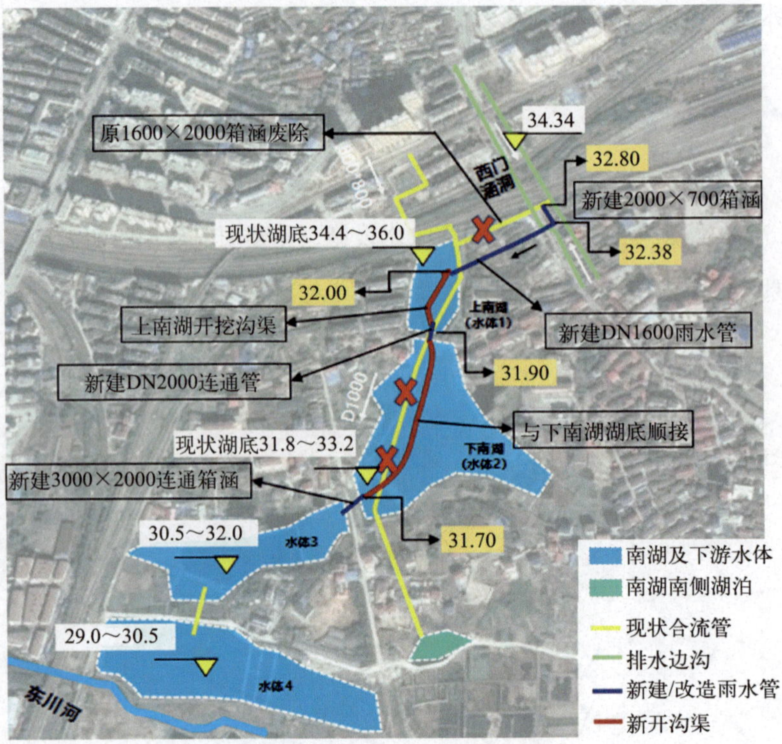

图 15-59　西门涵洞下泄通道平面示意图

(3)“下蓄”——利用南湖进行削峰调蓄

南湖湖面总面积约 8.7hm^3，通过现场调研，南湖整体淤积深度平均约 1.0m。即使清淤后，湖底标高仍不能满足西门涵洞雨水重力流下泄的要求，因而在清淤的基础上对湖体进行挖深。上下南湖清淤及湖体挖深土方量约 13 万 m^3。南湖清淤完成后，西门涵洞下游湖体调蓄容积从 5000m^3 扩大至 2 万 m^3，扩大为原来的 4 倍。

(4) 新建沿湖截污管，重塑湖周景观

本工程所在区域以城中村为主，建筑布局凌乱且密集，考虑接户管实施难度、工程投资及城中村生活习惯导致的污水实际收集率偏低问题，本工程以解决近期南湖污水直排为主要目的，尽量避免重复建设工程，减小对周边居民的影响。因此，仅进行沿湖截污管的建设，城中村内部暂时维持现有散排、明沟排水方式，后期随地块开发新建排水系统，彻底解决污水进湖问题。另外，在环城东路分片区 800mm×800mm 箱涵处设置截流井，将污水接至环城东路 DN400 污水管内，雨水维持原路径排入南湖，详见图 15-60。

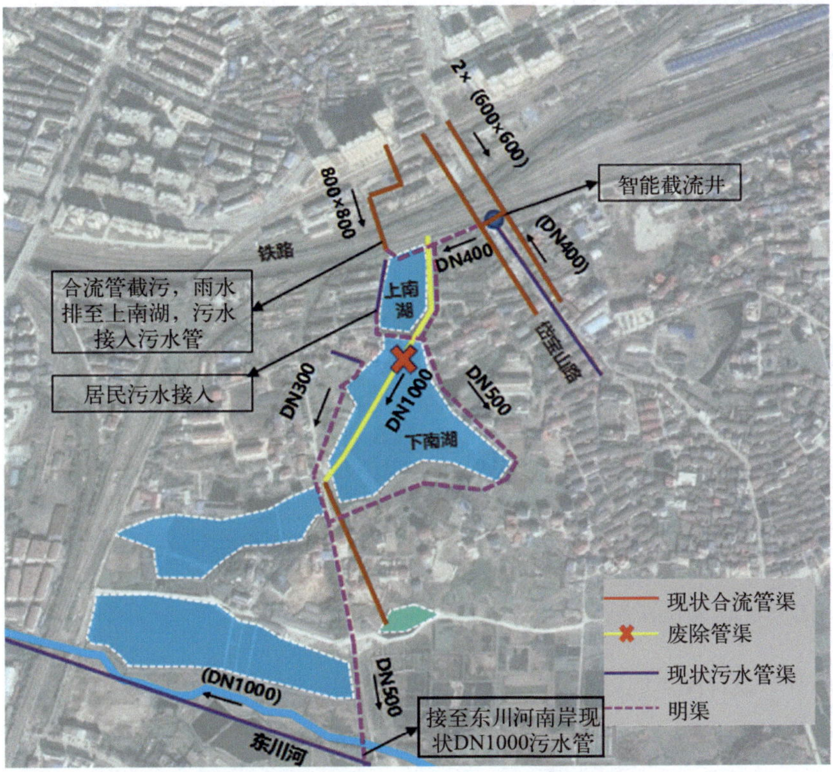

图 15-60　西门涵洞及南湖周边截污管布置平面图

15.6.1.5　建设效果

（1）数据佐证

采用模型模拟 20 年一遇 24h 降雨位条件，西门涵洞最低点处出现积水深度不足 0.1m，持续时间不足 5min，其改造方案满足设计要求，详见图 15-61。

项目建成后，西门涵洞先后经历了多轮次大暴雨，即使是杜苏芮台风期间，仍未产生积水问题。

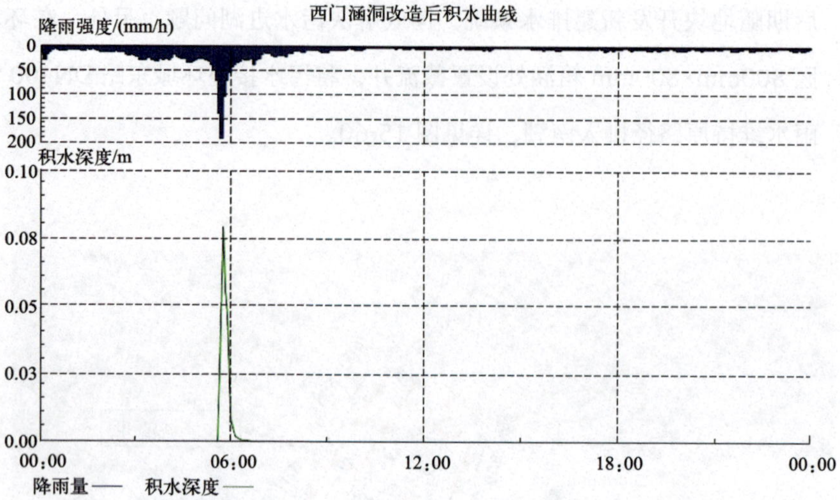

图 15-61　改造后西门涵洞积水曲线（20 年一遇 24h 降雨位）

（2）社会影响

项目建成后，消除了西门涵洞积水情况，周边居民交口称赞，方便了市民出行及生活。

15.6.1.6　经验做法总结

① 充分发挥湖体的调蓄功能。西门涵洞地势明显低于周边地块，甚至低于湖体的地势。本工程对原有湖体进行清淤、挖深，满足西门涵洞雨水重力流下泄的同时，也充分利用南湖湖体的调蓄功能，可实现雨水的错峰调蓄，缓解排水管道泄流压力。

② 水安全和水环境双目标统筹治理。在整治水安全问题的同时，缓解了片区水环境压力。本工程为解决西门涵洞雨水下泄问题，需进行南湖清淤和挖深，该措施同时消除了南湖水体本身内源污染释放的难题，结合后续周边城中村的雨污分流、截污等工程，可明显改善片区水环境质量。

15.6.2　白露涵洞内涝治理

15.6.2.1　项目摘要

鹰潭市白露涵洞内涝点整治工程位于江西省鹰潭市老城区，是鹰潭市海绵城市建设的重要项目。白露涵洞为龙虎山大道下穿沪昆铁路涵洞，是鹰潭市重要的交通咽喉；同时位于老城核心排水区下游，是主要排水节点。老城区雨水由西向东，自北向南汇集于此，汇水面积约 232hm^2。改造前白露涵洞积水面积 1.31hm^2，积水深度 0.6 ～ 1.0m，是鹰潭市中心城区最严重的两处内涝点之一。本次项目以解决白露涵洞内涝问题为核心，将涵洞内涝整治及东湖水环境整治工程相结合，通过改造老城片区排水系统、新建 7 万 m^3 的西外湖调蓄池、5.8m^3/s 的排涝泵站，将雨水提升至白露河，使白露涵洞内涝防治标准达到 30 年一遇。

15.6.2.2　建设目标

① 满足 30 年一遇 24h 排涝标准，白露涵洞下的道路不出现内涝。

② 削减初期雨水污染物及合流制溢流污染物，保护信江水环境。

③ 减少污水泵站的恶臭气体逸出，改善泵站及周边居民生活环境。

15.6.2.3　问题与需求分析

① 地势低洼，白露涵洞地面高程仅 27.39m，为周边地势最低处，比白露河 20 年一遇洪水位低 4.46m。

② 白露涵洞处管渠过流能力不足，仅 6m^3/s，相比 20 年一遇短历时暴雨差 36.91m^3/s。

③ 改造前排涝泵站抽排能力不足，原白露涵洞排涝泵站排涝能力约 9.83m^3/s；不满足 20 年一遇排水需求，且启泵水位过高，不能及时排出汇流水量。

④ 白露涵洞西侧原为西外湖，雨水由城西干渠直接排往西外湖，经西外湖调蓄后，当白露河水位低时，直排入白露河，水位高时则通过西外湖西侧西湖排涝泵站排往白露河。为了截流和处理污水，占用西外湖水面建设污水处理厂，西外湖水体消失，调蓄功能完全丧失。

白露涵洞历史积水情况详见图 15-62。

图 15-62 白露涵洞历史积水照片

15.6.2.4 设计方案

白露涵洞系统治理方案详见图 15-63。

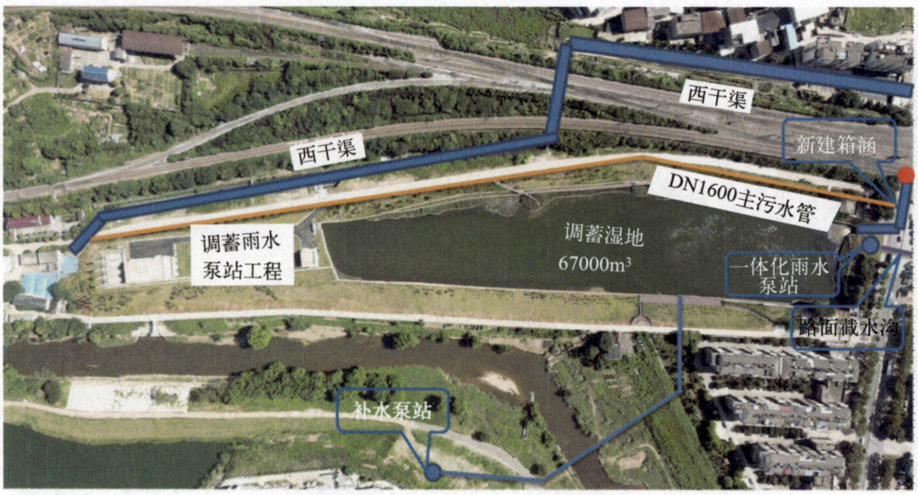

图 15-63 白露涵洞系统治理平面图

（1）新建调蓄池

恢复西外湖调蓄功能，充分利用废弃污水处理厂存留深坑，适当改造后作为西外湖调蓄空间，恢复雨水调蓄容积 67000m^3。

（2）新建雨水箱涵

沿龙虎山大道新建两孔 2660mm×1300mm 雨水箱涵，穿白露涵洞，将雨水就近排放至新建西外湖调蓄池，提升快速排水能力。

（3）新建西湖排涝泵站

新建西湖排涝泵站，规模 5.8m³/s，启泵水位 24.5m，新建 10000m³ 调蓄池，控制溢流污染。

（4）西干渠改造

对西干渠进行清淤疏浚，将底泥表层污染物富集层挖出，提高河流水体容量和过流能力，通过生态护岸等为沟渠和坑塘的生态系统恢复创造条件，并在渠底配置水生植物，搭建坑塘生物自净系统，减轻水体由于封闭或自循环不足带来的富营养化现象。

15.6.2.5　建设效果

白露涵洞排涝能力分析采用 30 年一遇长历时降雨（24h）进行模拟，P_{24}（3.33%）=255.63mm（原设计时采用的暴雨强度公式推算值）。

30 年一遇长历时（24h）设计暴雨情况下，由水力学模型分析可知白露涵洞段改造前管渠排水处于有压状态，排水能力不足，白露涵洞处最高水位 28.05m，高于白露涵洞地面高程 27.4m。

改造后管渠排水处于无压状态，排水能力富余，白露涵洞处水位仅 26.7m，低于白露涵洞地面高程 27.4m，表明该段改造后排水能力可满足 30 年一遇长历时暴雨标准。

通过数字管网工程内涝监测系统，2023 年度白露涵洞积水深度在 5cm 以下（图 15-64），说明积水点消除。

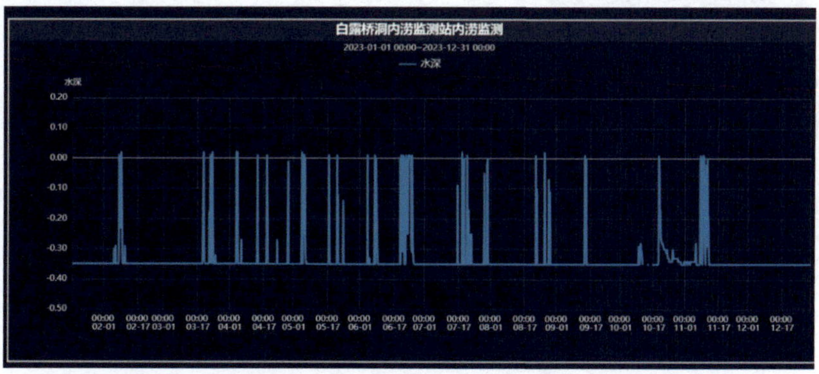

图 15-64　鹰潭数字管网系统白露涵洞内涝监测积水深度监测表（2023 年度）

15.6.2.6 经验做法总结

① 通过恢复西外湖调蓄水面，重建西湖排涝泵站，建设“调蓄 + 强排”的末端排水设施，提高雨水的滞蓄能力，降低白露涵洞内涝风险；同时修建雨水调蓄池储存老城区溢流污水和初期雨水，避免污染西外湖和白露河，在调蓄雨水的同时，兼顾环境治理。

② 通过优化汇水分区布局，将胜利西路以北（龙虎山大道至站江路）及环城西路以北的两大关键地块，共计约 30hm^2 范围的雨水有效排放至信江，提高区域排水效率。

③ 完善城市排水网络，新建四海路排水通道，采用 DN2000 至 DN4000 的大口径管渠，确保雨水的高效汇集与输送，该通道最终接入龙虎山大道的排水主干管，进一步优化了城市的整体排水布局。这一系列措施共同构成了城市排水系统升级的综合解决方案，有效提升了城市的防洪排涝能力和水环境质量。白露涵洞改造后实景详见图 15-65。

图 15-65 白露涵洞改造后照片

15.6.3　第八小学内涝治理

15.6.3.1　项目摘要

鹰潭市第八小学位于四海东路与四青巷相交处，处于城西干渠火车站节点的上游，根据现场调查，该积水点大暴雨时积水面积约 1.36hm^2，积水深度 0.4～0.8m，给师生的学习和生活带来了极大不便。

15.6.3.2　建设目标

消除内涝积水点，满足 20 年一遇排涝标准。

15.6.3.3　问题与需求分析

第八小学逢雨必涝的主要原因是地势低洼和箱涵的排水能力不足，详见图 15-66。

① 地势低洼，第八小学是区域地势最低点。第八小学校园内地面高程约 32.8m，比周边道路低 1～2m，校园内雨水难以导排出去，造成积水。

② 排水能力不够。有一区域性排水箱涵穿越第八小学，箱涵尺寸 2300mm×2000mm，上游汇水面积为 31.53hm^2，20 年一遇设计径流量 8514.9L/s，下游接入四海东路 DN1500 合流管内。由于八小段箱涵破损、逆坡，且下游管径不足，导致顶托排水不畅，暴雨时从箱涵破损处冒溢至校园地面，产生积水。

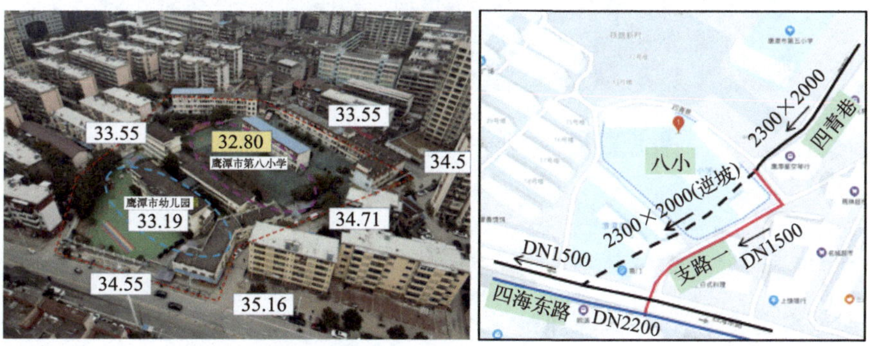

图 15-66　第八小学问题平面分析图

15.6.3.4 设计方案

2021 年实施的“鹰潭市老城片区排水系统改造及东湖水环境治理工程——第四卷小区源头雨污分流改造工程”中城西片区 CXE049 小区雨污分流改造项目在八小北侧围墙外新建了分流井，沿四青巷支路一新建 DN1200 ~ DN1500 管道，末端接入四海东路DN2200管道，箱涵及管道联合排水，排水能力达5239.63L/s，一定程度上解决了下雨内涝问题。

2022 年结合第八小学整体改造，实施第八小学排水箱涵改造工程，将校园内破损箱涵断面改造为 2000mm×1500mm，坡度 0.5%，混凝土材质，设计过流能力 8613L/s，满足排水要求。另外，第八小学整治后提升了地面标高。

第八小学排水箱涵改造及地面提升示意详见图 15-67。

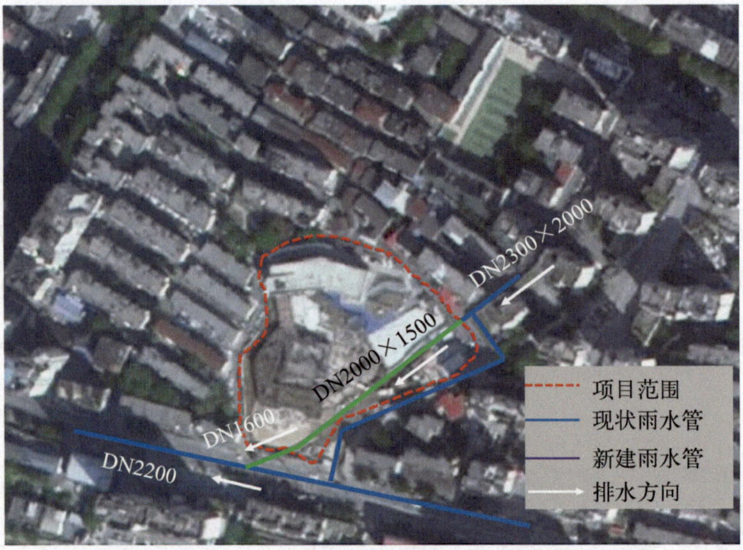

图 15-67 第八小学排水箱涵改造及地面提升示意图

15.6.3.5 建设效果

通过率定验证后的模型模拟，在 20 年一遇 24h 降雨条件下，第八小学未发生积水问题，第八小学易涝点也成功解决，第八小学积水情况模拟详见图 15-68。

图 15-68 第八小学积水情况模拟图

同时，为了进一步确认在 20 年一遇暴雨工况下第八小学市政管网的排水能力，分析了排水管网的纵断面图，发现新增的 DN1500 的管道和接入的主干管依然有较大排水空间。综上，第八小学门前管道有应对更极端暴雨的排水能力。第八小学建成后实景详见图 15-69。

图 15-69 第八小学建成照片

15.7 提质增效类项目

15.7.1 高新区管网改造

15.7.1.1 项目摘要

鹰潭市高新区管网改造项目是鹰潭市海绵城市建设与污水处理提质增效深度结合的项目之一。通过对片区管网进行雨污分流改造，将雨水和污水分离，减少污水对天然水体的污染，改善居民居住环境，提升城市形象。分流后，雨水可直接排入城市内河，作为天然的景观用水或城市市政用水，提高雨水的利用效益；污水排入污水管网，通过污水处理厂处理后排放，提升城镇污水收集处理效能，明显改善城市水环境。

15.7.1.2 项目概况

（1）项目基本情况

该项目位于鹰潭高新技术产业开发区白露片区，场地范围东至创景路，南至云芯路，西至同心路，北至沪昆铁路线，处于白露片区 S17-S21 排水分区，为管网排查与修复类项目。片区改造面积约 600hm^2，包括 14 条道路。

（2）项目存在问题

① 高新区白露片区基本已形成完善的排水管网和污水处理系统，但仍然有部分污水经管道收集后排放到附近水体中，导致环境卫生差，直接影响环境品质。

② 白露片区排水管网存在错接、漏接、混接、破损等情况，雨污水混合后进入污水处理厂，导致污水厂进水浓度偏低，降低了污水收集处理效率。

③ 部分主干道排水管网管径偏小，埋深较大，管道长期处于半满水至满水状态，少数排水管段有倒坡逆坡、大管接小管、断头等现象。

15.7.1.3 建设方案

（1）设计思路

一是摸清底数制订污水管网建设改造方案。2021 年高新区采取购买服务方式，开展污水管网深度排查，制订完善污水管网规划和工程建设计划，着重解决雨污分流改造和污水纳管处理。

二是推进完善雨污水管网工程。从城区雨污分流改造和主次干道管网完善环节入手，全面推进污水管网改造和建设。

三是加强管网疏浚和修复。推进老旧污水管网改造、破损修复、淤积管道的疏浚。

高新区管网改造技术路线详见图 15-70。

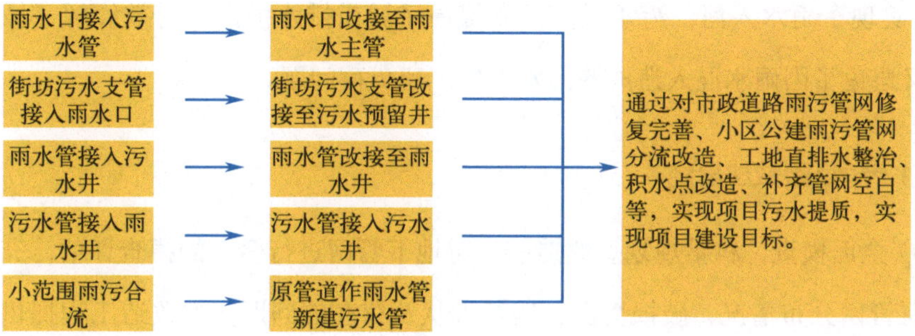

图 15-70　管网改造技术路线图

(2) 设计方案

① 雨污混、错接改造。将混接管道废除，根据实际情况新建雨、污管，分别接入市政雨污水管网中，保证雨水与污水通道相互独立。

② 污水管网系统完善。对管网尚未完善的区域新建雨污水管网，打通断头管，重新搭建完整的雨污分流的排水体制。

③ 管道修复。对存在病害的管网和检查井采取开挖或非开挖的方式进行修复，保证排水顺畅。条件允许且病害较轻的采用非开挖方式，如检查井采取离心喷涂法、管网采取原位固化法（CIPP）、紫外光原位固化法、原位浇筑法（管盾）等方法修复原有管道破损；条件不足或病害较重的采用开挖的方式，将整段管道换为新建管道。

④ 对管道进行清淤疏浚，同时评估管道倒坡逆坡、大管接小管的影响程度，根据实际情况采取修复措施。

15.7.1.4 实施成效

本项目总投资约12216万元。排水管网改造采用局部新增管网和主干道管网整体换管、非开挖修复、混错接点改造、管道清淤等手段，达到雨、污分流，排水畅通，环境提升的目标。项目实施后取得了明显效果，改造范围内雨污混接点、污水直排口、污水管网空白区域、管网缺陷全面消除，实现了“污水不入河、雨水不入厂”，管网排水能力得到有效提升。

本工程提高了污水处理效能、改善了群众居住环境，让污水、雨水“各行其道”，实现了雨水入河、污水进厂，既提高了城市排水能力、有效缓解了城市内涝，又避免了因雨水混入造成的污水处理厂超负荷问题。

15.7.1.5 经验做法总结

① 全面摸查，科学规划。改造前，对地下管网进行全面的摸查评估，充分掌握现有管网分布情况、破损情况、运行现状及存在的问题，为改造工程提供数据支持。根据排查结果，结合城市发展规划和环保要求，科学制订雨污分流改造规划，并细化实施。

② 加强管理，精细施工。加强对施工过程的监管监督，提高施工精细度。施工过程中要求施工单位必须严格按照设计方案和施工图纸进行施工，确保工程质量。提高验收标准，完工后再次利用CCTV检测、QV（管道潜望镜）检测等手段对施工效果进行检查，采用“按效付费”方式，提高工程成效。

③ 加强管养，定期维护。建立管网质量长效管理机制，明确管理责任和维护要求；定期对管网进行巡查和维护，确保管网系统正常运行。

15.7.2 东湖截污干管迁移项目

15.7.2.1 项目摘要

东湖是鹰潭市中心城区的一座调蓄湖，兼具景观功能。2016年，东湖被鉴定为黑臭水体，录入国家黑臭水体监管平台。2016年以来，鹰潭市政府围绕东湖开展了一系列治理工程，于2020年消除黑臭，但水质状况仍不够理想。为进一步提升东湖水体水质，同时提升老城区污水收集处理效能，鹰潭市对原本埋设于东湖湖底的截污干管进行摸排，根据干管运行情况和破损情况，反复论证，最终决定将截污干管搬迁上岸，既减少了污水渗漏对湖水造成的水质污染，又降低了湖水进入管道对污水系统的冲击。

15.7.2.2　项目概况

（1）项目基本情况

东湖位于鹰潭市月湖区，是老城区的一座调蓄湖，兼具景观功能。水体总面积约为 13.2 万 m^3，水深 1 ～ 2m，库容约 26.4 万 m^3，汇水面积约 204 万 m^2。2016 年，东湖被鉴定为黑臭水体，录入国家黑臭水体监管平台，同时也列入环保督察问题整治清单。为加快完成黑臭水体整治考核任务目标，鹰潭市政府按照国家部委发布的《城市黑臭水体整治工作指南》相关一阶段初见成效、二阶段长治久清的要求，分阶段进行东湖水体整治。2017 年，实施了水生态整治工程，制订了“底泥活化 + 食藻虫 + 沉水植物 + 水生动物”的全生物整治技术方案，构建了一套完整的自循环水生态系统。2018 年 10 月，根据省厅联合督查组现场督查结果，全省通报东湖水体黑臭已消除。2019 年 4 月底，顺利通过国家黑臭水体专项督查组现场督查。2020 年，按照省厅统一部署，已报送国家黑臭监管平台通过销号审核。

（2）项目存在问题

东湖环湖的截污干管主要分为东侧干管、西侧干管，均位于东湖水下，存在截污干管及附属构筑物破损、渗漏等问题。经排查，东湖两侧截污干管结构性、功能性缺陷共 235 处，砖砌检查井存在渗漏现象，造成污水外溢，直接影响东湖水质，同时，间接影响了东湖污水泵站的正常运行，造成城市污水收集率低、末端城南污水厂进水浓度低等问题。

15.7.2.3　建设方案

本项目主要建设内容为新建污水管 1580m，同时新建一座一体化泵站。其中东湖东侧新建污水管道 1170m，DN500 压力管 510m，DN600 ～ DN1000 重力管 660m，将沿江路及湖东路北段污水提升至东湖南侧污水泵站；东湖西侧在林荫东路末端新建 DN1000 重力管 410m，将污水输送至东湖南侧污水泵站，详见图 15-71。

图 15-71　东湖截污干管搬迁上岸方案总图

整个项目在东湖公园内开挖，为尽量减小施工对原有设施的破坏，缩小了工作面和施工便道。特别是西侧地质结构复杂，且下穿东湖大桥引桥混凝土基础，地下土石层断面复杂，机械顶管容易出现偏移、翘头等情况，影响排水坡度，经论证，该项目采用了人工顶管工艺。

15.7.2.4　实施成效

该工程于 2024 年 4 月完工，并已投入使用，原埋设于水下的截污干管已封堵，消除了清污互渗及影响截污效果的情况。项目实施后，东湖水环境质量持续改善，水质稳步提升，水质总体达到地表水Ⅴ类～Ⅳ类标准。工程完工后东湖实景详见图 15-72。

图 15-72　项目建成后照片

15.7.2.5　经验做法总结

① 水体综合治理应与污水处理提质增效相结合。水体治理“问题在水里，根源在岸上，关键在管网”，因此必须治理好管网问题，才能根治水质问题。

② 截污干管埋设于水下时，极易出现管道破损污水外溢、河湖水倒灌、排查整治和维护管养难度大等问题，因此有条件时搬迁上岸是较为有效的整改方式。

③ 水下管网搬迁上岸时，要充分论证方案的可行性，选择最优迁改路线，尽量减少对周边环境和居民的影响。

15.7.3 东川河截污干管迁移项目

15.7.3.1 项目摘要

东川河位于鹰潭市月湖区高桥片区，全长7.5km，规划河道宽度为20～30m，是高桥片区的核心排水通道。根据水质检测数据显示，东川河水质整体为V类至劣V类。经过现场调研，东川河DN1000截污干管敷设于河道内，且存在多处破损、渗漏等情况。2024年，鹰潭市启动了高桥片区海绵城市建设PPP项目，将东川河截污干管搬迁上岸作为重要子项纳入其中，力争彻底解决污水入河问题。

15.7.3.2 项目概况

东川河沿线建设的截污干管位于东川河营线以内，由于长期浸泡在水中，截污管道出现不同程度的破损、渗漏情况，管道内的污水外渗进入水体，在强降雨期间又通过井盖溢流进入河道，造成了东川河的污染，水质整体为V类至劣V类，沿岸为荒地。

15.7.3.3 建设方案

① 本项目对东川河DN1000截污干管及其汇水范围内的管网进行摸排，发现管网混接、检查井破损等问题，因此将东川河截污干管废除，在天洁东路北侧新建DN1000污水管，收集道路北侧小区污水，并转接天洁东路污水管收集的污水，由东向西，沿龙虎山中大道向北排至白露河截污管道，最终排入城南污水处理厂。

② 湖畔居小巷、越峰小巷、幼儿园西侧路新建DN300～DN400污水管收集小区污水，接入天洁东路拟建污水管。

③ 对天洁东路污水管道进行修复。

④ 对东川河河道进行清淤，并采用“理岸、增绿、造景、修复”的策略，对东川河进行景观修复，提升河道的生态环境。

本项目贯通截污干管采用顶管方式，减少对道路和居民的影响，需顶管井共计 24 座，工作（接收）井采用逆作法施工及高压旋喷桩止水帷幕围护方案，顶管总长约 2216m，顶管管材采用 DN1000 钢承口 F 型钢混凝土管（双胶圈），详见图 15-73。

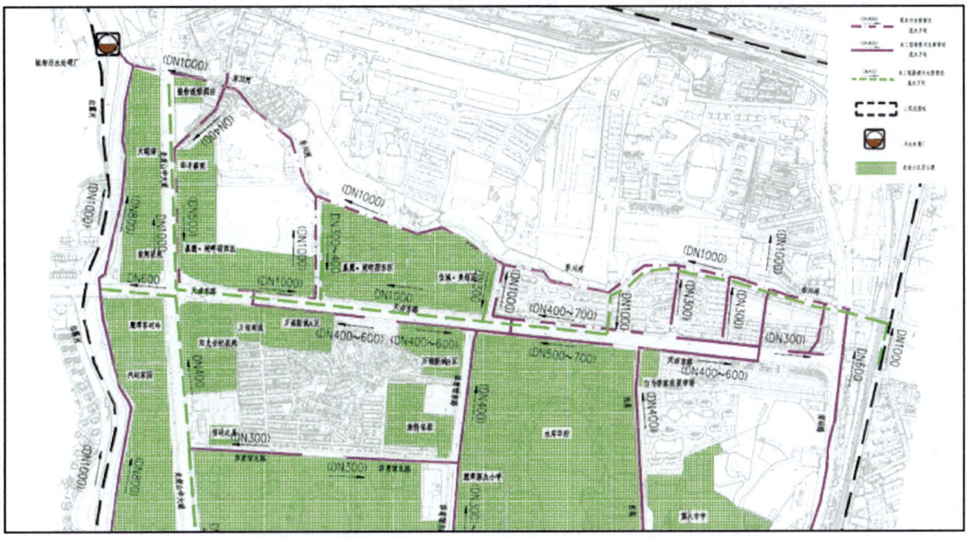

图 15-73　东川河截污干管搬迁上岸方案总图

15.7.3.4　实施成效

通过实施东川河截污干管迁移工程项目，东川河沿线片区末端 COD 浓度已达 200mg/L 以上（建设前为 67mg/L），沿线污水得到有效收集，东川河水质得到有效保障。伴随东川河沿线小区内部管网改造逐步实施完成，片区末端浓度将进一步提升。

15.7.3.5　经验做法总结

① 科学规划与决策。在水环境综合治理项目中，应深入现场调研勘察，了解河道现状、管网现状等，精准判定影响水质的根本原因，制订详细的改造计划并反复论证，优中选优，确定最为科学合理的改造方案。

② 技术创新与优化。本项目河道周边属于人口较为密集的建成区，管道搬迁

采用开挖的方式影响较大，不利于周边居民的生活和出行，因此经过充分调研，最终采用顶管施工的方式，减少施工对河道和周边环境的影响。

③ 生态保护与修复。本工程将截污干管搬迁上岸的同时，采用生态修复的方式，对河道进行综合整治，既保证了污水不入河，又提升了河道的生态多样性，提升了周边的整体环境，提高了居民的幸福感和满意度。

第 16 章

海绵城市建设“鹰潭经验”

16.1　城市案例

鹰潭市位于江西省西北部，中心城区建成区面积 46.68km^2，属于小城市；亚热带湿润季风温和气候，雨量充沛，年均降雨量约 1883mm，20 年一遇 24h 降雨量为 247mm；城区水系较为丰富，坑塘河湖众多，城市水面率达 10%，地下水位较高。鹰潭沿信江两岸发展，信江是长江二级支流、鄱阳湖一级支流，干流全长 329km，流域面积 15535km^2，多年平均径流量 179.7 亿 m^3，平均宽度 200 ～ 500m。鹰潭市建设高堤防抵御信江洪水，城区内主要采取“河道转输＋湖体调蓄＋泵站强排”的模式排除涝水，属于典型南方临江多水的中小城市。

鹰潭市像众多南方临江多水的中小城市一样，在城市建设发展的过程中，面临着多重涉水难题。一方面，随城市扩张开发，部分水体被填埋为建设用地，导致其行泄通道阻断、调蓄空间压缩，给城市排水防涝工作带来了巨大挑战；另一方面，城市排水管网历史欠账多，污水干管多沿水体布置，在地下水位高及管网混错接、破损多发条件下，污水入河、雨水入厂问题凸显，环境保护及市民舆论压力巨大。

2021 年，鹰潭市被确立为“全国首批系统化全域推进海绵城市建设示范城市”，翻开了生态文明建设的新篇章！在推进海绵城市建设过程中，鹰潭市以解决城区内涝问题、提升水环境质量及污水收集处理效能为导向，以提升城市品质、满足人民群众对美好生活的向往为目标，解决居民身边的问题。鹰潭海绵城市示范建设提升了城市韧性及生态性，市民满意度大幅提升，为南方临江多水地区的海绵城市建设提供了“鹰潭样板”。

16.1.1 问题识别与需求分析

鹰潭市对城市本底进行了调查研究，通过数据调研、实地勘察、技术处理等方法，分析城市发展存在的涉水问题。鹰潭市着重在排水防涝、河湖水质、污水处理提质增效及人居环境等方面识别问题，按照海绵城市建设及人民对美好生活向往的要求，提出建设需求。

16.1.1.1 局部城区排涝能力不足，下凹桥区内涝严重

（1）流域防洪局部有缺口

根据城市规划确定的主要水系防洪标准，结合水利部门反馈的河湖堤防建成状态，调研城市防洪体系的主要分布位置，核实防洪圈是否闭合、堤防是否满足标准、是否存在外洪 / 山洪入城问题等。经调研分析，鹰潭市中心城区已形成防洪封闭圈、总体达到 50 年一遇防洪标准，但局部堤防存在崩岸、闸站缺口等问题。

（2）信江新区片区排涝能力不足

结合城市排水管网，排涝泵站，主要水体的分布情况、规模大小等资料，鹰潭市中心城区共划分为 5 个一级排水分区，按照排涝重现期设计标准，分别进行蓄排平衡计算，复核现有排涝泵站能否满足排涝要求、是否需要新建区域性排涝设施。经调研分析，鹰潭市中心城区共有 12 座排涝泵站，总提升能力 $64m^3/s$，共 8 座调蓄湖泊，总调蓄水量约 140.8 万 m^3。

进一步研究发现，信江新区片区为强排区，内部水系间连通性差，主要通过雨水管网转输涝水，汛期管网压力大；临江 4 座调蓄湖总调蓄空间 52.1 万 m^3，其中虎岭湖、龙潭湖、潭头湖淤积 38.7 万 m^3；4 座调蓄湖配建了 4 座

提升泵站，总提升能力 12.87m³/s，其中，刘家湖泵站设计规模 1.57m³/s，汇水范围 2.07km²，提升能力不满足 20 年一遇排涝要求。综上，信江新区片区调蓄空间不足、行泄通道不畅、排涝泵站规模不够，存在片区内涝风险，需整治。

中心城区防洪排涝系统概化图详见图 16-1。

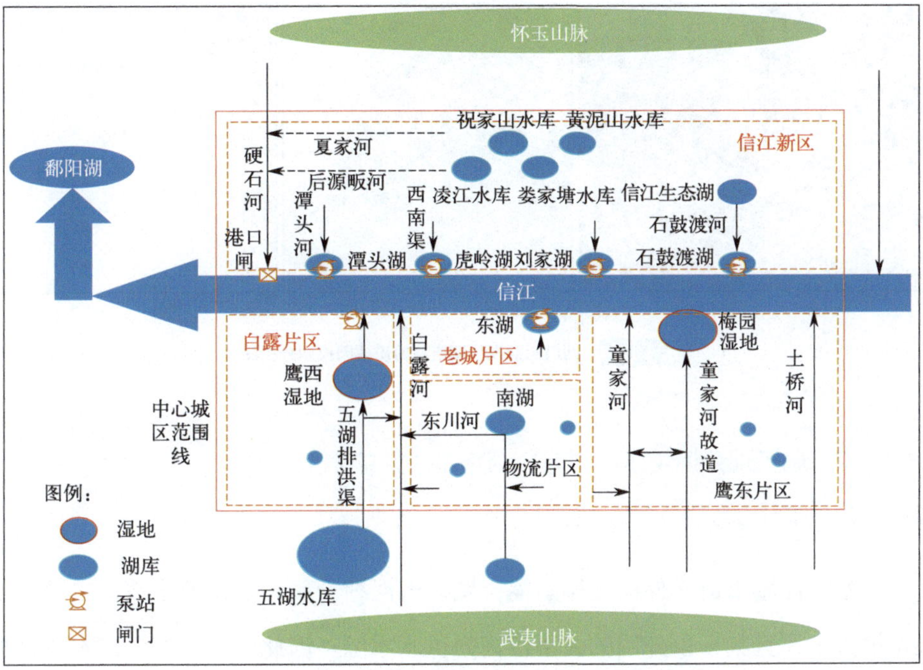

图 16-1　鹰潭市中心城区防洪排涝系统概化图

(3) 下凹桥区内涝严重影响大

结合地形资料，现场实地调研低洼区及下凹桥区，统计低洼区位置、面积、与周边地势的高差、上游汇水范围、下游排水出路等情况。经调研，鹰潭市共有 15 处历史积水点，其中 2 处下穿铁路桥洞、1 处地势相对低点，即白露涵洞、西门涵洞、第八小学，雨天积水严重。鹰潭市铁路线相对较多，城市交通切割明显，下穿铁路的道路是区域交通的咽喉，积水封闭对市民出行影响很大，每次积水必舆论沸腾。

下面以西门涵洞为例进一步分析内涝原因：地势相对低洼，是周边地面径流的集聚点，下凹点比周边高程低 5 ～ 6m；区域汇水面积大，汇水面积 7.76hm^2，积水范围 0.34hm^2；地处老城区，建筑密度高，地表综合径流系数高达 0.78；末端排水能力不足，仅有 500m^3/h 的强排能力，远远达不到排涝要求。西门涵洞现状调研及内涝成因模型分析详见图 16-2。

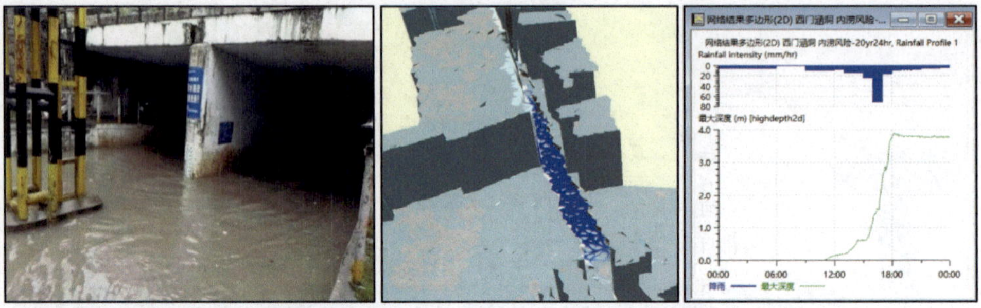

图 16-2　西门涵洞现状调研及内涝成因模型分析图

16.1.1.2　雨天部分河湖水质较差，污水系统效能偏低

（1）部分内河湖水质不稳定，雨天较差

南方临江城市由于外江堤岸阻隔，城区内河湖一般无法自流排放，主要通过泵站抽排，而且其多以外围的大型江河为供水水源。因此，临江对江河水质保护特别严格，要求除汛期外，临江泵站不得开启。城区内河湖的水体一般呈静止状态，更新缓慢，水质普遍不高。鹰潭市建成区内东湖、南湖、龙潭湖、虎岭湖等水体水质为地表水V类或劣V标准。汛期时，内河湖受污染的水体通过泵站排至外江，对信江、鄱阳湖乃至长江的水环境都带来了负面影响。城区内河湖水环境综合整治势在必行。

以东湖为例进一步分析水体水质较差原因：一是分流制汇水区域内市政基础设施较为薄弱，雨污水管网混错接、管道缺陷问题普遍，污水错接入湖；二是合流制汇水区域，雨天超截流倍数的合流污水溢流入湖；三是东湖位于老城区内，地面径流控制措施少，日常沉积在地面的固体污染物被“零存整取”冲刷进入水体。

（2）污水系统效能低，提质增效任重道远

中小城市体量小，市政基础设施欠账多，特别是地下排水管网建设标准、养护标准都偏低，管网系统普遍存在较大缺陷，污水系统效能低。鹰潭市中心城区 2 座生活污水处理厂进厂 BOD_5 浓度（2021 年为 58.35mg/L）及城镇生活污水集中收集率双低，污水无序排放问题严重，需从源头到末端进行一体化整治。

鹰潭市对全市污水管网、检查井进行全面的排查检测，查找污水收集空白区、污水直排口、雨污混错接、缺陷管道 / 检查井。经排查，鹰潭市排水管道混错接及缺陷较多，以信江新区片区为例，排水管网问题点 84291 个，其中雨污水管道混错接问题 2841 处（含小区）。管道缺陷一方面导致污水外渗流失，未被收集进入污水系统，而进入水体带来污染；另一方面，临江多水城市地下水位普遍较高，污水管又多沿河布置，外水入流入渗严重，如东湖截污干管沿河布置且老化缺陷严重，湖水入渗量约 $5396m^3/d$，大大增加了污水厂、泵站的运行负荷，降低了污水处理厂进厂污染物浓度。

16.1.1.3 人居环境与向往的美好生活仍有较大差距

鹰潭市对城区内的源头地块（小区公建、公园绿地、道路广场、水体等）进行全面的现场踏勘，主要踏勘地块面积、绿化率、下垫面形式、建设情况、居民改造意愿等。经调研分析，老城区范围内普遍存在建筑物密集、街道狭窄、绿化空间不足、停车位少等问题，人居环境较差。鹰潭市共有 259 个已建项目有改造需求且具备改造条件，下一步结合城市更新、老旧小区改造、城市功能品质提升等建设，同步落实海绵城市建设理念，提升人居环境品质。

16.1.2 目标与指标体系构建

建设海绵城市，是习近平总书记站在人与自然和谐共生的高度作出的重要战略部署，对推进生态文明建设、转变城市发展方式、改善人居环境品质具有重要作用和深远影响。立足新时代，鹰潭市以海绵城市建设作为落实生态文明建设的重要抓手，坚持“以人为本、以水为伴、人水和谐”，将海绵城市与治水、治城融合推进。

鹰潭市海绵城市建设总体目标为：优化城市生态格局，提升城市韧性，补齐治理短板，着力提升群众的获得感和幸福感，以“洪水不侵城、涝水不淹路、雨水不进厂、污水不入河、生态有保障”为追求，建设“碧水相连、水城相融、人水相依”的海绵生态鹰潭。

鹰潭市海绵城市示范期内建设目标指标详见表 16-1。

表 16-1 鹰潭市系统化推进海绵城市指标体系

类别	序号	指标	建设前（2021 年）	示范期目标（2023 年）
水安全保障	1	城市防洪标准	总体达到 50 年一遇	总体达到 50 年一遇
	2	城市内涝防治标准	10 年一遇 (203mm/24h)	20 年一遇 (247mm/24h)
	3	内涝积水区段消除比例	86.7%	100%
水生态修复	4	天然水域面积比例	10.17%	≥ 10.5%
	5	可透水地面面积比例	42.21%	45%
水环境改善	6	城市黑臭水体消除比例	100%	100%
	7	地表水水质达标率	100%	100%
水资源利用	8	污水再生利用率	7.94%	10%
	9	城市雨水利用量	49.84 万 m^3/a	186.3 万 m^3/a

为有效推动海绵城市建设，还需要完善一系列的长效机制，作为海绵城市建设的依据及抓手。要完成海绵城市立法，作为海绵城市建设的法律依据；出台全过程的规划建设管控制度并落实，作为项目建设管控的操作指南；出台严密的绩效考核机制并落实，压实项目建设各级责任；出台投融资机制并落实，加大项目建设资金保障力度；构建本地化的技术标准规范，作为项目建设的技术指南。

16.1.3 技术路线及总体思路

针对既有问题，鹰潭市以提高水安全、水环境及人居环境为抓手，有序推进海绵城市示范城市建设，总体思路如下。

（1）提升片区排涝能力，消除积水点

完善堤防体系，防止外洪入城。按照 50 年一遇防洪标准，谋划信江干堤治理等项目，补齐缺口，修复崩岸，进一步完善城市防洪圈，保障外洪不入城。

新城区结合片区开发整体谋划排涝体系，提升片区排涝能力。一是连通信江新区水系，打通行泄通道；二是对虎岭湖等水体进行清淤，提升末端临江湖体调蓄空间；三是扩建刘家湖电排站规模，增强外排能力，使信江新区总体达到 20 年一遇排涝标准。

老城区针对既有问题，实施一点一策，消除内涝点。对现存的积水点进行深入分析研究，结合第八小学重建、南湖水环境综合整治等项目建设，多面统筹，采取提升地面高程、增强外排能力、扩大调蓄空间等措施，综合施策，彻底消除积水点。

（2）提升水环境质量及污水系统效能

完善排水管网系统。结合管网排查资料，对市政道路、源头地块排水管网（含检查井）进行混错接改造、缺陷修复，打通断头管、扩容不足管径，搬迁沿河截污管等，提升排水管网运行效率，为实现雨水不进厂，污水不入河奠定基础。

开展源头减量控制。在源头地块开展海绵化改造，特别是与雨污分流改造项目同步实施雨落管断接、路缘石开口等措施，引导径流进入下沉式绿地、雨水花园等海绵设施，增加透水铺装面积，滞蓄削减径流量、过滤净化初期雨水，实现对径流的源头控制。雨落管断接使雨水走地面，减少了雨污混错接的可能性；配套建设的调蓄设施还能实现对雨水的资源化利用。

对水体进行综合整治。对水环境较差的水体，进行清淤，建设生态岸线；在雨水排口处建设前置塘或湿地等生态化处理设施，降低入河湖污染量，提升水环境质量，消除黑臭水体。

（3）结合其他工程落实海绵城市理念

与城市更新、老旧小区改造、品质功能提升等项目相结合，在项目设计中融入海绵城市设计理念，消除地面小雨湿鞋的问题，结合景观工程，提升项目的整体品质。其他新建项目中同样落实“+ 海绵”理念，将海绵城市作为项目建设的“标配”。

16.1.4 统筹项目实施

16.1.4.1 系统谋划，一区一策

将研究范围细分为若干排水分区，按照已建城区问题导向、新建城区目标导向的原则，根据各片区特色有针对性地制订系统化实施方案。鹰潭市中心城区划分为5个一级排水分区，分片区制订详细的建设方案。

信江新区片区为新建区，主要解决片区排涝有短板、水体水质差、污水厂进厂浓度低及河湖水动力不足等问题，采取“厂网河湖园”一体化的建设模式。片区建设内容概括为四个方面。一是水系连通及水环境提升。以水系连通为核心，新建石鼓渡河，疏通夏家河、后源畈河、潭头河，串联河湖，构建六河七湖的水网骨架体系，打通行泄通道；结合蓄排平衡计算结果，扩建刘家湖电排站规模至4.11m^3/s，提高片区排涝能力至20年一遇；开展水体清淤、岸线整治、品质提升等，提升水环境质量。二是雨污管网综合整治。对片区市政道路及源头地块内排水管网进行全面的排查检测，结合检测报告，对18.56km排水管网进行雨污分流、整治修复，消除沿河污水排水口，提升信江新区污水厂进厂浓度。三是源头化海绵城市改造。结合101个排水单元排水管网改造，因地制宜落实海绵城市建设理念，提升人居环境及增加源头地块年径流总量控制率。四是生态补水。为保障河湖内旱季水动力，将信江污水处理厂尾水经湿地处理达标（城市污水再生利用-景观环境用水水质标准）后作为生态补水水源，平均日补给再生水量1.2万t/d。信江新区水系连通及排水管道修复项目分布详见图16-3。

老城片区、物流片区及白露片区为已建城区，以解决“两河两湖一湿地”（白露河、东川河、东湖、南湖、鹰西湿地）水环境及白露涵洞、西门涵洞内涝问题为核心，开展片区综合整治，对水系、排水管网进行提升改造、对地块同步进行海绵化改造。

月湖新城片区为规划管控区，对未建设地块进行规划管控，确保所有新改扩建项目都有指标要求，切实落实海绵城市理念；要求做好片区竖向控制，避免出现相对低点，城区竖向自然坡向水体；自然水面禁止填埋，规划水面率不得降低。

图 16-3　信江新区水系连通及排水管道修复项目分布示意图

16.1.4.2　污涝同治，解民之忧

污水混排污染环境、雨天积水内涝都是市民美好生活路上的“绊脚石”，也是被关注重点。鹰潭市始终坚持“污涝同治”工作理念，以城市水体治理、雨污管网分流、积水点改造为重点，全面推进“厂网河湖园”一体化项目建设。

① 源头海绵化改造。结合项目建设同步落实海绵城市理念，新建小区、公建全部实现雨落管断接，从建筑物出户管处保证了“雨水走地上、污水走地下”，避免了雨污混错接；下沉式绿地、透水铺装对地面径流滞蓄净化，错峰排水，降低了初期雨水对水体的污染，还降低了合流制溢流排口的溢流频次，海绵设施实现源头径流水量、水质双控。鹰潭市示范期内共在 214 个源头地块中落实了海绵城市建设理念，建成区内可透水面积比例及年径流总量控制率大幅增加。

② 排水管网系统改造。全面排查雨污管网及检查井错接、混接、漏损等问题，实施信江新区、高桥片区、高新区排水管网系统化改造，改造管网长度约 121km，使雨污水各行其道，有效提升雨水排涝能力和污水处理厂进水浓度，污水处理提质增效工作取得较大进展。

③ 水环境综合整治。示范期内实施了 42 条水体的综合整治，疏通河道、清

淤、建设生态护岸，提升了水环境质量，同时整治后的水体作为调蓄空间或行泄通道提高了片区的排涝能力。如南湖水环境综合整治工程与西门涵洞内涝整治内容结合，向下挖深南湖湖底高程，为西门涵洞提供调蓄空间，新增调蓄空间 1.5 万 m^3，再扩容提升泵站，提升排涝能力至 20 年一遇。项目建成后，2023 年经受住了台风“杜苏芮”的考验，内涝点彻底消除。

16.1.4.3 分步实施，配套落实

鹰潭市结合城市更新、生活污水处理提质增效、老旧小区改造等，把群众关切的内涝问题、污水问题作为治理重点。根据项目的轻重缓急，制订年度建设计划，分步骤实施。市民急难愁盼问题优先实施，系统性工程内容多工期长优先实施。鹰潭市将项目建设中“+ 海绵”制度化，使海绵城市成为城市建设的“标配”。结合市发改部门制定的年度项目建设计划，在所有项目中同步配套落实海绵城市理念。

16.1.5 强化保障措施

鹰潭市在原有机制体制的基础上，升级完善了海绵城市的全流程管控机制，确保海绵理念有法可依、有章可循、有标准可执行，得到有效落实。

一是领导重视，高位推动事半功倍。成立了以市委书记、市长为组长的“双组长”海绵城市建设工作领导小组，按照“领导小组 + 海绵办 + 职能部门 + 维护中心”的构架，选优配强组建了工作专班。市委、市政府主要领导高位推动工作，先后 10 余次深入现场调研海绵城市建设项目；市海绵办建立“季调度、月协调、周例会”的工作机制，切实解决建设过程中的问题和困难，构建起“党委领导、政府主导、部门统筹、区市联动”的工作格局。

二是专业技术团队全方位把控。海绵城市建设从项目谋划、制度建设到项目落地，对技术要求高。对于系统化全域推进海绵城市建设来说，一个责任心强、技术能力硬、人员稳定的技术团队是非常重要且必要的。鹰潭市海绵城市建设技术团队能够全域统筹谋划建设项目，保障项目系统性；制定建设标准，培训提升

各参建单位技术水平，指导项目建设，保障项目建设质量；建立长效机制形成合力，使得项目建设顺利推进。此外，技术团队还积极组织属地人员培训，三年累计培训 2000 人次以上，培养了多支行政管理及技术督查队伍，设计单位、施工单位的技术素养大幅提升，精品工程不断涌现。

三是长效机制按要求有效落实。印发了《关于进一步加强海绵城市建设项目全过程管控的通知》等 15 项全过程、闭环式海绵城市建设管控制度，巩固了规划管控、设计审查、资金管理、运行维护等海绵城市长效机制。鹰潭市核发的建设用地规划许可证、工程规划许可证全部落实海绵城市关键指标，所有符合建设条件的项目全部完成海绵方案专项审查，落实海绵理念的所有完工项目均须进行海绵专项验收。特别是，2023 年 7 月完成了《鹰潭市海绵城市规划建设管理条例》立法工作，该条例于 2024 年 1 月 1 日起正式实施，率先在江西省填补了海绵城市立法“空白”，条文中明确要求：新建及改扩建项目落实海绵城市理念，海绵城市建设进入法规时代。

四是制定地方标准，严格执行。在海绵城市建设项目中保证工程质量，属地化的建设标准体系必不可少。鹰潭市出台了《鹰潭市海绵城市设计文件编制内容及审查要点（试行）》《鹰潭市海绵城市建设标准图集（试行）》《鹰潭市海绵城市建设施工、验收及维护导则》等地方性标准体系，统一的设计、施工、验收、运维标准，保证了项目建设质量的可靠性。特别是在海绵城市建设刚起步时，按标准建设样板工程，树立典型非常重要，样板工程才能让各建设单位实地学习，感受海绵城市建设的内核，进而为全面开展项目建设奠定技术基础。

五是方案审查从细从严把控。为了把控海绵城市建设项目质量，鹰潭市对海绵城市专项设计文件进行审核。根据“放管服”不增加审批程序的相关要求，鹰潭市只在设计方案阶段进行审核。为了能够在方案阶段把控住建设内容，鹰潭市一方面印发了《鹰潭市海绵城市设计文件编制内容及审查要点（试行）》，对各设计阶段提出了具体的深度要求，特别是在设计方案阶段，对径流路径、设计标高等都做了明确的要求；另一方面，要求竣工验收时主要建设内容应与通过审查的设计方案保持一致，否则不予验收。作为项目建设的重要指导文件，鹰潭市海绵城市建设项目的设计方案审查尤其严格，从前端保障了项目设计质量。

六是工程项目按标准强化督查。鹰潭市印发了《鹰潭市海绵城市建设项目现场督导工作管理办法》，联合技术服务单位成立3个督查组，采取“一周一调度、一周两督查、一周两通报”的方式，定人、定组、定点，对在建和完工项目的进展及质量采取“四单”制督导，整改单据的类型和数量直接与项目建设单位年度绩效考核得分挂钩，杜绝施工过程“变形走样”，共下发各类整改单500余份。

七是绩效考评按规范严格兑现。将海绵城市建设作为重要评价指标，持续列入鹰潭市高质量跨越式发展成效年终考核项中，年初由市海绵办负责将上一年度的海绵城市绩效考核结果报市绩效办，按比例折算分值后列入全市年终综合考核，进一步夯实责任、强化监督、提高效能，推动各责任单位切实做好海绵城市建设相关工作。

八是加强管理，提高资金使用绩效。印发了《鹰潭市海绵城市示范建设专项资金补助及管理办法》，规范拨付程序，严格拨付手续，保障资金效益。一方面，提高财政资金使用效益，中央资金专款专用，防止出现专项资金乱用、挪用现象，鹰潭市10亿元海绵城市专项补助资金全部拨付至海绵城市建设相关项目；另一方面，多管齐下筹措资金，“对上”将海绵城市建设与水利、生态环境等项目类型有机结合，实现资金效益最优化，“对内”加大地方财政资金投入，“对外”建立多元投融资机制，吸引社会资本参与海绵城市建设。

16.1.6 建设成效

通过多年来的海绵城市建设，鹰潭市打造了一批示范工程，实现了外江不入城，消除了内涝积水点，城区水环境不断提升，污水系统效能有较大进展。鹰潭市基本实现了“碧水相连、水城相融、人水相依”的水生态格局，改善了城市人居环境，提升了市民幸福指数及满意度，为南方临江多水中小城市海绵城市建设提供了“鹰潭样板”。

16.1.6.1 重构城市人水和谐关系

① 解决城市内涝顽疾，水安全保障得到强化。鹰潭市结合海绵城市示范建

设，全面补齐防洪排涝短板弱项，强化城市内部排水系统和蓄水能力建设。建成后，城市防洪标准总体达到 50 年一遇、城市内涝防治标准达到 20 年一遇，有效解决了城市防洪内涝问题。消除了白露涵洞、西门涵洞和赣东商城等 15 个内涝积水点，基本做到了“小雨不湿鞋，大雨不内涝”，为周边居民的生活提供了便利。在白露涵洞、西门涵洞两处易涝积水点开展积水点监测，整治后，再未发生积水问题，“城市看海”现象基本消除。

② 扭转水质恶化趋势，水环境质量得到提升。鹰潭市将水环境治理与生态文明紧密结合，将水质改善、生态系统修复与海绵城市建设相融合，彻底扭转水质恶化趋势，持续推进水环境质量提升。通过截污管道搬迁工程、补水工程，进一步改善水体水质，东湖、南湖等两处黑臭水体未返黑返臭，地表水体水质达标率 100%。同时，龙潭湖、虎岭湖同样实现了“河畅、水清、岸绿、景美、宜居”的治理目标，为群众打造了集休闲、娱乐、游玩为一体的亲水空间。

③ 推动河湖水系连通，水生态系统得到恢复。鹰潭市结合海绵城市建设，系统安排源头减排、过程控制、系统治理项目，如实施了信江新区六河七湖水系连通和生态修复治理项目，疏浚、恢复、重塑信江新区水系统，构建蓄排平衡体系，优化雨水行泄通道，区域水生态系统得到修复和显著提升。

④ 实施排水管网综合整治，污水系统提质增效。鹰潭市通过管网综合整治，信江污水处理厂 2023 年全年污水处理总量 538.6 万 t，同比下降 11.62%，进水 COD 浓度 107.67mg/L，同比上升 53%，进水 BOD 浓度 62.16mg/L，同比上升 184%。高桥片区末端 COD 浓度提高到 228mg/L，BOD 浓度提高到 101mg/L。2023 年鹰潭城市生活污水集中收集率较 2021 年提高 12.85 个百分点，污水再生利用率由 7.94% 提高到 11.53%。

16.1.6.2　增强群众获得感、幸福感

通过海绵城市建设，鹰潭市打造了石鼓渡河、鹰西湿地公园二期等一批景色优美、环境宜人的水系公园（图 16-4），建设了公安局东侧地块、中兆壹号院等一批设施完善、宜居宜人的居住小区（图 16-5），改造了鹰东大道、玉清路等一

批一步一景、品质精良的市政道路（图 16-6），提升了群众的幸福感和满意度。通过多目标、多专业、多部门协同配合，鹰潭市海绵城市建设从“工程化”向“惠民化”蜕变，让百姓的获得感、幸福感大幅提升，群众对海绵城市建设满意度达到 100%。

图 16-4 石鼓渡河一期建成效果

图 16-5 公安局东侧地块、中兆壹号院建成效果

图 16-6 和谐路、玉清路建成效果

鹰潭市三年示范期内共改造老旧小区 32 处，占老旧小区比例 13%，约 5.3 万人受益。如 2002 年建成的月湖区雅典城小区（图 16-7），占地面积 3.96hm^2，改造前都是硬质铺装，地下管网老化严重，混错接严重。2021 年老旧小区改造时进行了雨污分流改造，同时落实海绵城市建设理念，建设了透水铺装、生态植草沟、下沉式绿地等，有效解决了小区积水问题，居民满意度大大提升。

海绵城市建设与传统开发模式相比，经济费用相差不大。雅典城老旧小区改造项目总投资约 1700 万元，其中，管网改造约 580 万元、路面拆除恢复约 220 万元、海绵投资（地面透水铺装、下沉式绿地及绿化）约 460 万元，建筑立面改造约 440 万元。该小区海绵单位面积投资约为 116 元 /m^2（红线面积），海绵投资占老旧小区改造总投资的 27%。经测算，与传统建设模式（铺装及绿化投资约 452 万元）相比，海绵建设模式仅增加投资约 8 万元，占总投资的 0.47%，对项目总投资影响较小。

图 16-7　雅典城小区建成效果

16.2　经验做法

2013 年 12 月，习近平总书记在中央城镇化工作会议上指出，在提升城市排水系统时要优先考虑把有限的雨水留下来，优先考虑利用自然力量排水，建设自然积存、自然渗透、自然净化的“海绵城市”。

2021 年 6 月，鹰潭市成为全国首批 20 个系统化全域推进海绵城市建设示范城市之一。面对这张新时代“答卷”，我们始终坚持以习近平新时代中国特色社会主义思想为指导，深入践行习近平生态文明思想和习近平总书记关于海绵城市的重要论述，进一步增强工作的责任感和紧迫感，以“赶考”精神切实把海绵城市建设示范工作作为一项重大政治任务来落实、来推进。

16.2.1 城市概况

鹰潭，因路而生、因铜而旺、因道而名、因水而灵，享有“世界铜都”“中华道都”“智慧美城”等美誉，是赣鄱大地上的一颗璀璨明珠。鹰潭市总面积 3556.7km^2，2021 年中心城区建成区面积 46.68km^2，是长江中游城市群重要成员。

鹰潭市属南方临江多水城市，市区主要河流信江，是鄱阳湖一级支流，长江二级支流，境内呈现“一江、八河、多湖库”的水系格局。属亚热带湿润季风温和气候，雨量充沛，年均降雨量 1883mm。

随着鹰潭市城镇化快速发展，城市建设取得了显著成就，但同时也带来了一系列的“城市病”。一是内涝尚未消除。建设前，由于地势低洼、管网能力不足等原因，鹰潭市存在白露涵洞、西门涵洞等 15 处内涝积水点，给居民的日常生活和出行造成不便。二是污水无序排放。雨污混错接、管网缺陷等，外水入流入渗严重，污水处理厂进厂污染物及城市生活污水集中收集率双低。三是河湖水质较差。未被收集的污水排入水体导致水体水质恶化，居民生活空间被挤占，群众满意度降低。

为解决存在的“城市病”，鹰潭市借助示范城市建设契机，乘势而上，系统化全域推进海绵城市建设。示范工作开展 3 年来，鹰潭市委、市政府认真贯彻习近平生态文明思想，以环境得提升、城市得发展、群众得实惠、经验可借鉴为目标，坚持“全域系统、污涝同治、蓄排并举、智慧管控”的总体思路，将海绵城市建设与城市更新、棚改旧改、防洪排涝、污水提质增效等有机结合起来系统推进。全市分信江新区、月湖老城、高桥片区、物流园片区、月湖新城、高新区、余江区、贵溪市、龙虎山景区等九大板块，全域实施海绵建设，投资 44 亿元，建设 398 个项目，打造“碧水相连、水城相融、人水相依”的海绵生态鹰潭。

16.2.2 成效

16.2.2.1 完善防洪排涝体系，保障城市运行安全

鹰潭市雨量丰沛、水系发达，4 ～ 7 月为主汛期，洪涝灾害易发多发。鹰潭市结合海绵城市示范建设，全面补齐城市防洪排涝短板弱项，强化城区排水、调蓄能力建设，提升城市安全水平。

示范期内，重点实施了中心城区段信江干堤治理工程和港口水闸修复工程，巩固防洪堤 9.2km；实施贵溪滨江镇段、余江段信江干堤治理工程，龙虎山泸溪河生态综合整治工程，提升城区防洪能力，中心城区防洪标准总体达 50 年一遇，实现了江河安澜。

实施了信江新区水系连通海绵核心项目，清淤疏浚了石鼓渡河、夏家河等 6 条河道，新增行泄通道长度 13.6km，连通了中央生态湖、凌江水库等 7 个湖泊，扩建刘家湖排涝泵站，实现了旱季生态补水，雨季行泄排涝；高新区实施了鹰西湿地二期、白露河综合整治工程、月湖区实施了东川河综合整治、白露涵洞内涝治理、西门涵洞内涝治理、南湖水环境综合治理项目，贵溪市实施了汪张片区雨水外排工程，余江区实施了石港坪堤涝区排涝能力建设项目，新增调蓄规模 115.5 万 m^3，总体排涝能力达 31.26m^3/s。开展了积水“一点一策”专项整治，中心城区 15 处内涝点、152 处路面坑洼积水点全部消除，并经受住了 2023 年强台风“杜苏芮”的考验，改善了群众出行环境，排涝能力明显提升，总体达 20 年一遇。

16.2.2.2 改善河湖水体水质，修复城市生态环境

针对城市水体水质不佳、污水收集处理效能低的问题，鹰潭市坚持污涝同治，将改善城市水体水质、污水收集处理提质增效作为海绵示范建设的重要抓

手，对全市重要河流湖体和地下雨污管网进行综合整治，使水环境污染降下去，污水收集率升上来。

问题在水里，根子在岸上，核心在管网，基础在排查。结合污水处理提质增效，全面排查全市管网约 1600km，发现问题点 11.6 万余处。先后启动了信江新区厂网河湖园一体化 PPP 项目、高桥片区海绵城市建设 PPP 项目、高新区雨污分流改造项目、贵溪市城区雨污分流改造项目、余江区昌溪河西岸雨污分流整治项目等 131 项项目，整改小区、道路混错接点 8696 处，改造管网长度约 202km，修复井室 7432 座。

全面整治虎岭湖、龙潭湖、白马水库等 14 处水体，深入实施河湖源头截污，溯源排查整治排口 282 个，建设河湖生态岸线 13.84km，新建了 2.5m^3/s 活水泵站，旱季补充生态基流，改善了生态环境，打造了“水清岸绿”的景观。实施城南污水处理厂、信江新区污水处理厂尾水利用工程，经湿地净化后补给河湖，再生水利用率达到 11.53%。

综合整治城市黑臭水体，东湖、南湖消除黑臭并销号，实现了长“制”久清，贵溪市何阮四角塘、印石组水塘在全省率先完成整治。

海绵示范建设以来，全市地表水体 8 个国省考核断面水质优良及达标率 100%，水环境质量大幅提升。2024 年一季度鹰潭城市生活污水集中收集率达 66.48%，较 2021 年提高 30.1 个百分点。信江污水处理厂进水 COD 浓度 201mg/L，比项目改造前提高了 231%；高桥片区末端 COD 浓度 228mg/L，比项目改造前提高了 128%。

16.2.2.3　深化源头海绵改造，提升城市功能品质

鹰潭市全面落实海绵城市建设理念，老城区以问题为导向，新城区以目标为导向，与城市更新、旧改棚改和项目建设紧密结合，高品质谋划实施源头项目。

鹰潭市实施海绵型建筑与社区项目 120 个，其中，改造了雅典城、民悦家园、贵化高品质社区等 52 个项目，新建了一阳湾、信江北岸等 37 个政府投资项目，华章学府香颂、中兆壹号院等 31 个企业开发项目。实施海绵型道路与广场项目 101 个，打造了鹰东大道、玉清路、和谐路等精品项目。实施海绵型公园与绿

地项目 15 个，建设了北站公园、中心生态公园、贵溪曹家湖公园、余江儿童公园等项目。实施海绵型水系项目 41 个，重点打造了石鼓渡河、鹰西湿地二期等项目。

漫步在鹰潭的大街小巷，透水铺装、雨水花园、下沉式绿地等海绵设施随处可见。中心城区新增绿地及滨水空间约 30 万 m^2、透水人行道约 50 万 m^2、透水停车场约 20 万 m^2，天然水域面积 15.86km^2，占中心城区面积 10.5%；可透水地面面积 23.22 km^2，占建成区面积 45.02%，为居民提供了宜居、宜乐、宜游的生态空间。2022 年度，鹰潭市在部委绩效评价中获评 A 档，跻身全国先进行列，荣获“海绵城市建设典范城市”。鹰东大道、一阳湾荣获“中国全域海绵典范项目”。

16.2.3 主要做法

历尽天华成此景，人间万事出艰辛。三年来，鹰潭市海绵城市建设坚持实事求是，把绩效评价要求与我市实际结合起来，把工作目标和群众需求结合起来，不驰于空想，不骛于虚声，因地制宜，统筹推进。

在价值取向上。一是坚持以人民为中心，既重显绩，又重潜绩，充分尊重群众意见，最大程度满足群众利益；二是坚持人与自然和谐共生，不唯海绵而海绵，避免大拆大建，留足水空间，留好水出路；三是坚持系统思维，上下并重，内外兼修，远近结合，标本兼治，统筹推进“区域流域 - 城市 - 设施 - 社区”建设。

在力量依靠上。一是领导高位推动，三年来，市领导实地调研 26 次，召开专题会 35 次、调度会 12 次，研究部署、督导推进海绵示范工作；二是各方协同联动，各区（市）、各职能部门、建设单位在思想上认同海绵城市建设理念，在行动上主动担当、积极作为，实现同频共振，形成合力；三是群众参与互动，引导市民共同参与方案设计、施工监督，支持、配合海绵城市建设，爱护海绵设施。

在路径选择上。一是问题导向和目标导向相结合，老城区以问题为导向，补短板强弱项，新城区以目标为导向，加强建设管控；二是示范引领和全域推进相结合，立足市本级，打造一批精品示范项目作为标杆，以点带面，全市六个区（市）同步推进示范建设；三是形成共识和同题共答相结合，通过广泛宣传和专题培训，凝聚了“人人以海绵为荣”的城市共识，形成了“建设海绵城市、爱护海绵设施”的共举；四是建管一体和按效付费相结合，合理设置合同目标，采取“建设＋管护”的项目模式，实行绩效考核，按效付费，实现资金效益最优化。

在措施保障上。一是实行海绵立法。在江西省率先完成《鹰潭市海绵城市规划建设管理条例》立法，对海绵城市实行法治化管理。建立健全《鹰潭市海绵城市规划设计审查管理若干规定》等10余项制度规范，确保有法可依。二是坚持过程管控。将海绵城市建设指标纳入规划“两证一书”，严格设计审查、巡查指导、竣工验收等，把好各个环节，注重每个细节，确保理念落地。三是加强督查考核。按照“每日一督查、一周两通报”的要求，对各项目进行“四单制”督查，将结果纳入各级党委政府综合绩效考核，确保任务落实。四是加强日常管护。明确海绵城市相关设施运行维护责任主体，做好日常运行维护，确保常态长效。五是加强资金管理。严格把好中央专项补助资金拨付关，对海绵专项资金实行跟踪审计，确保专款专用。

绿色在“生长”，城市在“呼吸”。通过海绵城市建设，城市更生态、更美丽、更安全、更宜居。如今的鹰潭，形成了以生态河湖公园为“绿芯”，以道路沿线绿地为“绿脉”，以社区绿地为“绿点”的城市生态系统，连点成线、织网成片，正加速铺展开海绵鹰潭的生态画卷。鹰潭市将持续贯彻落实习近平生态文明思想，全力践行“走在前、勇争先、善作为”的目标要求，走出一条具有鹰潭特色的海绵城市建设之路。